谨以此书献给

东南大学115周年校庆！

建筑学院90周年院庆！

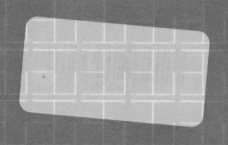

建造·性能·人文与设计系列丛书
国家自然科学基金资助项目"基于构件法建筑设计的装配式建筑建造与再利用碳排放定量方法研究"(51778119)
国家"十二五"科技支撑计划课题"水网密集地区村镇宜居社区与工业化小康住宅建设关键技术与集成示范"(2013BAJ10B13)

工业化预制装配建筑全生命周期碳排放模型

王　玉　著

东南大学出版社
南　京

内容提要

建筑业是以消耗大量的自然资源以及造成沉重的环境负担为代价的，据统计：建筑活动分别使用了自然资源、能源总量的40%，而造成的建筑垃圾也占人类活动产生垃圾总量的40%，预计2030年建筑业产生的温室气体将占全社会排放总量的25%。因此，建筑业的低碳减排迫在眉睫。

而作为在改变生产方式上具有革新意义的技术创新——工业化生产方式是节能减排的重要途径，其发展前景十分广阔。同时，建筑工业化已然成为建筑发展的趋势和必然。然而，由于真正基于市场环境的、相对深入的工业化建筑实践才刚刚起步，因此有针对性的相关节能减排研究还不充分甚至空白。在此背景下，针对工业化建筑的碳排放研究更具有现实意义。

本书在对国内外工业化建筑发展及其建筑碳排放现状研究的基础上，构建了全新的工业化预制装配建筑的全生命周期碳排放评价模型，实现了低碳建筑的可视化、可控化、智能化和可操作化。同时以轻型建造系统为例，建立了一套完整的轻型建筑系统的低碳建筑碳排放评价指南及核算表格系统，不仅为轻型工业化预制装配住宅系统全生命周期的低碳建设提供了技术保障，也将为我国其他低碳建筑的健康、迅速发展提供强大的理论依据和实践指导。

图书在版编目(CIP)数据

工业化预制装配建筑全生命周期碳排放模型 / 王玉著. —南京：东南大学出版社，2017.7

(建造·性能·人文与设计系列丛书 / 张宏主编)

ISBN 978-7-5641-7272-5

Ⅰ.①工… Ⅱ.①王… Ⅲ.①工业化-预制结构-建筑安装-二氧化碳-排气-研究 Ⅳ.①TU756.1

中国版本图书馆CIP数据核字(2017)第167460号

书　　名：工业化预制装配建筑全生命周期碳排放模型
著　　者：王　玉
责任编辑：戴　丽
文字编辑：辛健彤　贺玮玮
责任印制：周荣虎
出版发行：东南大学出版社
社　　址：南京市四牌楼2号　　邮编：210096
网　　址：http://www.seupress.com
出 版 人：江建中

印　　刷：南京玉河印刷厂
排　　版：南京新洲制版有限公司
开　　本：889mm×1194mm　1/16　　印张：13　　字数：420千字
版　　次：2017年7月第1版　　2017年7月第1次印刷
书　　号：ISBN 978-7-5641-7272-5
定　　价：58.00元
经　　销：全国各地新华书店
发行热线：025-83790519　　83791830

序一

2013年秋天，我在参加江苏省科技论坛“建筑工业化与城乡可持续发展论坛”上提出：建筑工业化是建筑学进一步发展的重要抓手，也是建筑行业转型升级的重要推动力量。会上我深感建筑工业化对中国城乡建设的可持续发展将起到重要促进作用。2016年3月5日，第十二届全国人民代表大会第四次会议政府工作报告中指出，我国应积极推广绿色建筑，大力发展装配式建筑，提高建筑技术水平和工程质量。可见，中国的建筑行业正面临着由粗放型向可持续型发展的重大转变。新型建筑工业化是促进这一转变的重要保证，建筑院校要引领建筑工业化领域的发展方向，及时地为建设行业培养新型建筑学人才。

张宏教授是我的学生，曾在东南大学建筑研究所工作近20年。在到东南大学建筑学院后，张宏教授带领团队潜心钻研建筑工业化技术研发与应用十多年，参加了多项建筑工业化方向的国家级和省级科研项目，并取得了丰硕的成果，建造·性能·人文与设计系列丛书就是阶段性成果，后续还会有系列图书出版发行。

我和张宏经常讨论建筑工业化的相关问题，从技术、科研到教学、新型建筑学人才培养等等，见证了他和他的团队一路走来的艰辛与努力。作为老师，为他能取得今天的成果而高兴。

此丛书只是记录了一个开始，希望张宏教授带领团队在未来做得更好，培养更多的新型建筑工业化人才，推进新型建筑学的发展，为城乡建设可持续发展做出贡献。

2016年3月

序二

建筑构件的制作、生产、装配，建造成各种类型建筑的方法、模式和过程，不仅涉及过程中获取和消耗自然资源和能源的量以及产生的温室气体排放量(碳排放控制)，而且通过产业链与经济发展模式高度关联，更与在建筑建造、营销、运营、维护等建筑全生命周期各环节中的社会个体和社会群体的权力、利益和责任相关联。所以，以基于建筑产业现代化的绿色建材工业化生产——建筑构件、设备和装备的工业化制造——建筑构件机械化装配建成建筑——建筑的智能化运营、维护——最后安全拆除建筑构件、材料再利用的新知识体系，不仅是建筑工业化发展战略目标的重要组成部分，而且构成了新型建筑学(Next Generation Architecture)的内容。换言之，经典建筑学(Classic Architecture)知识体系长期以来主要局限在为“建筑施工”而设计的形式、空间与功能层面，需要进一步扩展，才能培养出支撑城乡建设在社会、环境、经济三个方面可持续发展的新型建筑学人才，实现我国建筑产业现代化转型升级，从而推动新型城镇化的进程，进而通过“一带一路”战略影响世界的可持续发展。

建筑工业化发展战略目标是将经典建筑学的知识体系扩展为新型建筑学的知识体系，在如下五个方面拓展研究：

(1) 开展基于构件分类组合的标准化建筑设计理论与应用研究。

(2) 开展建造、性能、人文与设计的新型建筑学知识体系拓展理论与人才培养方法研究。

(3) 开展装配式建造技术及其建造设计理论与应用研究。

(4) 开展开放的 BIM(Building Information Modeling，建筑信息模型)技术应用和理论研究。

(5) 开展从 BIM 到 CIM(City Information Modeling，城市信息模型)技术扩展应用和理论研究。

本系列丛书作为国家“十二五”科技支撑计划项目 2012BAJ16B00“保障性住房工业化设计建造关键技术研究与示范”，以及 2013BAJ10B13 课题“水网密集地区村镇宜居社区与工业化小康住宅建设关键技术与集成示范”的研究成果，凝聚了以中国建设科技集团有限公司为首的科研项目大团队的智慧和力量，得到了科技部、住房和城乡建设部有关部门的关心、支持和帮助。江苏省住房和城乡建设厅、南京市住房和城乡建设委员会以及常州武进区江苏省绿色建筑博览园，在示范工程的建设和科研成果的转化、推广方面给予了大力支持。“保障性住房新型工业化建造施工关键技术研究与示范”课题 2012BAJ16B03 参与单位南京建工集团有限公司、常州市建筑科学研究院有限公司及课题合作单位南京长江都市建筑设计股份有限公司、深圳市建筑设计研究总院有限公司、南京市兴华建筑设计研究院股份有限公司、江苏省邮电规划设计院有限责任公司、北京中外建建筑设计有限公司江苏分公司、江苏圣乐建设工程有限公司、江苏建设集团有限公司、中国建材(江苏)产业研究院有限公司、江苏生态屋住工股份有限公司、南京大地建设集团有限责任公司、南京思丹鼎建筑科技有限公司、江苏大才建设集团有限公司、南京筑道智能科技有限公司、苏州科逸住宅设备股份有限公司、浙江正合建筑网模有限公司、南京嘉翼建筑科技有限公司、南京翼合华建筑数字化科技有限公司、江苏金砼预制装配建筑发展有限公司、无锡泛亚环保科技有限公司,给予了课题研究在设计、研发和建造方面的全力配合。东南大学各相关管理部门以及由建筑学院、土木工程学院、材料学院、能源与环境学院、交通学院、机械学院、计算机学院组成的课题高校研究团队紧密协同配合,高水平地完成了国家支撑计划课题研究。最终,整个团队的协同创新科研成果:“基于构件法的刚性钢筋笼免拆模混凝土保障性住房新型工业化设计建造技术系统”,参加了“十二五”国家科技创新成就展,得到了社会各界的高度关注和好评。

最后感谢我的导师齐康院士为本丛书写序,并高屋建瓴地提出了新型建筑学的概念和目标。感谢东南大学出版社及戴丽老师在本书出版上的大力支持,并共同策划了这套建造·性能·人文与设计丛书,同时感谢贺玮玮老师在出版工作中所付出的努力,相信通过系统的出版工作,必将推动新型建筑学的发展,培养支撑城乡建设可持续发展的新型建筑学人才。

东南大学建筑学院建筑技术与科学研究所
东南大学工业化住宅与建筑工业研究所
东南大学 BIM-CIM 技术研究所
东南大学建筑设计研究院有限公司建筑工业化工程设计研究院

2016 年 10 月 1 日于容园·南京

前　言

建筑业的发展是以消耗大量的自然资源以及造成沉重的环境负担为代价的，据统计：建筑活动使用了自然资源总量的 40%，能源总量的 40%，而造成的建筑垃圾也占人类活动产生垃圾总量的 40%，预计 2030 年建筑业产生的温室气体将占全社会排放量的 25%。因此，建筑业的低碳减排迫在眉睫。

作为在改变生产方式上具有革新意义的技术创新——工业化生产方式是节能减排的重要途径，其发展前景十分广阔；同时，建筑工业化已然成为建筑发展的趋势和必然。然而，由于真正基于市场环境的、相对深入的工业化建筑实践才刚刚起步，因此有针对性的相关节能减排研究还不充分甚至空白。在此背景下，针对工业化建筑的碳排放研究更具有现实意义。

本书首先对国内外工业化建筑发展及其碳排放现状进行了分析。其次，从碳排放基础研究、建筑碳排放研究、建筑碳排放模型分析、低碳建筑评价等四个方面对国内外碳排放现状展开研究。其中，碳排放基础研究包括碳排放政策、标准、相关评估法，能源碳排放因子，建材、设备碳排放因子以及碳排放计算软件；建筑碳排放模型分析包括生命周期划分和全生命周期各阶段碳排放比例；通过以上背景研究整理现有问题，并提出研究目标和研究内容。

针对本书的研究目标，从基于全生命周期评价理论的建筑碳排放基础研究和传统建造方式的建筑全生命周期碳排放模型两部分展开。第一部分主要包括全生命周期评价理论、建筑全生命周期碳排放评价理论以及建筑碳排放基础研究；第二部分对传统建造方式下的建筑全生命周期碳排放进行汇总，构建碳排放时空矩阵核算模型，对碳排放来源进行盘查，明确各阶段碳排放测算方法和测算清单，汇总碳排放数据来源及减碳措施；并对不同结构类型、结构材料的建筑碳排放进行分析评估。在此基础上，对以上问题进行整理。

在对传统建造方式的建筑碳排放模型的研究基础上，对比传统建造方式与工业化生产模式的区别，结合工业化预制装配模式的特点。通过确定目标范围、清单分析、影响评价和结果解释等四个方面建立一套基于全流程控制的、系统的工业化预制装配建筑全生命周期碳排放评价模型。之后具体分两部分展开：碳排放核算模型和分析评估。碳排放核算模型包括基础数据库框架、基于 BIM 的工业化建筑数据信息库以及各阶段的计算方法，并重新划分其生命周期的各阶段；分析评估针对具体碳源、影响因素提出关于工业化预制装配建筑的减碳措施。

本书最后部分以轻型建造系统为例，对轻型可移动铝合金住宅的建筑全生命周期各阶段进行实证分析，包括碳排放核算、影响评价（LCIA）和针对具体碳源的低碳设计，从而建立一套完整的轻型建筑系统的低碳建筑碳排放评价指南及核算表格系统。

本书构建了全新的工业化预制装配建筑的全生命周期碳排放评价模型，实现了低碳建筑的可视化、可控化、智能化和可操作化，不仅为轻型工业化预制装配住宅系统全生命周期的低碳建设提供了技术保障，也将为我国其他低碳建筑的健康、迅速发展提供强大的理论依据和实践指导。

目　　录

第一章　绪论

第一节　背景

一、建筑产业碳排放现状与减排潜力

建筑、工业、交通为能源消耗的三大领域，也是温室气体排放的主要来源。联合国环境署（UNEP）2009 年公布《建筑与气候变化》报告指出，建筑部门能源消耗占全球能源消耗的 30％～40％，全球温室气体排放的 1/3 与之相关，是低碳节能的关键领域之一[1]。欧洲建筑师协会估计，全球的建筑相关产业消耗了地球能源的 50％、原材料的 40％、农地损失的 80％、水资源的 50％，同时产生全球 42％的温室气体、50％的空气污染、50％的氟氯烷、48％的固体废弃物、50％的水污染[2]。在美国，建筑消耗了全国 70％的电能，使用了全国 40％以上的一次能源，排放了全国 40％～45％的温室气体；英国 2000 年温室气体排放总量为 1.5 亿 t，其中建筑排放占 7500 万 t；日本建筑学会于 1990 年左右着手进行的关于建筑业中碳排放量的调查结果显示，碳排放量与能源消费大体成正比。联合国环境署的研究报告也显示，建筑部门消耗的能源与相应的碳排放量占总排放量的比例相当。

我国的建筑能耗约占总能耗的 27％，碳排放量占总排放量的 40％左右。国内单位建筑面积能耗是发达国家的 2～3 倍，新建筑中有 80％以上是高能耗建筑，存量建筑中有 95％以上是高能耗建筑。因我国城市化进程不断加速，城市建筑规模也持续以 5％～8％的速度增长，每年新建建筑 10 多亿 m^2 占全球每年新建建筑的 40％，并将持续 25～30 年，因此建筑能耗与碳排放是当下的重点研究内容[3]。

此外，已有研究表明工业产品（如汽车）要达到 10％～20％的节能效果并非易事，而建筑领域的节能潜力巨大，较容易达到 50％～60％的节能效果，并且建筑的使用寿命较其他工业产品长，所以建筑节能减排对发展低碳经济、控制全球气候变暖具有更深远的意义。IPCC 第四次报告预测指出，全球建筑领域到 2030 年的碳减排潜力可达每年 60 亿 t。2009 年麦肯锡发布的《全球温室气体减排成本曲线》中数据显示，交通和建筑部门减排前期融资可能较困难，但实际成本较低。

2009 年 12 月，联合国气候变化大会在哥本哈根召开。会上，我国郑

重承诺：截至 2020 年单位国内生产总值碳排放比 2005 年下降 40%～45%。我国的近期目标，“十一五”期间单位国内生产总值能耗降低 20%，主要污染物排放总量减少 20%，为此我国政府指出了实施纲要即必须深入贯彻落实科学发展观，采取更加强有力的政策措施与行动，加快转变发展方式，努力控制温室气体排放，建设资源节约型和环境友好型社会。在低碳经济呼吁下，各行各业开展了低碳发展路径研究，作为最具有节能减排潜力之一的建筑业开始了建筑碳排放的定性定量研究，将为我国进行建筑物碳排放的盘查和评价提供有力的决策依据。

二、建筑工业化——碳减排的重要途径

建筑工业化是随西方工业革命出现的概念，工业革命让造船、汽车生产效率大幅提升，随着欧洲兴起的新建筑运动，实行工厂预制、现场机械装配，逐步形成了建筑工业化最初的理论雏形。二战后，西方国家在亟待解决大量的住房而劳动力严重缺乏的情况下，为推行建筑工业化提供了实践的基础，因其工业效率高而在欧美风靡一时。1974 年，联合国出版的《政府逐步实现建筑工业化的政策和措施指引》中定义了“建筑工业化”：按照工业化生产方式改造建筑业，使之逐步从手工业生产转向社会化大生产的过程。它的基本途径是建筑标准化，构配件生产工厂化、施工机械化和组织管理科学化。

通过认知调研和国内外实践分析，借助技术创新理论从中观层面将低碳建筑技术策略划分为改良性低碳技术策略和革新性低碳技术策略两类，前者碳减排作用显现的关键阶段是建筑生命周期中的使用阶段，主要依赖标准规范推动；后者作用显现的关键是建造阶段，主要依赖工业化生产方式的推动。结论显示：在生命周期的碳减排总量来看，前者的使用阶段远高于后者的建造阶段，但后者的单位时间内的作用效率更高。与前者建筑使用阶段有国家强力的标准规范进行约束并推动节能减排升级不同，后者即建筑工业化目前尽管陆续有工业化建筑的建设，但整体仍处于传统自发的、粗放型的生产方式，呈现生产效率低、综合质量差、资源消耗高、污染严重等缺陷，并且建筑施工阶段的能耗在社会能耗中占有相当比例。而作为在改变生产方式上具有革新意义的技术创新——工业化生产方式所能带来的节能减排成效为人们所期待，其发展前景十分广阔。同时建筑工业化已然成为建筑发展的趋势和必然。在此背景下，针对工业化建筑的碳排放研究更具现实意义。

尽管在推行建筑工业化的早期会面临很多阻力，但只要规模化应用程度达到能够摊薄技术创新带来的增量成本这道门槛后，规模化的推进速度将进一步加快，节能减排效果将更加突出。对比传统施工方式和工业化方式的碳排放差异，仅能耗一项就比传统施工方式降低 20%～30%，材料损耗约减少 60%，建筑垃圾减少 83%，可回收材料增加 66%[4]，这些都可带来碳排放量的减少。按照中国房地产行业的预计规模，如果住宅工业化占全国住宅建设量的 10%，每年节约能耗将相当于葛洲坝发电站两个月的发电量，减少混凝土损耗相当于 5.1 万户 90 m^2 小户型住宅混凝土用量，减少钢材损耗超过 1 个鸟巢的用钢量[5]。由于我国住宅数量基数巨大，因此在低碳技术上哪怕点滴的进步创新也将在总量上带来可观的经济效益、环境效益和社会效益。

研究表明，构件工厂预制化和现场装配这一工业化技术手段能够通过节省主要建材（钢材、水泥）和节约施工现场用电量的具体方式降低建筑建造阶段的碳排放量，且随着预制率的提高，将进一步提高建材生产阶段水泥、钢材的节约量和减少施工阶段的电力消耗和钢材消耗。以“上海万科新里程项目”为例，其预制化率仅为 36.85%，其建造过程总的碳排放量为 296.2 $kgCO_2/m^2$；若按传统建造方式，则为 346.7 $kgCO_2/m^2$，可实现碳减排 14.6%。而中国香港同类预制混凝土住宅的预制率在 45%～50%[6]，日本则要求全套住宅建造过程中的 2/3 或以上在工厂完成，包括主要结构部分（墙、柱、地板、梁、屋面、楼梯等，不包括隔断墙、辅助柱、底层地板、局部楼梯、室外楼梯等）均为工厂生产的规格化部件，并采用装配式工法施工，85%以上的高层集合住宅都不同程度地使用了预制构件。因此随着工厂预制化程度的深入，住宅建造阶段碳减排还有较大提升空间[7]。

从技术创新科技含量的比重看，科技进步对我国住宅产业发展的贡献率刚过 30%，而欧美主要发达国家均在 70%～80%。我国住宅产业的产业化率（含工业化生产建造）仅为 15%，美国、日本达 70%～80%。按国际通行标准，集约型发展的产业要求科技进步对产业的贡献率超过 50%[8-9]。然而，尽管建筑工业化是大势所趋，但由于真正基于市场环境的、相对深入的工业化建筑实践才刚刚起步，因此有针对性的相关节能减排研究还不充分，甚至存在空白。

第二节　现状

尽管建筑工业化是大势所趋，但由于真正基于市场环境的、相对深入的工业化建筑实践才刚刚起步，因此有针对性的相关节能减排研究还不充分甚至存在空白。

刘君怡将低碳住宅技术策略划分为改良性低碳住宅技术策略和革新性低碳住宅技术策略两类，提出后者的关键阶段是建造阶段，依赖工业化生产方式的推动，并进一步细分为建材生产、建材运输和营造施工三个分阶段，提出各阶段的碳排放数学模型，对比传统方式和工业化方式在建造阶段带来的碳排放差异[10]；朱家平、沈孝庭等阐述用产业化方式建造住宅，绿色环保节能和维护施工现场自然环境，降低物耗和有害排放以及粉尘与各类污染物的产生，通过施工节能降耗减排分析与测算，显示了产业化住宅的优势和发展方向[11]；黄一如、张磊等从碳排放的角度针对住宅产业化进行研究，在住宅生命周期碳排放评价中引入延迟排放加权平均时间的计算，讨论了物化阶段对总体碳排放的重要性，并对产业化住宅物化阶段减碳效能进行分析，提出采用具有碳储存能力的生物质建材及建设现代竹木结构体系住宅等是实现低碳居住的有效途径[12]。

一、住宅

研究表明，住宅建筑碳排放在整个社会碳排放中占有很大的比重。各国的住宅建筑能源消耗量占总能耗的比例基本维持在 1/3 左右，伴随这些能耗的碳排放量同样占有较大的份额。以欧盟为例，2002 年住宅的碳排放量占建筑总碳排放量的77%，是欧盟的第四大CO_2排放源，占到了总排放量的10%；在美国，住宅建筑能耗连同个人交通所形成的碳排放量占据了全社会碳排放量的49%[13]；在阿联酋，住宅建筑的能耗比例同样较高，为45.9%[14]。

在中国，通过数据分析得出住宅中主要能源消耗所产生的CO_2排放量约占全国总排放量的34.34%[15]。住宅建筑建设阶段的碳排放比例为7%，而与建筑相关的热电联产的碳排放比例高达42%，足可判断住宅建筑碳排放总量的比重之高。同时，住宅建筑能耗占总能耗的比例为45.9%，亦说明建筑部门的碳排放比例之大[16]。此外，综合研究表明，建筑的潜在节能比例为20%～30%，在个别地区此比例会更大，最高可达50%[17]。因此，研究住宅建筑碳排放的计算对于整个社会的节能减排具有重要的意义。

据住建部预测，由于我国的快速城市化进程影响，从2005年到2020年的15年间，中国的城市住宅新增面积将达到150亿～200亿m^2，相当于欧盟成员国现有建筑的总面积之和[18]。仅2009年当年已销售商品房面积就达9.371 3亿m^2[19]。如此巨大的建设规模必将使我国的能源供给和碳排放面临严峻考验。在以煤为主的能源结构短期难以改变的情况下，生态环境压力明显增大。

住宅碳排放研究：

于萍、陈效逑等从住宅建筑生命周期碳排放的阶段划分和计算两方面入手，介绍了近年来国内外住宅建筑生命周期碳排放的研究进展，得到两点基本认识：一是需要在传统的线性消耗型建筑生命周期中加入循环的概念；二是在计算住宅建筑碳排放时，为了保证其完整性和准确性，应侧重主要排放阶段。同时还应注意科技发展对不同阶段碳排放量变化的影响，以及建筑废物回收和住区绿地的负碳排放效应[20]。陈滨、孟世荣等利用生命周期评价方法，根据中国煤电链和水电链的温室气体排放系数，计算了各种燃料的温室气体排放系数，并在此基础上，计算出我国住宅中由于家用电器的使用、冬季集中供暖及农村生活能源消费所造成的温室气体排放量。通过数据分析得出住宅中主要能源消耗所产生的碳排放量约占全国总排放量的34.34%，提出了住宅中碳减排的对策[21]。刘念雄、汪静等为研究中国城市住区全寿命周期碳排放情况，综合考虑住区住宅建筑排放量和绿地吸收量，提出计算方法，并以北京为例选择典型多层住区单元地块进行计算，讨论减排方法和减排潜力。计算结果表明：在现行规范、现有能源结构和技术水平下，案例住区建筑碳排放量中约3%可由住区绿地吸收。通过推行节能措施和利用可再生能源，可实现减排约50%。而实现住区零排放，则需要从城市整体角度大量依靠郊区森林碳汇资源[22]。刘博宇选取上海地区住宅平面中的五类典型问题——体形系数问题、平面开槽问题、功能复合问题、厨卫间距问题和卫生间功能问题作为研究对象，尝试利用“节约化”的设计方法，对其进行优化设计，并计算得出相应的碳减排效果[23]。蔡向荣、王敏权等从建材的生产、运输、建筑施工、正常使用、拆除以及拆除以后废弃物的处理等方面，对住宅建筑的能源消耗、碳排放量及节能减排的措施和潜力进行了分析。分析结果表明，住宅建筑在使用阶段和建材生产阶段的能耗和碳排放量占建筑总能耗和总碳排放量的90%以上，而且这两个阶段的能耗和碳排放量均具有较大的节能减排潜力；其他三个阶段的能耗和碳排放量相对很小[24]。陈莹、朱嫣等基于生命周期评价（LCA）理论，剖析了住宅建筑相关活动能耗与环境排放的影响因素，提出了建材开采生产、建筑施工、运行、维护和建筑拆除固体废物处置等五个阶段的能耗，以及以 CO_2、SO_2、CO、NO_x 和 PM10 等为代表的环境排放的理论计算模型，该模型可为全面认识中国住宅能耗和污染水平提供理论基础[25]。

二、公建

姜兴坤以我国大型公共建筑碳排放为研究对象，以 1996 年至 2008 年的相关数据为样本，对我国大型公共建筑碳排放量、减排潜力及减排成本进行长期（到 2050 年）预测，并进一步对其碳排放变化影响因素进行分析，最后提出针对我国大型公共建筑的减排路径[26]。魏小清、李念平等采用复杂系统建模与仿真的思路构建大型公共建筑碳足迹框架体系，此体系有利于发现大型公共建筑能源浪费和碳排放问题的严重程度及主要集中领域，可适用于量化分析单个和各类型大型公共建筑碳足迹[27]。李鹏、黄继华等将碳足迹引入旅游研究，对酒店住宿产品进行生命周期评价，构建酒店住宿产品碳足迹计算模型，并实证于昆明市 6 家四星级酒店。结果表明：碳足迹主要来自运营期，约占整个生命周期的 72.72%[28]。

三、现状问题整理

现状问题整理包括以下几个方面：建筑碳排放计量标准、基础研究、建筑碳排放模型研究、低碳建筑评价体系、工业化建筑碳排放，主要内容有：

1. 建筑碳排放计量标准

目前，国际上有七大碳排放计量模型，主要针对林业、农业和城市等，建筑业作为一个碳排放大户，至今为止却没有一个国际上通行的、公认的碳排放计量标准。建筑业由于其特有的建材复杂性、多样性，其碳排放计量问题一直是一个学术难题。原因是影响建筑碳排放的因素太多。

（1）建筑生命周期各阶段的复杂性：建筑生命周期各阶段碳源较多，而且碳排放的核算边界难以确定，导致低碳建筑的评价工作难以开展，而且不同阶段由不同部门负责，没有统一的管理。

（2）建筑部门的分散性：建筑不同于其他产品，生命周期较长，期间涉及不同的参与者、利益拥有者，例如：房地产商、建筑师、金融家、工程师、施工单位、使用者，他们分别负责建筑的某一个时期，彼此之间缺乏有效沟通，是低碳建筑发展主要阻力，只有各参与方形成共同遵守的准则，明确各自的任务，才能激发各方的降碳潜力。

（3）气候的多变性：建筑的碳排放和气候相关，不同气候区域的建筑能耗是不同的，从而导致建筑碳排放的差异，所以低碳建筑评价必须和当地气候相结合。例如，北方地区需供热，冬季的能耗自然比南方温和地区要高，无法用一个数值区分地区间的差异。气候是一个复杂的问题，难以用一两个指标系数去量化，导致无法确定一个基准值来量化低碳建筑，这就增加了不同地区低碳建筑评价的难度。

（4）建筑类型的多样性：公建、民用不同的建筑类型的低碳建筑评价标准存在明显差异，需分类型、分对象划分基准值。

2. 基础研究

能源碳排放因子：概念模糊，没有把逸散排放和燃烧排放分清楚；关于能源碳排放因子影响因素分析不准确，能源分类不详细；还没有针对热水、蒸汽的碳排放计算方法。

建材碳排放因子：目前关于建材碳排放的研究大都停留在能耗分析上，碳排放因子也大多根据能耗值折算而来的，存在很大误差；建材碳排放还包括建材生产时化学变化导致的温室气体，研究中一般都没有考虑。

建筑能耗的统计：目前我国关于建筑能耗的统计还不够规范，还没有关于某一地区的详细的建筑能耗数据，部分数据是由能耗模拟得到的，可信度不高。

3. 建筑碳排放模型研究

基于生命周期理论进行建筑碳排放的分析，数据的来源都是非常复杂的过程，涉及建筑本体诸多参数，以及能源、材料等多种碳排放因子。目前的建筑生命周期碳排放测算研究成果存在以下问题：

(1) 不同的研究对于生命周期评价的假设与限定条件不同，导致建筑生命周期划分、碳排放系统边界、碳排放清单差别很大，缺乏统一、规范的评价模式与方法。

(2) 建筑生命周期评价中对于建材、施工、运营以及拆除等阶段的各类碳排放因子数据非常缺乏，没有权威部门收集整理及发布相关数据库。

(3) 由于生命周期操作模式不统一、基本数据获取困难，导致各类研究的评价结果间不具可比性，难以建立碳排放定量评价工具。

(4) 一直以来，建筑使用阶段是建筑减碳的重点，也是建筑碳排放研究的重点；而施工阶段作为建设项目全生命周期中最为复杂的阶段，虽然碳排放量占全生命周期比例较小，但从单位时间减碳的角度考虑，施工阶段的潜力很大，应当予以重视。

4. 低碳建筑评价体系

目前的低碳建筑评价体系大部分都是参考绿色建筑评价建立的，还没有形成统一的、科学的低碳评价体系。低碳建筑的评价应该是以定量为基础的，有别于绿色建筑，但现在还没有形成能够量化的评价指标。低碳建筑与地域、环境、能源等因素有关，低碳建筑基准线不是统一值，应针对各地情况进行具体分析，目前还没有针对这方面的研究。

5. 工业化建筑碳排放

尽管工业化的建筑生产方式是大势所趋，同时建筑工业化是重要的CO_2减排方式，但由于我国真正基于市场环境的、相对深入的工业化建筑建设实践才刚刚起步，因此有针对性的相关节能减排研究还不充分甚至存在空白。

四、策略

1. 目标

(1) 整理归纳现有的传统建造方式下的建筑全生命周期碳排放模型。

(2) 建立基于全流程控制的工业化预制装配建筑全生命周期碳排放

评价模型，使核算透明化，实现碳排放计算的可控性和可操作性，从而有效提升低碳减排的潜力和空间。

(3) 以轻型建造系统为例，建立一套完整的轻型建造系统的低碳建筑碳排放评价指南及核算表格系统。

2. 内容

针对国内外研究现状的问题整理及论文的研究目标，本书从下列三个方面展开论述。

(1) 针对本书的研究目标，从基于全生命周期评价理论的建筑碳排放基础研究和传统建造方式的建筑全生命周期碳排放模型两部分对现有的建筑碳排放研究进行整理归纳。其中第一部分主要包括全生命周期评价理论、建筑全生命周期碳排放评价理论以及建筑碳排放基础研究；第二部分对现阶段国内传统建造方式下的建筑全生命周期碳排放进行研究汇总，构建建筑全生命周期碳排放时空矩阵核算模型，分别对建材开采生产阶段、建筑施工阶段、建筑使用和维护阶段、建筑拆除和回收阶段的碳排放来源进行盘查，明确了各阶段碳排放测算的方法和测算清单，汇总全生命周期各阶段的碳排放数据来源及减碳措施；并根据现有研究成果，对不同结构类型、结构材料的建筑碳排放进行分析评估。在以上研究的基础上，对传统建造方式的建筑碳排放模型问题进行整理。

(2) 在对传统建造方式的建筑碳排放模型的研究基础上，对比传统建造方式与工业化生产模式的区别，结合工业化预制装配模式的特点：集成化、工厂化、循环化；通过确定目标范围、清单分析、影响评价和结果解释等四个方面建立一套完整的、基于全流程控制的、系统的工业化预制装配建筑全生命周期碳排放评价模型；之后具体分两部分展开，碳排放核算模型和分析评估；碳排放核算模型包括基础数据库框架、基于 BIM 的工业化建筑数据信息库(参数库、清单库、运行数据库)以及各阶段的计算方法，并重新划分其生命周期的各阶段；分析评估主要针对具体碳源、影响碳排放量的影响因素提出关于工业化预制装配建筑的具体减碳措施。该工业化建筑全生命周期碳排放评价模型使核算透明化、定量化，从而有效提升低碳减排的潜力和空间。

(3) 最后部分以轻型建造系统为例，对轻型可移动铝合金住宅的建筑全生命周期各阶段进行实证分析和研究，包括碳排放核算、影响评价(LCIA)和针对具体碳源的低碳设计，从而建立一套完整的轻型建造系统的低碳建筑碳排放评价指南及核算表格系统。

3. 意义

本书的研究内容反映了建筑行业的时代要求和趋势，对我国低碳建筑的发展具有重大而深远的意义。通过构建全面的工业化预制装配的建筑全生命周期碳排放核算模型，实现了低碳住宅碳排放的定量化、可视化和智能化，从而协助建筑师核算和统计建筑生命周期各个阶段碳排放量，找出生命周期各个阶段造成碳排放影响的直接原因和主要原因，并寻找最有效的改进途径，设计最佳的建筑方案。这不仅为轻型工业化预制装配系统全生命周期的低碳建设提供了技术保障，也将为我国其他低碳建筑的健康、迅速发展提供强大的理论依据和实践指导。

4. 框架

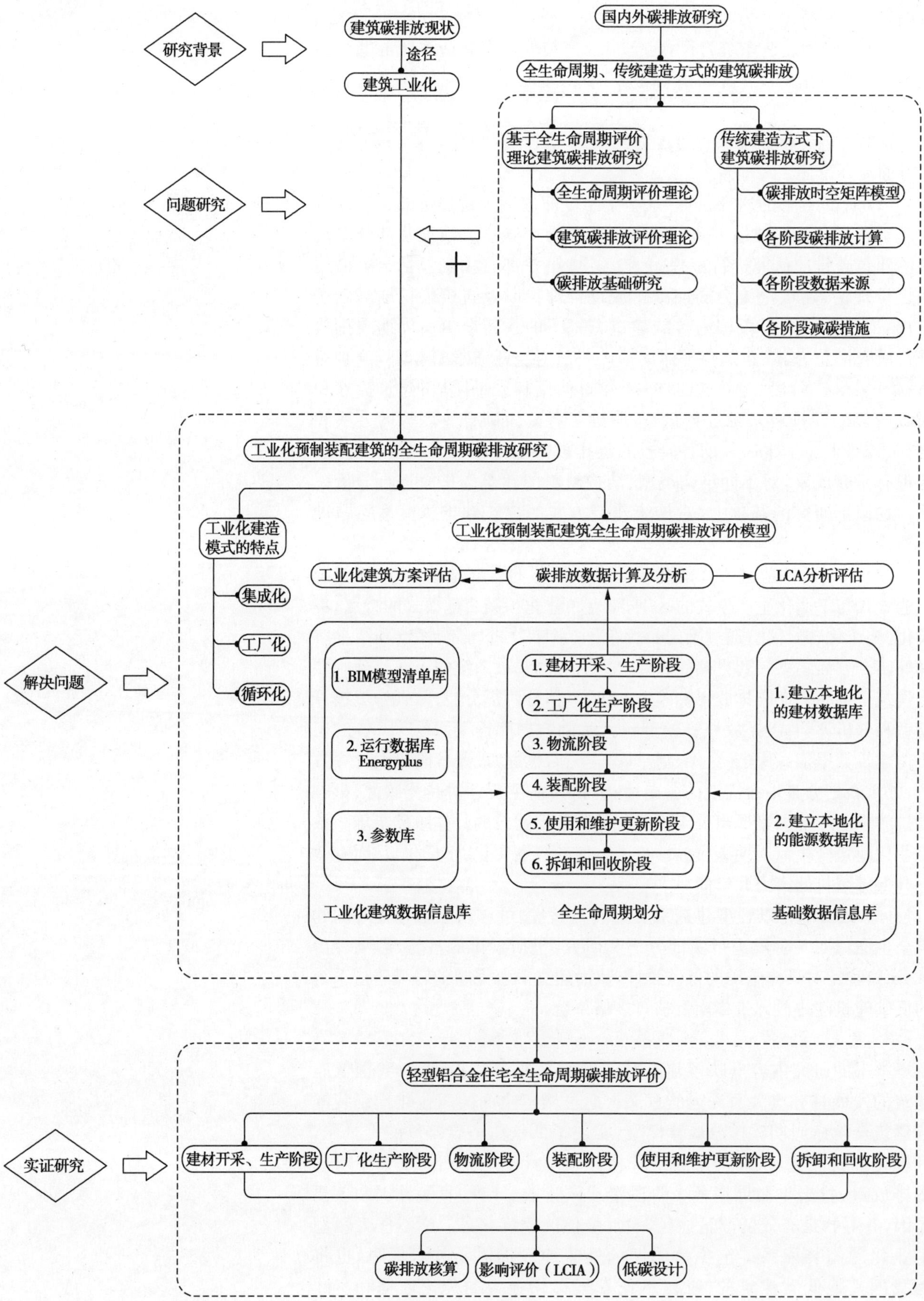

研究背景
建筑碳排放现状
途径
建筑工业化
国内外碳排放研究
全生命周期、传统建造方式的建筑碳排放
基于全生命周期评价理论建筑碳排放研究
传统建造方式下建筑碳排放研究
全生命周期评价理论
建筑碳排放评价理论
碳排放基础研究
碳排放时空矩阵模型
各阶段碳排放计算
各阶段数据来源
各阶段减碳措施
问题研究
解决问题
工业化预制装配建筑的全生命周期碳排放研究
工业化建造模式的特点
集成化
工厂化
循环化
工业化预制装配建筑全生命周期碳排放评价模型
工业化建筑方案评估
碳排放数据计算及分析
LCA分析评估
1. BIM模型清单库
2. 运行数据库 Energyplus
3. 参数库
1. 建材开采、生产阶段
2. 工厂化生产阶段
3. 物流阶段
4. 装配阶段
5. 使用和维护更新阶段
6. 拆卸和回收阶段
1. 建立本地化的建材数据库
2. 建立本地化的能源数据库
工业化建筑数据信息库
全生命周期划分
基础数据信息库
实证研究
轻型铝合金住宅全生命周期碳排放评价
建材开采、生产阶段
工厂化生产阶段
物流阶段
装配阶段
使用和维护更新阶段
拆卸和回收阶段
碳排放核算
影响评价（LCIA）
低碳设计

注释

[1] UNEP SBCI. Buildings and Climate Change: A Summary for Decision-Makers[EB/OL]. [2013-01-09]. http: //www. un-ep. Org/SBCI/pdfs/SBCI-BCC Summary. Pdf.

[2] 林宪德. 绿色建筑[M]. 北京:中国建筑工业出版社,2007.

[3] 仇保兴. 我国建筑节能潜力最大的六大领域及其展望[J]. 建筑技术,2011,42(1): 5-8.

[4] 中国房地产评测中心. 低碳地产绿色生活测评研究报告[R]. 北京:中国房地产评测中心,2010.

[5] 王石. 徘徊的灵魂[M]. 北京:中信出版社,2000.

[6] 楚先锋. 国内外工业化住宅的发展历程[J]. 住区,2008,33(5).

[7] 刘君怡. 夏热冬冷地区低碳住宅技术策略的 CO_2 减排效用研究[D]. 武汉:华中科技大学,2010.

[8] 田灵江. 推进住宅产业现代化的政策措施[J]. 中国房地产,2002(8):37-38.

[9] 姜阵剑. 国内外住宅产业发展现状与发展方向[J]. 建筑,2004(5):81-83.

[10] 刘君怡. 夏热冬冷地区低碳住宅技术策略的 CO_2 减排效用研究[D]. 武汉:华中科技大学,2010.

[11] 沈孝庭,朱家平. 产业化住宅绿色施工节能降耗减排分析与测算[J]. 建筑施工,2007,29(12):83-85.

[12] 黄一如,张磊. 产业化住宅物化阶段碳排放研究[J]. 建筑学报,2012(8):106-109.

[13] Salon D, Sperling D, Meier A, et al. City carbon budgets: A proposal to align incentives for climate-friendly communities[J]. Energy Policy, 2010, 38(4): 2032-2041.

[14] Radhi H. Evaluating the potential impact of global warning on the UAE residential building—A contribution to reduce the CO_2 emissions[J]. Building and Environment, 2009, 44(12): 2451-2462.

[15] 陈滨,孟世荣,陈星,等. 中国住宅中能源消耗的 CO_2 排放量及减排对策[J]. 可再生能源,2005(5):78-82.

[16] Su Xing, Zhang Xu, Gao Jun. Inventory analysis of LCA on steel and concrete-construction office buildings[J]. Energy and Buildings, 2008, 40(7): 1188-1193.

[17] Radhi H. Evaluating the potential impact of global warning on the UAE residential building—A contribution to reduce the CO_2 emissions[J]. Building and Environment, 2009, 44(12): 2451-2462.

[18] Li Jun, Michel C. Managing carbon emissions in China through building energy efficiency[J]. Journal of Environmental Management, 2009, 90(8): 2436-2447.

[19] 中华人民共和国国家统计局. 中华人民共和国 2009 年国民经济和社会发展统计公报[M]. 北京:中国统计出版社,2010.

[20] 于萍,陈效逑,马禄义. 住宅建筑生命周期碳排放研究综述[J]. 建筑科学,2011,27(4):9-12.

[21] 陈滨,孟世荣,陈星,等. 中国住宅中能源消耗的 CO_2 排放量及减排对策[J]. 可再生能源,2005(5):78-82.

[22] 刘念雄,汪静,李嵘. 中国城市住区 CO_2 排放量计算方法[J]. 清华大学学报(自然科学版),2009,49(9):11-14.

[23] 刘博宇. 住宅节约化设计与碳减排研究——以上海地区典型住宅平面中的 5 个问题为例[D]. 上海:同济大学,2008.

[24] 蔡向荣,王敏权,傅柏权. 住宅建筑的碳排放量分析与节能减排措施[J]. 防灾减灾工程学报,2010,30(S1):438-441.

[25] 朱嬿,陈莹. 住宅建筑生命周期能耗及环境排放案例[J]. 清华大学学报(自然科学版),2010,50(3):3-7.

[26] 姜兴坤. 我国大型公共建筑碳排放预测及因素分解研究[D]. 青岛:中国海洋大学,2012.

[27] 魏小清,李念平,张絮涵. 大型公共建筑碳足迹框架体系研究[J]. 建筑节能,2011(3):33-35.

[28] 李鹏,黄继华,莫延芬,等. 昆明市四星级酒店住宿产品碳足迹计算与分析[J]. 旅游学刊,2010(3):28-35.

第二章　传统建造方式的建筑碳排放研究

第一节　全生命周期碳排放评价理论

一、全生命周期评价理论

1. 全生命周期评价理论的概念和特点

全生命周期评价（Life Cycle Assessment，简称 LCA）是一种评价产品、工艺或活动，从原材料采集到产品生产、运输、销售、使用、回用、维护和最终处置整个生命周期阶段有关的环境负荷的过程。它首先辨识和量化整个生命周期阶段中能量和物质的消耗以及环境释放，然后评价这些消耗和释放对环境的影响，最后确认减少这些影响的机会。评价内容包括：原料开采、运输、产品制造、产品使用、产品废弃全过程物质和能量的循环。

全生命周期理论遵循以下四个重要的原则：

① 整体性原则，产品的整个过程是一个整体，从产品开始制造到消亡为止，不能把其中某一过程分离出去。

② 关联性原则，产品每个阶段之间是密切联系的，上下相互制约。

③ 结构性原则，不同研究对象的各个阶段对整体影响是不同的，每个阶段的重点不同，在研究具体产品时需要具体分析。

④ 动态性原则，研究对象不是一成不变的，会随着生产工艺、产品特点的改变而变化，研究方法也需要与时俱进，不断做出调整。

全生命周期评价的主要特点：

① 全生命周期评价主要针对产品的评价系统，包括产品的整个生命过程。在环保意识越来越受到重视的今天，人们对环境友好型产品的呼声越来越高，这样可以促使企业提高产品质量，考虑环境问题，寻求解决产品质量与环境安全问题的最佳途径。

② 全生命周期评价是针对产品整个过程的评价，在考虑解决环境问题时要以这个为前提，从每个阶段考虑降低碳排放的办法。

③ 全生命周期评价是一个开放的系统，只要是有助于研究的改进措施都可以为我所用，对系统进行完善。

④ 全生命周期评价要充分重视对环境的影响，分析各种独立因素，

找出对环境影响的关联性，把各种因素综合到一起考虑。

2. 全生命周期评价理论框架(SETAC/ISO)

从生命周期评价的发展历程来看，有许多对它的定义，其中国际环境毒理学和化学学会(SETAC)和国际标准化组织(ISO)的定义最具有权威性。

1990 年国际环境毒理学和化学学会(SETAC)首先系统提出了全生命周期评价概念，它将全生命周期评价定义为：一种通过对产品、生产工艺及活动的物质、能量的利用及造成的环境排放进行量化和识别而进行环境负荷评价的过程；是对评价对象能量和物质消耗及环境排放进行环境影响评价的过程；也是对评价对象改善其环境影响的机会进行识别和评价的过程。

全生命周期包括产品、工艺过程或活动的整个生命周期，即原材料的开采、加工，产品制造、运输和分配，使用、重新利用、维持，循环以及最终处理。SETAC 将全生命周期的基本结构分为目标范围确定、清单分析、影响评价和改善评价等四个部分，其理论框架如图 2-1 所示。

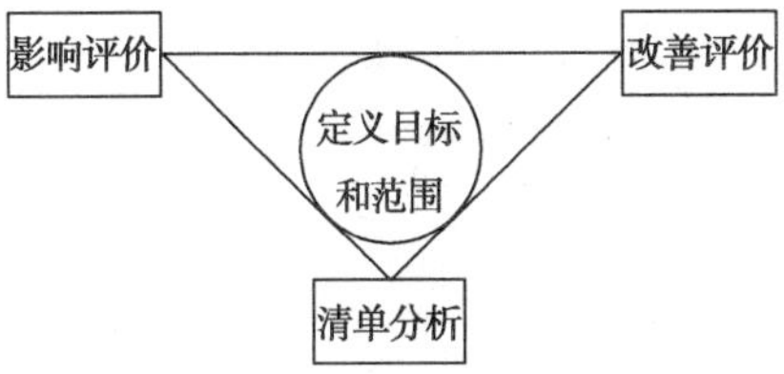

图 2-1 SETAC 全生命周期评价的理论框架

资料来源：作者自绘。

1997 年 6 月，国际标准化组织(ISO)也对生命周期评价展开了研究，并且将生命周期评价纳入其标准环境管理体系 ISO 14000 系列。ISO 将生命周期评价定义为：对产品系统整个生命周期的输入、输出及潜在环境影响的汇集和评价，其基本步骤分为：评价目的和范围的确定、清单分析、影响评价、结果解释，四个步骤是相互关联、不断重复的。其理论框架如图 2-2 所示[1]。

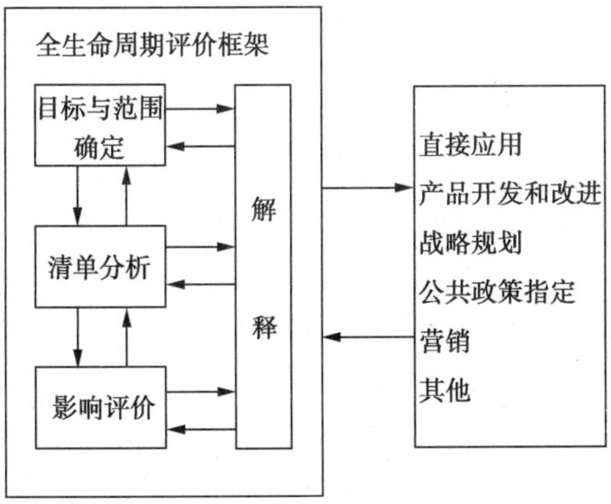

图 2-2 ISO 全生命周期评价的理论框架

资料来源：作者自绘。

SETAC 和 ISO 的全生命周期评价框架是当前影响最广的生命周期评价理论框架。这两个框架都将全生命周期评价分成了四个部分，且前三个部分基本一致。由于生命周期评价的对象是一个系统或过程，评价的目的是为了表征该系统或过程对环境的影响及其程度。

3. 全生命周期评价步骤与方法

通常的生命周期评价包括四个步骤：确定目标和范围、清单分析、影响评价、结果解释。

(1) 确定目标和范围

确定目标和范围是对一个产品系统的生命周期中输入、输出及其潜在环境影响的汇编和评价，表征系统和过程对环境的影响及其程度。目标确定即是产品系统，产品系统由系统内部和系统环境组成，包括从最初的原材料开采到最终产品使用后的废物处理全过程。范围确定的主要内容包括系统边界、系统功能、功能单位、环境影响类型、数据要求、假设和限制条件等[2]。

(2) 清单分析

清单分析是生命周期过程物质和能量流的抽象和一般化阶段,是对产品、工艺活动在其整个生命周期的资源、能源输入和环境排放(包括废气、废水、固体废物等)进行数据量化分析,其实质是数据收集、整理与分析。清单分析的核心是建立以产品功能单位表示的产品系统的输入和输出。这种输入和输出是一种相对量,而不是绝对量。

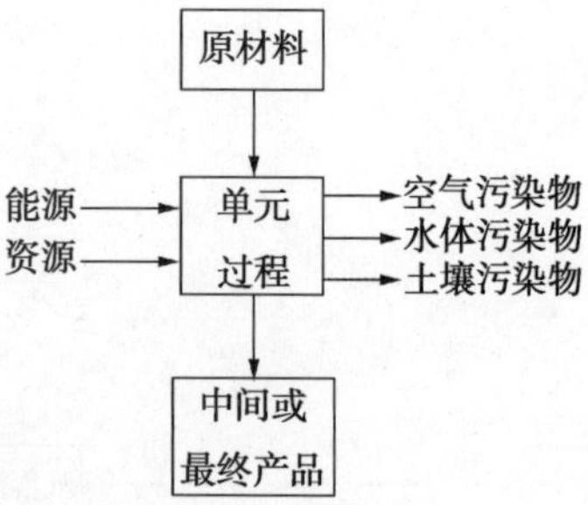

图 2-3 基于过程的清单分析

资料来源:作者自绘。

清单分析方法主要有三类:基于过程的清单分析、基于经济投入产出分析的清单分析和混合清单分析。本书采用的是基于过程的清单分析。基于过程的清单分析以过程分析为基础,将研究系统在其边界范围内划分为一系列过程或活动,通过对单元过程或活动的输入、输出分析,建立相应的数据清单,并按照研究系统与各单元过程或活动的内在关系,建立以功能单位表示的系统的输入输出清单。单元过程的清单分析如图 2-3 所示。

(3) 影响评价

"影响评价"是生命周期评价中最关键的一步,即在前两步的基础上给出评价对象对环境造成的影响。清单分析的目的是对产品系统整个生命周期内的资源消耗和环境排放进行清查。清单分析所得的输出因素对环境的影响潜能不同。为了说明各工艺过程、活动或产品各个组成部分对环境潜在影响的大小,而对这些因素按照一定方法进行评估,这一阶段称为生命周期影响评价(Life Cycle Impact Assessment,简称 LCIA)。

LCIA 与其他环境管理技术(如环境影响评价、风险评级)不同,它是一种基于功能单位的相对评价方法。作为整个生命周期评价的一部分,用于识别改进产品系统的机会并有助于确定其优先排序;对产品系统或其中的单元过程进行特征描述或建立参照标准,通过建立一系列类型参数对产品系统进行相对比较,为决策者提供环境数据或信息支持[3]。

(4) 结果解释

根据初始确定的研究目的和范围,将清单分析及影响评价过程中所发现的问题综合考虑进来,对生命周期影响评价的结果做出解释,形成最后的结论与建议。结果解释的意义在于通过影响评价结果识别产品系统的较弱环节,发现改进机会。根据 ISO 14043—2000 的要求,生命周期结果解释阶段包括三个要素,即识别、评估和报告[4]。识别主要是基于生命周期评价中的清单分析和影响评价的结果发现存在的问题;评估主要是对整个生命周期评价过程中的完整度、敏感性和一致性进行检查;报告就是形成最终结论,提出改进建议。

在生命周期评价中,目的与范围的确定和解释阶段构成了生命周期研究的框架,而清单分析和影响评价两部分则提供了有关产品的系统信息。目前清单分析的理论和方法相对成熟,影响评价的理论和方法正处于研究探索阶段,而改善评价的理论和方法则研究较少。

二、建筑全生命周期碳排放评价理论

生命周期评价的思想开始于 20 世纪 60 年代末至 70 年代初,经过了近 40 年的发展,广泛应用于各个领域,如工业企业部门、政府环境管理部门以及消费者组织等。自 20 世纪 90 年代起,欧美许多国家开始将生命周期评价方法应用于建筑领域，对建筑物进行生命周期环境影响的定量分析，推动了建筑业节能减排的发展，对减轻环境污染起到了重要作用。

1. 建筑碳排放全生命周期评价的必要性

建筑是一种生命周期很长的产品，从原材料的开采、产品制造、使用到建筑拆除，整个过程都会对环境产生影响。对建筑的碳排放进行评价就要研究建筑生命周期中各个阶段的特点，这样才能找到对环境影响最小的方案。

目前关于建筑碳排放的研究分为两部分：基础性研究（比如能源、建材、建筑设备）和建筑整体碳排放的研究。前者基本都是采用生命周期评价法，建材碳排放的研究是从建材开采、生产、使用、回收几个阶段考虑，例如：一般大型钢材的回收率可以达到 90%，如果只考虑钢材的生产阶段显然是不合理的；后者关于建筑整体碳排放的研究方法不统一，大部分学者只注意到建筑使用阶段。诚然建筑使用阶段的能耗和碳排放比例较高，需要重点分析，但是我们也要看到建筑使用阶段也是各阶段中时间最长的阶段，如果按照单位时间分析使用阶段未必是碳排放最大的阶段。现在我们经常所说的节能建筑、零能耗建筑、零碳排放建筑，大多数是针对使用阶段而言的，通过某种技术在使用阶段能耗、碳排放降低，但是这是以建筑前期大量投入为基础的。很多节能技术、节能材料本身就是高能耗、高碳排的，其本身的研发、生产需要大量能耗，会产生大量的隐含碳。因此在分析建筑碳排放时，应当从建材生产阶段开始，即从全生命周期的角度考虑建筑碳排放。

全生命周期评价体系克服了以往研究的片面性和局限性，使人们对建筑碳排放有了更加深入全面的了解。低碳建筑不仅应包括使用阶段，还应包括建筑的上游和下游，建材生产、建筑施工和建筑拆除阶段。

2. 建筑生命周期划分

对于建筑而言，其生命周期的研究，国内外学者提出了很多定义。国内研究主要以清华大学的张智慧教授为代表，将全生命周期划分为物化阶段、使用阶段和拆除处置阶段[5]。与此类似的是刘念雄等学者将其分为准备、施工、使用和维护、拆卸等四个阶段[6]。其次，有学者如陈国谦等将建筑的全生命周期分为了建设施工、装修、室外设施建设、运输、运行、废物处理、物业管理、拆卸和废弃物的处置等九个阶段，并对每个阶段碳排放的可能来源进行了详细分析[7]。北京大学的于萍、陈效逑等对住宅建筑的碳足迹模型进行了研究，采用全生命周期方法，在传统消耗型建筑的生命周期中加入了循环的概念，提出建筑材料回收的概念；他们把建筑全生命周期分为五个阶段：建筑材料生产、施工、使用、维护、建筑废弃物处理；在计算建筑碳排放时提出重视使用阶段，忽略施工阶段的理念[8]。

国外对于建筑全生命周期的研究理论更丰富。有以原材料为主线考虑的莱夫·古斯塔夫松（Leif Gustnvsson）等，其将全生命周期分为材料生产、建设、运行、拆除以及处理四个阶段[9]；并且雷蒙德·J. 科尔（Raymond J. Cole）在其基础上研究了不同建筑物的碳排放区别，方便对比分析[10]；也有部分学者没有考虑材料的生产阶段，认为其应该属于工业碳排放，如格瑞勒（Gerilla）等[11]；对于传统的建筑全生命周期，也有人研究，如 Bribián 就将建筑全生命周期分为建筑生产、建设、使用和结束四个阶段[12]。

建筑全生命周期即建筑产品的生命周期(LCA：building life cycle)，指建筑产品的萌芽到建筑拆除处置整个过程。综上所述，一些阶段所耗时间比较短并且对建筑的整体能耗影响较小，如建材运输或更新维护，因此通常会将建材生产及运输合一，建筑使用与更新维护合一。因此，将建筑全生命周期初步划定为四个阶段：建材开采生产阶段、建筑施工阶段、建筑使用和维护阶段、建筑拆除和回收阶段[13]，如图 2-4 所示：

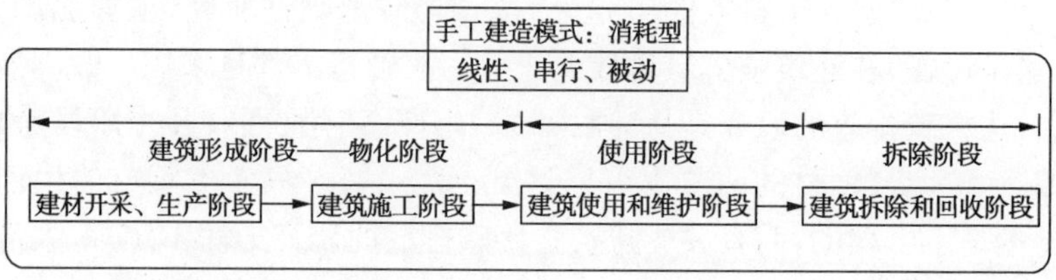

图 2-4 传统建造方式的建筑全生命周期划分

资料来源：作者自绘。

3. 建筑碳排放测算基本方法

由于数据获取困难，无法形成数据统计的规模效应，我国建筑物碳排放的测算还处于比较初级的阶段。目前，对建筑物碳排放的测算主要采用三种方法：实测法、物料衡算法和排放系数法[14]。

(1) 实测法

实测法主要通过监测工具或国家认定的计量设施，对目标气体的流量、浓度、流速等进行测量，得到国家环境部门认可的数据来计算目标气体总排放量。实测法要求采集的样品数据具有很强代表性和较高的精确度，当能满足这些要求时，这是一种比较可靠的方法，但如果无法保证样品数据的代表性和精确度，即使测试分析很正确，所得数据也毫无意义。

(2) 物料衡算法

物料衡算法是在建设过程中对使用的物料进行定量分析，根据质量守恒，投入物质量等于产出物质量，把工业排放源的排放量、生产工艺和管理、资源、原材料的综合利用及环境治理结合起来，系统地、全面地研究生产过程中碳排放的一种科学有效的计算方法。这种方法虽然能得到比较精确的碳排放数据，但是需要对建筑物全过程的投入物与产出物进行全面的分析研究，工作量很大，过程也比较复杂。

(3) 排放系数法

排放系数法是指在正常技术经济和管理条件下，根据生产单位产品所排放的气体数量的统计平均值来计算总排放量的一种方法。目前的排放系数分为有气体回收和无气体回收两种情况下的排放系数，而且在不同的生产状况、工艺流程、技术水平等因素的影响下，排放系数也存在很大差异。因此使用排放系数法的不确定性也较大。

但排放系数法是目前最常用的碳排放计算方法。该方法可以进一步划分为标煤法和能源种类法：标煤计算法，即根据建筑能耗折算为标煤量，再通过标准煤的 CO_2 排放量进行计算，见公式(2-1)所示；能源种类法，即直接根据各种能源种类的 CO_2 排放量进行计算，见公式(2-2)所示。据范宏武[15]验证，采用标煤法计算的 CO_2 排放量比采用能源种类法的结果偏大，因此应尽可能采用能源种类法。

采用标煤法计算 CO_2 排放量的公式(2-1)：

$$C = \sum_i (E)_i \times K_{ce} \times \frac{44}{22} \qquad (2\text{-}1)$$

式中：

C——建筑 CO_2 总排放量，kg；

E——建筑实际不同种类能源消耗量折算为标煤量，kg；

K_{ce}——标煤碳排放因子，kg C/kg，我国发改委公布的数据为 0.67 kg C/kg。

采用能源种类计算 CO_2 排放量的公式(2-2)：

$$C = \sum_i (K \times E)_i \times \frac{44}{12} \qquad (2\text{-}2)$$

式中：

C——建筑 CO_2 总排放量，kg；

E——建筑实际不同种类能源消耗量，kg，Nm^3 或者 kWh；

K——不同种类能源单位碳排放量，kg C/kg，kg C/Nm^3，或者 kg C/kWh。

4. 建筑全生命周期碳排放评价理论框架

(1) 核算系统边界

建筑全生命周期的碳排放是指将建筑的生命周期看作一个系统，该系统的碳排放是由能源消耗、资源向外界环境排放等产生的 CO_2 总量。建筑全生命周期系统边界内部应包含形成建筑实体和功能的一系列中间产品和单元过程流组成的集合，包括建筑材料生产和构配件加工、运输、施工与安装、使用期建筑物运行与维护、循环利用、拆除与处置，如图 2-5 所示。需要指出的是建筑物运营维护阶段的碳排放是采暖、通风、空调、照明等建筑设备对能源的消耗造成的，不包含由于使用各种家用电器设备而导致的能源消耗与碳排放。

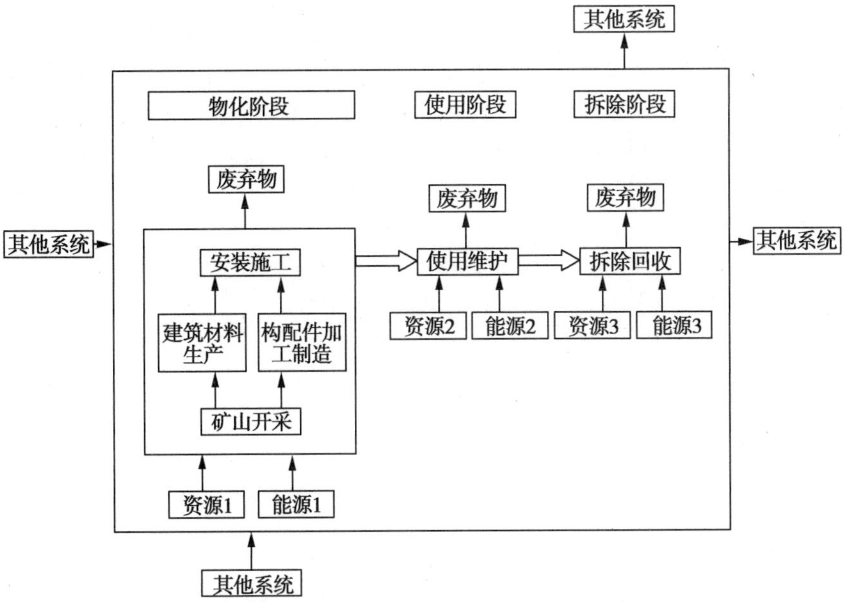

图 2-5　建筑全生命周期碳排放评价核算系统边界

资料来源：作者自绘。

碳排放核算范围的确定准则：

符合下述准则之一的材料、设备即纳入碳排放核算范围：

① 质量准则。将建筑工程各阶段消耗的所有建筑材料按质量大小排序，累计质量占总体材料质量 80%以上的建筑材料纳入核算范围。

② 造价准则。将建筑工程各阶段消耗的所有建筑材料按造价大小排序，累计造价占总体材料造价 80%以上的建筑材料纳入核算范围。

③ 能耗准则。将建筑工程各阶段所有机械、设备按能源消耗大小排序，累计达到相应阶段能源消耗 80%以上的机械、设备纳入核算范围。

(2) 评价功能单位

建筑物规模不一，物化阶段材料、机械使用量相差很大，直接导致碳排放量差别很大；而使用阶段持续时间几乎占了建筑生命周期的全部，评价年限对评价结果影响很大，因此仅给出建筑物总的碳排放量缺乏可比性，需要建立一个横向可比较的评价。

碳排放评价应以建筑投入使用后 100 年为评价期，将温室气体质量按照 IPCC 100 年全球增温潜势（GWP）系数换算成“二氧化碳当量”（CO_2e）[16]进行衡量。由于需要考虑建筑寿命的时间因素，因此建筑生命周期碳排放以每年每平方米建筑面积所产生的千克 CO_2e 进行度量，其计量单位为 $kg \cdot m^{-2} \cdot a^{-1}$，见公式(2-3)[17]所示：

$$BCE=\frac{E_{man}+e_{u+d}}{(S \cdot T)} \tag{2-3}$$

式中：

BCE——建筑生命周期碳排放评价值；

E_{man}——物化阶段碳排放；

e_{u+d}——运行使用和拆除回收阶段碳排放加权值（此阶段排放因为存在长时间延迟，因此要考虑加权，下面详述）；

S——总建筑面积；

T——建筑寿命年限。

其中，运行使用和拆除回收阶段碳排放加权值（e_{u+d}），根据 IPCC 2007 年报告，温室气体在大气中的浓度增量是工业化时代以来辐射强迫的显著影响因子。而随着时间的推移，温室气体浓度的衰减也会使辐射强迫产生相应变化。因此，PAS2050 指出，商品使用阶段碳排放在 100 年评价期中应该采用加权平均值反应不同时间点上温室气体排放对气候变化的不同影响。相应的，建筑运行使用和最终处置阶段的排放计算也该反应温室气体存在于大气中的加权平均时间[18]，如下式所示：

$$e_{u+d}=E_{u+d} \cdot \mu \tag{2-4}$$

$$E_{u+d}=\sum_{i=1}^{n} e_i \tag{2-5}$$

由 PAS2050 中对于排放加权的规定可得：

$$\mu=\frac{\left[\sum_{i=1}^{n}(n-1) \cdot \alpha_i\right]}{n} \tag{2-6}$$

$$\alpha_i=\frac{e_i}{E_{u+d}} \tag{2-7}$$

式中：

e_{u+d}——运行使用和拆除回收阶段碳排放加权值；

E_{u+d}——运行使用和最终处置阶段碳排放计算总值；

μ——碳排放加权系数；

i——发生排放的第 i 年；

α_i——第 i 年排放与排放计算总值的比例；

e_i——第 i 年排放；

n——评价期时长，以年为单位，取值 100（与 PAS2050 中 100 年评价期相一致)。

将公式(2-6)、(2-7)代入公式(2-4)可得

$$e_{u+d}=E_{u+d}\cdot[\sum_{i=1}^{100}(100-i)\cdot\frac{e_i}{E_{u+d}}]=\frac{\sum_{i=1}^{100}(100-i)\cdot e_i}{100} \quad (2-8)$$

以设计使用年限为50年的普通建筑为例,其运行使用和最终处置阶段碳排放计算如下:

设运行使用阶段的年排放为 e_{use},发生排放的时间为第1年到第50年;最终处置产生排放为 e_{dis},发生排放的时间为第50年。代入公式(2-8)可得:

$$e_{u+d}=\frac{\sum_{i=1}^{100}(100-i)\cdot e_i}{100}=\frac{[\sum_{i=1}^{50}(100-i)\cdot e_{use}+(100-50)\cdot e_{dis}]}{100}$$

$$=37.25\cdot e_{use}+0.5\cdot e_{dis}$$

碳排放总值:$E_{u+d}=50\cdot e_{use}+e_{dis}$

代入公式(2-4)可得:

$$\mu=\frac{e_{u+d}}{E_{u+d}}=\frac{37.25\cdot e_{use}+0.5e_{dis}}{50\cdot e_{use}+e_{dis}}\approx\frac{37.25}{50}$$

$$=0.745$$

(3) 清单分析

针对建筑全生命周期的碳排放清单分析,其主要任务是分阶段的基础数据的收集,并进行相关计算,得出该阶段的总输入和总输出量,作为评价的依据。输入包括:建筑原材料用量、各种能源用量;输出是建筑本体,还包括向环境排放的各类污染物。在计算时需要考虑各种能源的利用率、机械的运行效率等。建筑全生命周期的碳排放清单分析如图2-6所示:

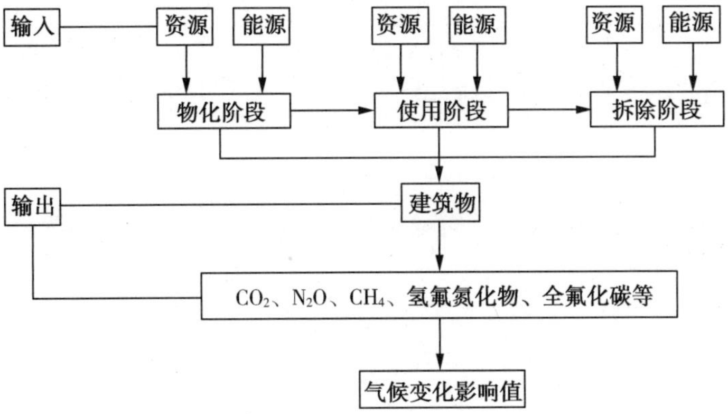

图2-6 建筑全生命周期各阶段的碳排放清单分析

资料来源:作者自绘。

第二节 碳排放基础研究

一、碳排放因子

1. 建筑碳排放的 CO_2 当量计算方法

对于碳排放量的清单计算,通常以产生的 CO_2 量来衡量。计算建筑碳排放,其本质是为了说明其对全球气候变暖所造成的影响,因此碳排放

分析不仅仅局限于 CO_2。许多其他对气候变化也有影响，并且影响程度不同（通常远大于 CO_2 对气候变化的影响）。因此，应当将所有对全球气候变暖造成影响的气体都纳入到碳排放的清单当中，例如 N_2O、SF_6 等不含碳的物质，也根据其 CO_2 特征当量因子将其视为"碳"排放。IPCC 以 CO_2 气体的全球变暖潜能值（GWP）为基准，其他气体（CH_4、N_2O 等）的 GWP 是以 CO_2 为基准，折算为 CO_2 当量来衡量。CO_2 的 GWP 值定位 1，其余温室气体对 CO_2 有一个比值，定义为各自的温室气体 GWP 值，温室气体的 GWP 与三个方面有关：对红外辐射的吸收能力；在大气中存活的时间；在什么时间段与 CO_2 相比较。所以 GWP 值与时间有关，一般分为 20 年、50 年、100 年。

建筑全生命周期的碳排放即是建筑物化、使用和拆除处置各阶段的各类温室气体排放量与其全球气候变暖影响潜能特征当量因子相乘所得到的总和。其公式为(2-9)：

$$GWI = \sum_{j=1}^{3} \sum_{i} W_{ij} \times GWP_i \tag{2-9}$$

式中：

GWI——建筑物生命周期碳排放指数，$kgCO_2$；

W_{ij}——建筑物生命周期内第 j 阶段（$j=1,2,3$，分别为物化、使用和拆除处置阶段）所产生的第 i 种温室气体的质量，kg；

GWP_i——第 i 种温室气体的全球变暖影响潜能值，$kgCO_2$/kg 温室气体；

i——温室气体的种类代号。

根据《京都议定书》，温室气体包括以下 6 类：二氧化碳（CO_2）、甲烷（CH_4）、氧化亚氮（N_2O）、氢氟碳化物（HFC）、全氟化碳（PFC）、六氟化硫（SF_6），部分气体的全球变暖潜能值，如表 2-1 所示[19]。

表 2-1　温室气体的当量因子潜能值

物质	全球变暖影响潜能值（$kgCO_2$/kg 温室气体）		
	20 年	100 年	500 年
CO_2	1	1	1
CH_4	72	25	7.6
N_2O	289	298	153
HFC(HFC-134a)	3 830	1 430	435
PFC(PFC-116)	8 630	12 200	1 820
SF_6	16 300	22 800	32 600

资料来源：IPCC. Climate Change 2007: Synthesis Report: Contribution of Working Groups Ⅲ and Ⅲ to the Fourth Assessment Report of the Intergovernmental Panel on Climate Change.

从表 2-1 中发现，不同温室气体对环境的影响差别是很大的，按照 CO_2、CH_4、N_2O、HFC、PFC、SF_6 顺序依次增大，但是 CO_2 的排放量最大，以前大部分研究只统计 CO_2 的排放量，但随着研究的深入人们逐渐意识到需要对各种温室气体综合考虑。

2. 能源碳排放因子

关于能源碳排放因子，各权威机构还没有给出统一的定义，尽管国内外学者对于碳排放模型都做了各种研究，但是没有给出能源碳排放因子详细的计算说明。能源碳排放因子(Carbon Emission Factor)是指消耗单位质量能源伴随的温室气体的生成量,是表征某种能源温室气体排放特征的重要参数[20],也是计算碳足迹的基础数据。能源的碳排放因子包括单位质量能源从开采、加工、使用各个环节中排放的温室气体转化为CO_2量的总和。

能源的碳排放量占全球碳排放总量的90%,在建筑领域其碳排放量也占很高的比例。鉴于此,在阐述碳排放模型前,先对国内外各机构提供的能源碳排放因子进行分析,可以发现:IPCC、Department of Energy/Energy Information Administration(DOE/EIA)、日本能源经济研究所等国际机构对不同能源碳排放因子做出了测定;中国工程院、国家环境局温室气体控制项目、国家科委气候变化项目、国家发展和改革委员会能源研究所等国内机构对能源碳排放因子进行了测定;国家科委北京项目、湘潭市统计年鉴地方城市机构对能源碳排放因子也进行了测定[21],由于数据来源、实验条件、测定方法等的不同,致使不同机构对同种能源碳排放因子测定结果存在差异,下面将对所收集到的资料进行分类整理分析。

本书在对各种能源的碳排放因子进行分析的基础上,总结国内外各机构提供的能源碳排放系数,并提出碳排放系数的选择方法;依据国际权威组织 IPCC 提供的原始数据,针对我国能源的情况,提出建筑碳排放核算过程中能源碳排放因子的选择方法,同时分析比较各种方法的优缺点,并整理汇总一整套符合我国国情的能源碳排放因子。

(1) 化石能源(煤、石油、天然气)碳排放因子

根据化石能源的活动情况,碳排放一般分为两部分:开采、加工过程中的逸散排放和使用阶段的燃烧排放。

逸散排放是指化石能源在开采、加工、运输等过程中的温室气体排放,主要指温室气体的泄露、化学变化导致的气体排放,不包括上述过程能耗导致的碳排放。逸散排放与矿产特点、能源结构有关,很难在国家、地区层面上统一考虑,现在还没有机构给出逸散排放的缺省值[22]。同一种化石能源,例如煤炭、露天煤矿和地下煤矿的逸散排放因子肯定是不同的,所以排放因子是不确定的。本书在建筑碳排放计算中,只考虑化石能源燃烧导致的排放,逸散排放属于能源生产部门的碳排放。

燃烧排放是指化石能源在使用过程中的碳排放。共有三种计算方法。方法一:根据燃料的特性进行计算,CO_2的排放因子主要取决于燃料的含碳量;排放因子缺省值一般由国际机构提供。方法二:与方法一的计算方法类似,但考虑特定国家燃料的种类、燃烧技术,将数据进一步细化,更能反映数据的真实性,用国家特定的排放系数替换缺省值。方法三:使用详细的排放模式测算排放因子,可以细化到具体的能源加工厂,根据具体的设备效率、燃烧情况、控制条件等来确定排放系数,尤其是对于非CO_2气体,更加精确。但在现有条件下我们无法精确计算化石燃料的CH_4、N_2O等排放因子。

① 煤碳排放因子:煤包括原煤、精洗煤、焦炭、无烟煤、褐煤。IPCC对不同种类煤进行测定,其他组织机构均把煤作为一种综合的能源对其综合碳排放因子进行测定。

② 石油碳排放因子:石油碳排放主要是在石油的探勘、开采、加工过程中产生的。由于石油的开采难度、开采加工技术差别,不同研究机构对

其测定方法迥异，致使不同测定机构测定结果存在差异。中国工程院测定数据与其他机构相差较大，DOE/EIA 与其他机构测定的数据相差也较大。

③ 天然气碳排放因子：天然气的碳排放因子主要取决于天然气的碳含量，天然气碳含量取决于气体组成，主要为甲烷，但可包含少量的乙烷、丙烷、丁烷和较重质的碳氢化合物。现场喷焰燃烧的天然气通常含有较大数量的非甲烷碳氢化合物，碳含量会相应不同。不同研究机构对天然气的碳排放因子测得值有所不同。

以下是由国际权威机构 IPCC 提供的化石燃料 CO_2 排放因子，见表 2-2 所示。

表 2-2　常用化石能源 CO_2 排放因子(IPCC)

燃料类别		排放因子 ($kgCO_2/TJ$)	排放因子 ($kgCO_2/kWh$)	排放因子 ($kgCO_2/kg$)	排放因子 ($kgCO_2/kgce$)
煤	原料煤	94 600	0.340 56	2.69	2.772 348
	燃料煤	94 600	0.340 56	2.53	2.772 348
	自产煤	94 600	0.340 56	2.46	2.772 348
	无烟煤	98 300	0.353 88	3.09	2.880 780
	焦炭	107 000	0.385 20	3.14	3.135 742
	烟煤	94 600	0.340 56	2.53	2.772 348
	次烟煤	96 100	0.345 96	1.98	2.816 307
	焦煤	94 600	0.340 56	2.69	2.772 348
	油页岩	107 000	0.38 520	1.01	3.135 742
	褐煤	101 000	0.363 60	1.69	2.959 906
	泥煤	106 000	0.381 60	1.11	3.106 436
	煤球	97 500	0.351 00	1.55	2.857 335
液体燃料	原油	73 300	0.263 88	2.76	2.148 130
	航空汽油	70 000	0.252 00	2.20	2.051 420
	航空燃油	71 500	0.257 40	2.39	2.095 379
	柴油	74 100	0.266 76	2.73	2.171 575
	汽车汽油	69 300	0.249 48	2.26	2.030 906
	煤油	71 900	0.258 84	2.56	2.107 101
	液化石油气	63 100	0.227 16	1.75	1.849 209
气体燃料	天然气	56 100	0.201 96	2.09	1.644 067
	乙烷	61 600	0.221 76	3.17×10^{-3}	1.805 25
	炼油气	57 600	0.207 36	2.173	1.688 026
	炼焦炉气	44 400	0.159 84	0.93	1.301 186
	高炉气	260 000	0.936 00	0.78	7.619 56

资料来源：《2006 年 IPCC 国家温室气体排放清单指南》

目前国内外很多机构都对化石能源的碳排放因子做了统计，并且给出了各自的计算结果，这里整理总结主要机构提供的数据，并按照国际、国家、城市三个方面进行汇总，见表 2-3、表 2-4、表 2-5[23] 所示：

表 2-3　各机构提供的煤的 CO_2 排放因子

	序号	来源	排放因子 (kgCO_2/kg)		均值
国家机构	1	中国工程院	2.49		2.66
	2	国家环境局温室气体控制项目	2.74		
	3	国家科委气候变化项目	2.66		
	4	国家发展和改革委员会能源研究所	2.74		
城市	5	国家科委北京项目	2.40		2.40
	6	湘潭市统计年鉴(2004 年)	2.66		2.66
国际机构	7	IPCC 国家温室气体排放清单指南	原煤	2.77	2.73
			精洗煤	2.77	
			焦炭	3.13	
			其他焦化产品	2.36	
	8	DOE/EIA	2.57		
	9	日本能源经济研究所	2.77		

资料来源：张春霞，章蓓蓓，黄有亮，等．建筑物能源碳排放因子选择方法研究[J]．建筑经济，2010(10)：106-109.

表 2-4　各机构提供的石油的 CO_2 排放系数

	序号	来源	排放因子 (kgCO_2/kg)		均值
国际机构	1	中国工程院	1.98		2.11
	2	国家环境局温室气体控制项目	2.14		
	3	国家科委气候变化项目	2.14		
	4	国家发展和改革委员会能源研究所	2.17		
城市	5	国家科委北京项目	2.14		2.14
	6	湘潭市统计年鉴(2004 年)	2.14		2.14
国际机构	7	IPCC 国家温室气体排放清单指南	原油	2.15	2.02
	8	DOE/EIA	1.75		
	9	日本能源经济研究所	2.15		

资料来源：张春霞，章蓓蓓，黄有亮，等．建筑物能源碳排放因子选择方法研究[J]．建筑经济，2010(10)：106-109.

表 2-5　各机构提供的天然气的 CO_2 排放系数

	序号	来源	排放因子 ($kgCO_2/kg$)	均值
国家机构	1	中国工程院	1.50	1.56
	2	国家环境局温室气体控制项目	1.63	
	3	国家科委气候变化项目	1.50	
	4	国家发展和改革委员会能源研究所	1.63	
城市	5	国家科委北京项目	1.66	1.66
	6	湘潭市统计年鉴(2004 年)	1.50	1.50
国际机构	7	IPCC 国家温室气体排放清单指南	1.64	1.57
	8	DOE/EIA	1.43	
	9	日本能源经济研究所	1.65	

资料来源:张春霞,章蓓蓓,黄有亮,等. 建筑物能源碳排放因子选择方法研究[J]. 建筑经济,2010(10):106-109.

为方便几种不同计量单位之间的换算,见表 2-6 所示:

表 2-6　不同能量单位换算系数

能量单位	1GJ	1 标准煤(t)	1 千瓦时(kWh)	$1CO_2$(t)
GJ	1	29.307	3.6×10^{-3}	11.186
标准煤(t)	0.034 14	1	0.122 9	0.382
千瓦时(kWh)	0.278×10^{3}	8.137×10^{3}	1	3.106×10^{3}
CO_2(t)	0.089 4	2.62	0.322×10^{-3}(IPCC)	1

注:《综合能耗计算通则》(GB/T 2589—2008)中规定,低(位)发热量等于 29 307 千焦(kJ)的燃料,称为 1 千克标准煤(1 kgce)。其他数据相应换算得出。

资料来源:国际权威机构 IPCC、《综合能耗计算通则(GB/T 2589—2008)》数据整理。

(2) 电力碳排放因子

虽然电力在使用过程中不排放温室气体,被称为清洁能源,但在生产阶段是排放温室气体的,电力碳排放因子主要是指在生产阶段的碳排放,属于间接排放。电力的碳排放因子与发电形式有关,包括火力发电、水力发电、核电等,而电力结构决定了电力的碳排放因子。表 2-7 给出了各种发电方式的电力碳排放因子比较。

表 2-7　各种发电方式的电力碳排放因子比较

发电形式	供电效率(%)	燃烧排放因子 ($kgCO_2/TJ$)	氧化率	排放因子 ($kgCO_2/kWh$)
	A	B	C	$D=3.6/A/1\,000\,000\times B\times C$
燃煤发电	38.10	87.300	1	0.824 9
燃油发电	49.99	74.000	1	0.532 9
燃气发电	49.99	54.300	1	0.391 0
水力发电				0
核能发电				0

资料来源:Xianghua Di, Zuroen Nie, Baorong Yuan. Life cycle inventory for electricity generation in China [J]. The International Journal of Life Cycle Assessment, 2007, 12 (4).

从表 2-7 可以发现，不同的发电形式差异是很大的，由于电力、核、风、电热、潮汐以及太阳能发电均不使用含碳的化石燃料，或是使用量极小，可以忽略不计，因此也不纳入碳排放量计算，在此列举世界主要几个国家的电力碳排放因子，见表 2-8 所示：

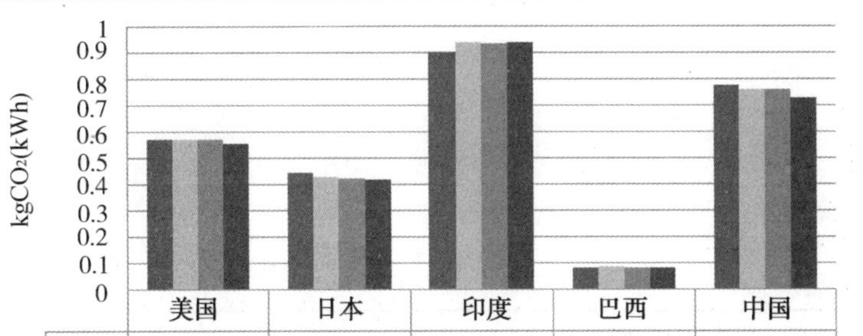

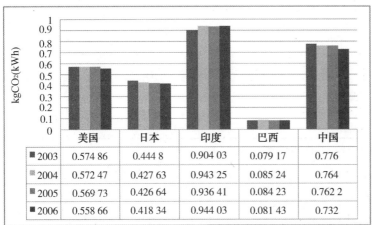

	美国	日本	印度	巴西	中国
2003	0.574 86	0.444 8	0.904 03	0.079 17	0.776
2004	0.572 47	0.427 63	0.943 25	0.085 24	0.764
2005	0.569 73	0.426 64	0.936 41	0.084 23	0.762 2
2006	0.558 66	0.418 34	0.944 03	0.081 43	0.732

表 2-8　不同国家电力碳排放因子对比

资料来源：阴世超. 建筑全生命周期碳排放核算分析[D]. 哈尔滨：哈尔滨工业大学，2012：22.

从表 2-8 可以发现，不同国家电力碳排放的差距，巴西最低，因为巴西的水力发电比例较高；美国、日本较低是由于生产工艺先进，资源利用率高。因此，建筑 CO_2 排放具有典型的地域性，不能引用其他国家环境负荷的资料数据来取代。

我国电能部分的 CO_2 排放以《中国统计年鉴》逐年电力平衡表发电能源使用结构为基准推算得到。由于逐年电力平衡表的能源结构只有火电、水电和核电的分类数据，并没有火力发电中煤炭、燃油和天然气的分项数据，因此在计算 CO_2 总排放，利用各年度全国电力工业统计快报的逐年火力发电煤耗（标煤），乘以各年火力发电量，再乘以标煤碳排放因子来计算。平均单位发电量的 CO_2 排放量等于 CO_2 总排放量除以该年度的发电量，如果除以该年扣除输配电损失量的总发电量就可以得到最终的平均单位发电量 CO_2 排放量。表 2-9 为中国 2005—2009 年单位电力 CO_2 排放量推算结果。

表 2-9　中国 2005—2009 年单位电力 CO_2 排放量推算

项目	2005	2006	2007	2008	2009
发电量(亿 kWh)	25 002.60	28 657.26	32 815.50	34 510.13	26 811.86
火电(亿 kWh)	20 473.40	23 696.03	27 229.30	28 029.97	30 116.87
水电(亿 kWh)	3 970.20	4 357.86	4 852.60	5 655.48	5 716.82
核电(亿 kWh)	530.90	548.43	621.30	692.19	700.50
风电(亿 kWh)	—	—	—	130.79	276.15
地热、潮汐、太阳能等(亿 kWh)	—	—	—	—	1.52
火电比例(%)	81.89	82.69	82.98	81.22	81.81
火电发电煤(kgce/kWh)	0.347	0.341	0.333	0.322	0.320
发电 CO_2 总排放(t)	1 844 978 867	2 098 465 916	2 354 792 587	2 343 961 393	2 502 832 364

续表 2-9

项目	2005	2006	2007	2008	2009
输配电损失量（亿 kWh）	1 706.5	1 858.83	2 061.7	2 079.8	2 190.65
平均单位发电量 CO_2 排放量（kg/kWh）	0.738	0.732	0.718	0.679	0.680
最终平均单位发电量 CO_2 排放量（扣除输配电损失量）（kg/kWh）	0.792	0.783	0.766	0.723	0.723

资料来源：《中国统计年鉴》

由表 2-9 可以发现，电能部分的 CO_2 排放量随着国内发电结构的改变而有微小变动，虽然我国发电 CO_2 排放总量逐年增加，但是最终平均单位发电量 CO_2 排放量在近 10 年内呈现出逐渐减少的趋势，从每 kWh 排放 0.834 kgCO_2 减少到了 0.723 kgCO_2。这是因为我国火电发电比例逐年降低，核能、水能以及其他新能源发电比例逐年提高；同时由于火力发电技术的提高，火力发电煤耗逐年降低，最终导致了单位发电量 CO_2 排放量的降低。

与此同时，我国各大电网的电力组成不同，碳排放因子也不同。本书按照我国的各大电网电力组成，计算得出了不同电网的碳排放系数。各电网的覆盖省份及电力碳排放因子如表 2-10 所示。

表 2-10　各区域电网覆盖省份

电网名称	覆盖省（区、市）	电力碳排放因子（2009 年）（kgCO_2/kWh）
华北区域电网	北京市、山东省、天津市、内蒙古自治区、河北省、山西省	0.780 2
东北区域电网	辽宁省、吉林省、黑龙江省	0.724 2
华东区域电网	上海市、福建省、安徽省、江苏省、浙江省	0.682 6
西北区域电网	山西省、甘肃省、新疆维吾尔自治区、青海省、宁夏回族自治区	0.643 3
华中区域电网	河南省、湖北省、湖南省、江西省、四川省、重庆市	0.580 2
南方区域电网	广东省、贵州省、广西壮族自治区、云南省	0.577 2
海南电网	海南省	0.729 7

资料来源：阴世超. 建筑全生命周期碳排放核算分析[D]. 哈尔滨：哈尔滨工业大学，2012：23.

(3) 化石、电力碳排放因子选择方法

IPCC 对较多种类的能源进行了碳排放因子测定，目前在使用汽油、柴油、煤油等碳排放因子时多使用该权威机构的测定结果。此外，较多机构对四大（煤、石油、天然气、电力）主要能源碳排放因子进行了测定，但每个机构提出的碳排放因子，因其数据收集、实验方法等不同而存在差异。首先，必须确定碳排放因子数据来源的可靠性；其次，针对同一种能源，需要在多个不同的碳排放因子之间选择最合理的因子。对其数据的选择有以下三种方法：

① 对于 CO_2 排放因子的选择，主要由燃料的含碳量决定，数据之间差距小，一般取 IPCC 提供的缺省值或国家权威机构提供的数据。

② 鉴于不同机构统计数据的差异，对提供该能源碳排放因子的所有机构测定结果进行分析，去掉离散性较大的数据，其余测定结果求平均值，该方法的优点是降低不同机构数据的偏差。

③ 一种能源的测定机构及原始数据来源与建设项目所在地及消耗能源来源一致，则选择该研究机构提供的碳排放因子。建设项目和能源消费均具有地域性特点，应根据研究项目所在地选择相应权威机构测定的结果。例如，在研究北京地区项目时应选择北京权威机构的研究结果，在做我国湘潭市项目时选择湘潭市统计年鉴测定结果，而不是中国工程院测定结果。这种方法在测定具体建筑物碳排放时具有较强的针对性，考虑了建筑物地域性特点，其结果更加准确合理，但是地区性机构测定的数据目前相对较少，可供选择的范围较少。

根据以上三种碳排放因子选择方法，结合国际权威组织 IPCC 提供的原始数据，针对我国能源的情况，制定一整套符合我国国情的能源碳排放因子，如表 2-11 所示：

表 2-11　几种常用的能源热值及碳排放因子参考(我国)

<table>
<tr><th>能源
种类</th><th>能源低位发
热量
(kJ/kg)</th><th>折合标准煤
系数
(kgce/kg)</th><th>排放因子
($kgCO_2$/kg)</th><th>密度
t/m³(kg/L)</th><th>备注</th></tr>
<tr><td>标煤</td><td>29 306</td><td>1</td><td>2.772</td><td></td><td rowspan="12">ce:标煤
1kgce
=1 千克标煤

1tce
=1 吨标煤

1 大卡
=1 000 卡
≈4 200 J

1 Nm³
= 1 标准立方米

1 kWh
=361 200 0 J
≈3.6 MJ

* 中国
2007—2009
年电力碳排放因子平均值</td></tr>
<tr><td>原煤</td><td>20 934</td><td>0.7143</td><td>1.980</td><td>0.500～0.750</td></tr>
<tr><td>焦炭</td><td>28 470</td><td>0.971 4</td><td>3.046</td><td>0.500</td></tr>
<tr><td>原油</td><td>41 816</td><td>1.428 6</td><td>3.069</td><td>0.810</td></tr>
<tr><td>燃料油</td><td>41 816</td><td>1.428 6</td><td>3.241</td><td>0.950</td></tr>
<tr><td>汽油</td><td>43 124</td><td>1.471 4</td><td>2.988
(2.361
$kgCO_2$/L)</td><td>0.740</td></tr>
<tr><td>煤油</td><td>43 070</td><td>1.471 4</td><td>3.101</td><td>0.800</td></tr>
<tr><td>柴油</td><td>42 705</td><td>1.457 1</td><td>3.164
(2.778
$kgCO_2$/L)</td><td>0.860</td></tr>
<tr><td>液化石油气</td><td>50 179</td><td>1.714 3</td><td>3.170</td><td>0.717×10^{-3}</td></tr>
<tr><td>炼厂干气</td><td>46 055</td><td>1.571 4</td><td>3.011</td><td>0.700×10^{-3}</td></tr>
<tr><td>油田
天然气</td><td>38 931
(kJ/Nm³)</td><td>1.330 0
(kgce/Nm³)</td><td>2.162</td><td>0.700×10^{-3}</td></tr>
<tr><td>电</td><td>3 600
(kJ/kWh)</td><td>0.122 9
(kgce/kWh)</td><td>* 0.723
kg/kWh</td><td></td></tr>
</table>

注：

① 上表 2、3 列来源于《综合能耗计算通则》(GB/T 2589—2008)。

② 第 4 列来源于《省级温室气体清单编制指南》(发改办气候〔2011〕1041 号)。

(以《2006 年 IPCC 国家温室气体清单指南》提供的碳排放因子数据为基础，结合我国各种类能源低位发热量求得)

③ 标准煤量：我国《综合能耗计算通则》(GB/T 2589—2008)规定，低(位)发热量等于 29 307 千焦(kJ)的燃料，称为 1 千克标准煤(1 kgce)。统计中可采用“吨标准煤”，用符号 tce 表示。

④ 上表生成按照国际相关 CO_2 排放量研究所惯用的估算方法，计算步骤如下：

a. 估计建筑生命周期各阶段的能源使用量，并以原始单位表示。例如，煤炭、燃油以 kg 表示，天然气以 m^3 表示。

b. 在《2006 年 IPCC 国家温室气体清单指南》的第 2 卷中找出每种燃料的碳排放系数，可以得到碳排放量的初步估计值。

c. 将排放的碳(以重量单位表示)转换成相应的 CO_2，即乘以相对分子质量的比值 44/12，可得到每种燃料的 CO_2 排放系数。

d. 在《综合能耗计算通则》(GB/T 2589—2008)的“附录 A：各种能源折标准煤参考系数”中找出每种燃料的低位发热量。

e. 将各种燃料的低位发热量与其 CO_2 排放系数相乘即可得到单位燃料的 CO_2 排放量。

资料来源：《综合能耗计算通则》(GB/T 2589—2008)，《省级温室气体清单编制指南》(发改办气候〔2011〕1041 号)，《2006 年 IPCC 国家温室气体清单指南》。

(4) 蒸汽、热水的碳排放因子

建筑所用能源中，蒸汽、热水也占很大一部分，由于它们的排放一般在主体建筑之外，属于间接排放。现在关于蒸汽、热水的碳排放研究很少，因为蒸汽、热水的排放量与其自身特点有关，如压力、温度、来源等。具体的排放系数一般由能源供给公司提供[24]。

本书依据蒸汽与电能的关系，给出了热电联产蒸汽的碳排放因子计算方法，如图 2-7 所示。其中步骤三按照公式(2-10)确定蒸汽和电能导致的碳排放量关系。

$$E_H = \frac{\frac{H}{e_H}}{\frac{H}{e_H} + \frac{P}{e_p}} \times E_t \text{(按电能与蒸汽能的热值分配)} \tag{2-10}$$

式中：

E_H——生产蒸汽的温室气体排放量，kg；

H——电厂生产的蒸汽能量，GJ；

e_H——蒸汽生产效率；

P——电厂的发电能量，GJ；

e_p——电能生产效率；

E_t——电厂温室气体排放总量，包括 CO_2、CH_4、N_2O，kg。

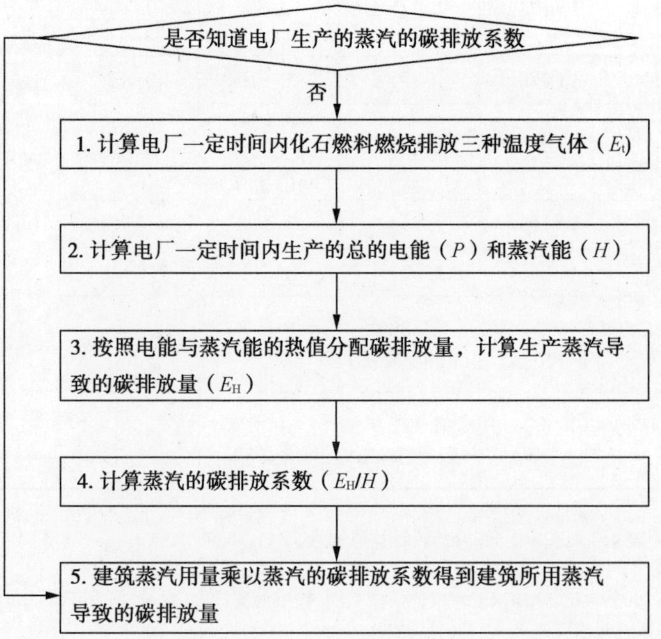

图 2-7　热电联产蒸汽碳排放因子计算方法

资料来源：阴世超. 建筑全生命周期碳排放核算分析[D]. 哈尔滨：哈尔滨工业大学，2012：23-24.

（5）生物质能和可再生能源的碳排放因子

① 生物质能（biomass energy），就是太阳能以化学能形式贮存在生物质中的能量形式，即以生物质为载体的能量。它直接或间接地来源于绿色植物的光合作用，可转化为常规的固态、液态和气态燃料，取之不尽、用之不竭，是一种可再生能源。生物质燃料在使用时虽然产生碳排放，但是生物质燃料的特点是生产周期短，在生产时吸收 CO_2，按照其生产、加工和使用整个周期内，除了加工阶段有碳排放外，基本是碳中和的过程，所以从生物质生产到使用整个过程来看生物质能的碳排放应该是很低的。生物质能生产、加工和使用关系如图 2-8 所示。表 2-12 给出了生物质能完全燃烧的碳排放因子。

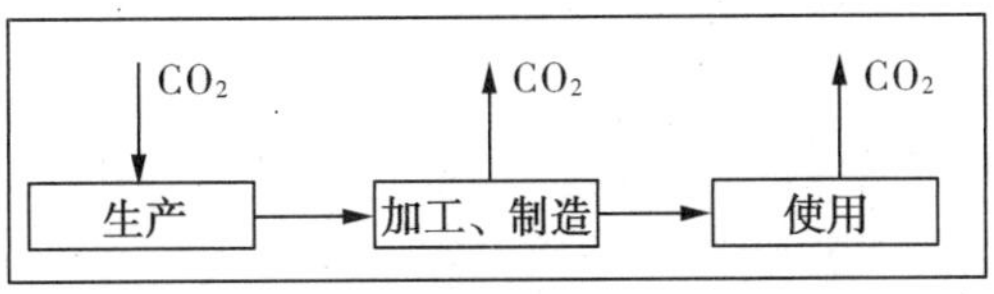

图 2-8　生物质能碳排放示意图

资料来源：作者自绘。

表 2-12　生物质燃料的 CO_2 排放系数

能源种类	排放因子（$kgCO_2/kg$）
薪柴	1.56
沼气	1.977
秸秆	1.50

资料来源：姜法竹，高昂．基于省际尺度的中国农村碳排放格局研究[J]．中国农业资源与区划，2008，29(5)．

② 可再生能源，包括核能、风能、水力等，其碳排放主要集中在初期生产、投入、运行管理等方面，属于隐含碳，不存在能源使用阶段的碳排放，可再生能源的具体碳排放因子目前还无法确定，但可再生能源也是有碳排放的，不能忽略，只是现阶段无法确定。

以太阳能光伏电池为例说明，尽管太阳能是可再生能源，但光伏电池的生产是需要耗能的，存在大量的隐含碳排放。作为光伏产业基础材料的多晶硅，曾被十部门联合发文确认产能过剩并划归高能耗和高污染产品。根据测算，从生产工业硅到太阳能电池的全过程综合电耗约 220 万 kWh/MW（即2 200 kWh/kW）。然而按国内平均水平，目前生产多晶硅的企业一般都采用改良西门子法，生产 1 kW 的太阳能电池需要 10 kg 多晶硅，耗电 5 800～6 000 度，（即 5 800～6 000 kWh/kW），为世界先进水平的 2～3 倍[25]。

3. 建材碳排放因子

对于建筑行业的 CO_2 排放，除了日常使用的能源以外，大部分来自于建材生产过程。在中国台湾地区，建筑材料碳排放占全生命周期碳排放的 9.15%～22.22%[26]；在日本，此比例为 15.67%～22.69%[27]。

需要说明的是，建材产品种类繁多，受时间及统计渠道的限制，无法对各种建材一一进行统计。这里以我国建筑普遍使用的主要建材为研究对象，具体指钢材、铝材、水泥、建筑玻璃、建筑卫生陶瓷、木材、砌块等。数据来源于建材相关管理部门、国家统计局的国内建材产品平均统计数据。（由不同建材组合所加工制成的二次建材，例如混凝土是由水泥、砂、石组合而成，由于条件的限制，二次建材不在本书研究。）

(1) 建材碳排放因子计算方法

建材碳排放因子的确定包括三个部分:① 能源消耗导致的碳排放,包括化石燃料和电力消耗;② 来自于硅酸盐材料化学反应分解产生的碳排放;③ 考虑可回收建材的回收系数。

建材生产阶段 CO_2 排放量计算:

首先从能源的使用量与建材生产原料的含碳量来估算建材产品的 CO_2 排放量。如:生产 1 t 波特兰水泥,其国内生产耗能统计平均结果为每吨水泥需要使用 170 kg 标煤和 120 kWh 电能,则其 CO_2 排放量为:

标煤用量×标煤 CO_2 排放量+用电量×电 CO_2 排放量+$CaCO_3$ 分解 CO_2

$$=\frac{170\times2.772+120\times0.723+0.75\times0.38\times1\,000}{1\,000}$$

$=0.843(kgCO_2/kg$ 水泥)[28]

考虑可回收建材的回收系数:

以全生命周期的观点,计算建筑材料 CO_2 排放时必须考虑建筑材料的可再生性。材料的可再生性指材料受到损坏但经加工处理后可作为原料循环再利用的性能。具备可再生性的建筑材料包括:钢筋、型钢、建筑玻璃、铝合金型材、木材等。通过对国内相关产品的调查,给出下列可再生材料的回收系数,如表 2-13 所示。建筑玻璃和木材虽然可全部或部分回收,但回收后的玻璃一般不再用于建筑。木材也很难不经处理而直接应用于建筑中。因此,本研究计算时不考虑玻璃和木材的回收再利用因素。

表 2-13　可再生材料的回收系数[29]

型钢	钢筋	铝材	玻璃	木材
0.90	0.40	0.95	0.8	0.1

资料来源:李兵.低碳建筑技术体系与碳排放测算方法研究[D].武汉:华中科技大学,2012.

回收的建材循环再生过程同样需要消耗能源和排放 CO_2。经调研,我国回收钢材重新加工的能耗为钢材原始生产能耗的 20%~50%,取 40%进行计算;可循环再生铝生产能耗占原生铝的 5%~8%,取 6%进行计算。建筑材料回收再生产过程的生产能耗指标为钢材 11.6 MJ/kg,铝材 10.8 MJ/kg。同样,回收再生产过程排放 CO_2 的指标为钢材 0.8 kg/kg,铝材 0.57 kg/kg。考虑再生利用后的 CO_2 排放量计算:

CO_2 排放量=各种建材单位 CO_2 排放量×(1−可回收系数)+
回收再生产过程 CO_2 排放量×可回收系数

(2) 部分主要建材碳排放因子

目前,我国关于建材碳排放因子的确定存在一些问题:① 能耗统计方法不同,能源碳排放因子计算结果不一致;② 对建材生命周期的界定不同,一般是建材开采、生产阶段,有些包括建材运输和建材回收等;③ 数据代表的时间不同,同一种建材的碳排放随着生产工艺的改进和能源利用效率的提高而改变,不同时间统计的结果差别很大。

鉴于以上几点,本书通过搜集基础数据,查看文献,对不同研究结果进行比较,为尽可能系统统计建材种类,在国内数据不全的情况下,借鉴一些国外的基础数据,建材碳排放因子的确定不仅包括能耗导致的碳排放、生产工艺引起的碳排放,同时考虑建材的可回收系数。本文以钢材、水泥、混凝土为算例进行碳排放因子的说明。

① 钢材

钢材作为重要的建筑材料，碳排放量与生产工艺关系密切，炼钢工序主要包括炼铁、轧钢等七步，炼钢炉主要有转炉、电弧炉，平炉在近年已经被淘汰。本书只考虑钢材在原料开采、钢材生产阶段的碳排放，而且主要是由于能源消耗、燃烧导致的碳排放，忽略化学变化产生的碳排放。把钢材分为四种，如表 2-14 所示，根据 1 t 钢材的能源使用量进行统计计算。虽然钢材是高碳排放建材，但是回收率较高，钢筋混凝土中的钢筋难以全部回收，取 40%，像型钢、钢模具回收率比较高，可达到 90%，回收重新利用的钢材碳排放因子按照原钢材碳排放因子的 40%计算，计算公式：

钢材碳排放因子

=钢材碳排放因子×(1-回收系数)+钢材碳排放因子×40%×可回收系数

表 2-14　四种钢材的碳排放因子

建材	排放因子($kgCO_2/kg$)	适用范围
大型钢材	1.722	型钢
中小型钢材	1.382	角钢、模钢等
冷轧带钢	2.206	螺纹钢、圆钢
热轧带钢	2.757	冷拔钢丝

资料来源：阴世超. 建筑全生命周期碳排放核算分析[D]. 哈尔滨：哈尔滨工业大学，2012：33.

② 水泥

水泥制造工艺主要有三种：湿法回转窑、立窑和新型干法工艺，由于新型干法工艺所占比重越来越高，而且也是以后的发展趋势，所以本书采用新型干法工艺进行研究。水泥碳排放主要是由能源和熟料导致，1 kg 熟料含 CaO 0.65 kg，1 kg 熟料大概排放 0.52 kg CO_2，具体能源耗量及碳排放因子如表 2-15 所示。

表 2-15　水泥的能源消耗清单和碳排放因子

建材	熟料含量(%)	排放因子($kgCO_2/kg$)
P·I 52.5	95	0.8046
P·O 42.5	82	0.7128
P·S 32.5	68	0.5643
一般水泥		0.700

资料来源：阴世超. 建筑全生命周期碳排放核算分析[D]. 哈尔滨：哈尔滨工业大学，2012：32.

③ 混凝土

根据对加气混凝土的生产工艺调查，1 m^3 加气混凝土的制造需要水泥 70 kg，砂的碳排放量和水泥比较可忽略，而粉煤灰属于工业废料，不考虑在内，耗煤量大约是 47 kg，耗电 21 kWh（电力碳排放系数采用全国平均值 0.723 $kgCO_2/kWh$），三者叠加得加气混凝土的碳排放因子为 129 kg/m^3[30]。

④ 部分主要建材碳排放因子

按照此方法计算得出了部分建材的碳排放因子，还有部分主要建材的基础数据难以统计，查阅建材方面的有关文献，经过分析，平均求值得出了部分建材的碳排放因子，如表 2-16 所示。

表 2-16　部分主要建材碳排放因子

建材	单位	碳排放因子 t	建材	单位	碳排放因子 t
水泥	t	0.700	大型钢材	t	1.722
加气混凝土	m^3	0.129	中小型钢材	t	1.382
预拌混凝土	m^3	0.250	冷轧带钢	t	2.206
建筑卫生陶瓷	t	1.400	热轧带钢	t	2.757
木材	t	0.20	建筑玻璃	t	1.40
砖	t	0.20	砂	t	0.05
铝	t	2.37	碎石	m^3	0.05
PVC	t	6.26	石灰	t	1.20
铸铁	t	3.08	聚苯板材	t	3.13
岩棉	t	0.35	聚氨酯	t	1.20

资料来源：燕艳.浙江省建筑全生命周期能耗和 CO_2 排放评价研究[D].杭州：浙江大学，2011，26-35. Xiaodong Li，Yimin Zhu，Zhihui Zhang. An LCA-based environmental impact assessment model for construction processes[J]. Building and Environment，2010(45). 赵平，同继锋，马眷荣.建筑材料环境负荷指标及评价体系的研究[J].中国建材科技，2004，13(6)：4-10.李思堂，李惠强.住宅建筑施工初始能耗定量计算[J].华中科技大学学报，2005，22(4)：58-61.

二、碳排放模型

建筑碳排放模型分析包括：碳排放生命周期划分、生命周期各阶段碳排放比例关系和建筑碳排放核算。

1. 碳排放生命周期划分

(1) 国内

陈国谦等将建筑的全生命周期分为建设施工、装修、室外设施建设、运输、运行、废物处理、物业管理、拆卸和废弃物的处置总共九个阶段，并对每个阶段碳排放的可能来源进行详细分析；系统计量方法的阶段性研究成果已汇编成专著《建筑碳排放系统计量方法》(简称《方法》)于 2010 年正式出版发行[31-32]。清华大学的刘念雄等认为住宅建筑的全寿命周期可以分为建材准备、建造施工、建筑使用和维护、建筑拆卸等四个阶段[33]。张智慧等将建筑的生命周期概括为物化阶段、使用阶段和拆除处置阶段，并列出了各阶段碳排放的来源[34]。北京大学的于萍、陈效逑等将建筑全生命周期分为五个阶段：建筑材料生产、施工、使用、维护、建筑废弃物处理；在计算建筑碳排放时提出重视使用阶段，忽略施工阶段的理念[35]。张陶新等认为建筑全生命周期可以分为建筑材料准备、建造、使用、拆除、处置和回收等六个阶段[36]。清华大学的陈莹基于全生命周期理论，结合中国建筑的特点，从建材生产到建筑拆除等五个阶段对我国住宅建筑的碳足迹进行了研究，建立了碳排放核算模型，为我国住宅建筑碳排放的研究工作提供了理论依据[37]。汪洪等认为衡量低碳建筑包括建筑能耗、建筑用水、建筑材料的选择，废弃物的管理和回收、交通，甚至人们的行为举止[38]。蔡向荣等将建筑能耗分为建材能耗、施工能耗、使用能耗、拆除能耗和废旧建材处理能耗，并将建筑材料从产地运输到施工现场的建材运输能耗和建筑施工过程中的能耗计算于施工能耗内[39]。刘军明等从规划设计（选址与节地、节材与材料利用、节能与能源利用、节水与水资源利用、能量补偿和能源循环等五个方面）、建造与施工、后期使用运营等三个方面探讨低碳建筑的评价体系[40]。李启明等认为建筑碳排放总量包括建造阶段碳排量、使用碳排量和拆除碳排量三部分，其中建造碳排量包括材料碳排量、施工碳排量和管理碳排量[41]。何福春等从时间和空间的角度进行低碳建筑评价，时间层面包括设计阶段、施工建造阶段、运行使用阶段、拆除回收阶段，空间层面包括建筑单体建造和使用需求而产生温室气体排放的所有空间场所的总称，并且将建筑碳排放的空间分为直接空间（建筑单体及其附属公共空间）与间接空间（生产、运输及其他活动）[42]。李兵认为在建筑物产品的萌芽到拆除处置整个过程中，碳排放具体包括原材料开采，建筑物材料、设备生产和构件加工制造，建筑物规划设计，建筑物施工安装，建筑物使用维护及建筑物拆除与清理六个部分。其中因为原材料开采，建筑物材料、设备生产和构件加工制造均属于建筑物材料本身所带来的碳排放，如按阶段划分可归入建筑物施工安装过程，故建筑物全寿命周期碳排放可以分为四个阶段进行计算，分别是：建筑物规划设计阶段碳排放、建筑物施工安装阶段碳排放、建筑物使用维护阶段碳排放和建筑物拆除清理阶段碳排放[43]。

（2）国外

莱夫（Leif）等将建筑的全生命周期划分为原材料生产、定点建设、运行、拆除及材料处理共四个阶段[44]。科尔（Cole）将建筑的生命周期分为原材料生产、利用原材料建成建筑雏形、建筑的装修和维护、废弃及拆卸等四个阶段的同时，还将第一阶段划分为工人运输、材料运输、大型设备运输、定点施工设备消耗和建筑支持措施共五个部分，以研究不同性质建筑的碳排放结构[45]。格瑞勒（Gerilla）等忽略了原材料生产阶段，主要考虑建设施工、维护、运行、废弃处理共四个阶段[46]。布里维安（Bribian）等根据住宅建筑的使用过程，将生命周期划分为生产、建设、使用和结束四个阶段，同时为了更简便地操作生命周期分析，将其直接概括为建设和使用两大系统[47]。May 认为建筑物使用阶段的碳排放仅由采暖、通风、空调、照明等建筑设备对能源的消耗造成，不包括由于使用各种家用电器设备而导致的能源消耗与碳排放[48]。Paumgartten 利用产品生命周期成本法估计绿色建筑在整个研究期间所有费用的净现值，包括工程施工、保养、维护、更换成本以及剩余价值，研究了绿色建筑的可持续性及其金融效益[49]。迪帕克·西瓦拉曼（Deepak Sivaraman）建立了综合评价网络，包括建筑能源效率模拟、主成分应用（包括生命周期评价、能源利用效率分析和电器性能），以及生命周期各阶段的评价体系，其中生命周期划分为五个阶段：材料生产、建筑建造、材料更换、冷热设备运行以及建筑的终结[50]。伦道夫（Randolph）对悉尼 12 个居住区进行能源与温室气体的排放研究，该研究将建筑建造、材料更换及基础设施生命周期的碳排放计算在内[51]。Blengini 认为 LCA 评价了四个主要阶段：产品阶段（原材料供应、运输和制造）、建造阶段（运输和建造）、使用阶段（维护、维修和更换，运营能源使用：供暖、制冷、通风、热水和照明）和建筑寿命终结阶段（拆除、运输、回收/重用和处置）[52]。胡伯曼（Huberman）认为任何一个建筑能源消耗的综合性评价必须考虑建筑整个生命周期的消耗，可以将评价分为三个部分：使用前阶段（内含能源，EE），使用阶段（运行时能源，OE）和使用后阶段（处置或者可能的回收利用）；他还发现这些年来，减少建筑热能消耗成为设计者的目标，而内含能源却很少得到关注与研究；究其原因是对内含能源的研究缺乏明确的评价方法和充实的数据，同时多数人认为建筑生产的内含能源要远远小于建筑使用时消耗的能源[53]。

2. 生命周期各阶段碳排放比例

据联合国政府气候变化专门委员会 IPCC 计算，建筑行业消耗了全球 40%的能源，并排放了 36%的 CO_2[54]。我国建筑物总能耗占全社会总能耗的 25%～28%，CO_2 排放量占全社会总排放量的 40%[55]。化石燃料燃烧所产生的 CO_2 是温室气体中所占比例最大的，约占整个温室气体排放的 82.9%。对于建筑行业的 CO_2 排放，大部分来自于建材生产过程。在中国台湾地区，建筑材料碳排放占全生命周期碳排放的 9.15%～22.22%[56]，在日本，此比例为 15.67%～22.69%[57]。

尚春静等针对木结构、轻钢结构和钢筋混凝土结构这三种不同结构形式的建筑全生命周期的碳排放进行比较，结论为物化阶段的碳排放占建筑生命周期总碳排放的比重较小，仅为 4%～7%。在建筑生命周期的不同阶段，三种结构建筑在运营维护阶段的碳排放最多，分别占到碳排放总量的 95.86%、94.04%和 92.83%。拆除阶段的碳排放占建筑生命周期总碳排放的比重最小，仅为 0.04%～0.07%[58]。任志涛等分析得出建筑物建设、运行、拆除的能耗分别占总能耗的 22%、70%、8%[59]。张陶新等整理总结了 2001—2007 年中国城市全生命周期建筑能源消耗量，包括建筑材料能耗、建筑建造与拆卸能耗、建筑使用能耗、建筑拆除后的能耗等[60]。在能源消耗的构成比例中，一般施工阶段的能耗占 10%～15%，建材生产阶段的能耗占 50%～80%，在总能耗中所占比例最大，而且此阶段的能耗数据来源可靠性比较强[61]。

而对于住宅建筑，无论采用何种计算方法，建筑性质、建筑寿命，以及何种原材料利用方式，其生命周期碳排放的比例是相似的，其中运行、使用和维护阶段所占的比例最大，其变化在 49%～96.9%之间[62-65]。此阶段的碳排放更多地集中在供暖、通风等方面。考虑到供暖方式的不同，不同建筑类型的供暖碳排放与原材料生产阶段碳排放的比较也反映了运行阶段的比例之高。而其他阶段碳排放所占的比例均较低，原材料生产阶段一般不超过 15%，住宅建筑拆除废弃所产生的碳排放也不超过 20%，由于回收利用等因素，此阶段的排放量甚至可以为较低的负值[66]。

3. 建筑碳排放核算

李海峰对上海地区的住宅建筑碳排放进行了核算，以每年每平方米温室气体排放量为计算单位，计算出了各种能源的碳排放因子和运输排放因子[67]。李兵等人采用国际上先进的温室气体盘查议定书（ENCORD），对建筑施工过程中的碳源进行了归类。首次采用 BIM 信息模型，并把统计的基本数据导入碳排放测评软件进行测评，由此寻找最低碳排放的方案[68]。魏小清等对大型公共建筑的碳足迹框架进行了分析，得出了针对大型公共建筑的碳排放核算模型框架[69]。蔡向荣等对国内外关于住宅建筑的碳足迹研究进行了分析，总结出在建筑材料开采生产和建筑使用阶段的能耗与碳足迹要占总量的 90%，这两个阶段也是减碳的重点，并提出了延长建筑寿命降低碳足迹的方法[70]。王松庆对我国严寒地区的居住建筑能耗与碳排放情况进行了分析，依据全生命周期理论把建筑分为五个阶段，经过实例计算得出建筑使用阶段的能耗与碳排放都达到了总量的80%以上，建材生产阶段达到10%以上，并运用C++语言，开发出计算住宅建筑能耗与碳排放的软件[71-72]。勒俊淑运用层次分析法分析了影响居住建筑能耗的几大因素，结合建立的节能建筑模型提出了建筑人均碳排放的概念[73]。王洁通过对苏州一个住宅建筑在全生命周期内对环境的影响进行了分析，经过量化分析发现使用阶段影响最大[74]。

三、低碳评价

1. 国内

经过多年的努力，我国在相对完善的节能减排法律法规体系指导下，建筑节能减排标准体系也日趋完整。我国颁布的第一部建筑节能标准为《民用建筑节能设计标准》，1995年修订后，将建筑节能指标提高到50%。2005年，建设部颁布《公共建筑节能设计标准》，此标准也是我国公共建筑节能设计的第一部国家标准，针对所有公共建筑提出建筑设计要求和设备能耗要求。2010年10月，我国开始实施《夏热冬冷地区居住建筑节能设计标准》，标准要求建筑采暖空调能耗在基础能耗上降低50%。除了国家标准，许多地方标准对建筑节能设计限定了更加严格的要求。

在建筑评价体系方面，2001年10月，我国出台第一部生态住宅评估标准——《中国生态住宅技术评估手册》，此后相继发布新版本。2006年6月，科技部和建设部共同制定《绿色建筑技术导则》，明确了绿色建筑的定义、内涵及相关技术，提供了可靠的评价依据。2007年9月，建设部颁布《绿色建筑评价标识管理办法(试行)》，以规范绿色建筑评价标识工作。我国对于低碳建筑，包括材料、设备、建筑本体、用能效率等评估认证不完善，但已具雏形[75]。

虽然国内对于建筑节能与生态的研究以及成果较多，并逐步重视低碳建筑对于未来生存与发展的重要性，但目前尚没有系统的低碳建筑评价体系，在这一领域目前国内还处于起步阶段。关于低碳建筑的评价大都停留在定性分析上，还没有建立低碳建筑基准值，基准值影响的因素太多，在短期内很难确定。

在理论研究方面，蔡筱霜首次提出了双“LCA”评价模型，确立了建筑碳排放的计算方法，并建立了建筑部分阶段的碳排放清单，为全生命周期评价体系的建立提供了数据支持，最后确定了建筑每个阶段的低碳角色[76]。黄志甲构建了建筑物能量系统生命周期评价模型，该研究收集了部分建材产品的清单数据，提出了能源上游阶段清单分析模型、临界稀释法和当量系数法相结合的影响评价方法并用权重三角形解释了权重系数对评价结果的影响[77]。孙雪将低碳建筑与绿色建筑、生态建筑、节能建筑进行了对比，并以问卷调查的方式对我国低碳建筑的碳排放活动进行了分析，运用了灰色聚态评价方法和粗糙集方法，提出了一套适合我国的低碳建筑评价标准，在建立了低碳建筑评价标准的基础上分析了建筑碳排放的影响因素[78]。顾道金等采用终点破坏模型进行环境影响评价，构建了建筑环境负荷评价体系[79]。叶盛采用模糊评价理论，结合上海地区的能源现状和气候特点，对不同的空调冷热源系统进行了比较分析，并结合方案特点对权重和指标设置进行完善，最后得出结论：常规的电制冷冷水机组仍然有其特有的优势；在干旱缺水的地区，在满足一定的室外气候条件的情况下可考虑选择空气源热泵；直燃机组的选用应该慎重，直接污染较严重，节电不节能，但在一次能源较丰富的地区，尤其是农村，可以发展使用；不推荐使用电锅炉，可以考虑使用燃油、燃气锅炉[80]。喻李葵定义了环境影响公共基本单位"黑点"，提出建筑环境性能评价方法[81]。李嵘结合西安地区的特点，对三种冷热源系统进行了能耗和环境影响分析，经过假设确定了系统的边界条件，构建了模型总体框架，根据特征化模型将能耗利用转化成环境排放，并比较了三种方案对环境的影响[82]。

我国低碳建设实践较晚，但后发优势明显，典型代表包括北京奥体中心的国家体育场"鸟巢"和国家游泳中心"水立方"，世博会的各类场馆在设计中也坚持低碳的设计理念，使用了冰蓄冷、江水源冷却系统、地源热泵、雨水收集等低碳节能技术手段，并构建人工湿地、太阳能光伏发电等，增加碳汇，有效降低了碳排放[83]。

2. 国外

发达国家低碳建筑的发展水平较高，特别是欧美以及亚洲的日本等国家，总体来说，体现为法律法规完善，评价体系合理，技术措施先进，实践项目众多。完善的法律法规是保证低碳建筑实践的基础。

2003 年，英国能源白皮书首次提出低碳经济(Low-carbon Economy)战略，此后研究者在多个领域开展了对低碳经济的研究和初步应用。2006 年 12 月发布了《可持续性住房规范》，并于 2008 年 5 月 1 日执行，该法规针对建筑设计和旧房改造，对建筑碳排放提出了具体的要求与目标，从建筑运行、建筑维护和能源利用等九个方面对建筑碳足迹进行了评价[84]。2008 年，德国首次提出了建筑碳排放核算模型，正式推出新一代基于碳排放的建筑评估体系，该体系基于建筑全生命周期评价理论，以建材作为建筑碳排放核算的切入点，按照建筑生命周期的顺序把建筑分成几个阶段，通过累加计算得出建筑全生命周期的碳排放量。2008 年 7 月，日本通过《构建低碳社会行动计划》，作为政府的纲领性文件和国家方案，计划从措施、日程及目标等方面进行细化，以指导低碳社会的建设，这也被视为日本低碳革命正式开始的标志[85]。2009 年 6 月，美国众议院投票通过《美国清洁能源与安全法案》，该法案涵盖清洁能源开发、能效标准、温室气体排放指标等多方面内容，是美国在退出《京都议定书》后所颁布的第一个能源与安全法案[86]。2010 年 3 月，欧盟正式发布《欧洲 2020 战略》，提出在 1990 年基础上，将温室气体排放量削减 20%，提高清洁能源在总能耗中的消耗比例，达到总量的 20%[87]。

目前世界上研究建筑物生命周期评价的机构和组织主要集中在北美、欧盟以及日本等发达地区和国家。近年来采用建筑生命周期理念的建筑评价系统也同趋增加，如美国 BRE 开发的 BREEAM 体系、美国绿色建筑协会的 LEED、美国商业部开发的 BEES、英国建筑研究所开发的 ENVEST、日本建筑学会开发的 AIJ—LCA、加拿大的 ATHENA 等，这些已经成为相当精密详细的环境评价系统[88]。其中，"建筑研究机构环境评估法"(Building Research Establishment Environmental Assessment Method，简称 BREEAM 体系)[89]最初是由美国"建筑研究机构"(Building Research Establishment，BRE）在 1990 年制定的世界上第一部建筑评估体系。该体系的目标是减少建筑物的环境影响，体系涵盖了从建筑主体能源到场地生态价值。BREEAM 体系旨在激发各界认识到建筑对于环境的深刻影响，并且希望在建筑的规划、设计、建造以及使用管理阶段能够为决策者们做出正确的选择提供必要的帮助。日本 CASBEE[90]（Comprehensive Assessment System for Building Environmental Efficiency），全称为"建筑物综合环境性能评价体系"。CASBEE 评价体系是由一系列的评价工具所组成，其中最核心的是与流程设计紧密联系的四个基本评价工具，他们分别是：规划与方案设计工具、绿色设计工具、绿色标签工具与绿色运营与改造设计工具，分别应用于设计流程的各个阶段，同时每个阶段的评价工具都能够适用于若干种用途的建筑。

通过以上国外建筑环境评价体系的介绍我们可以发现，为适应国际形势和建筑产业的发展，引领绿色建筑技术发展方向的评价体系在其适用范围和评估内容上不断有针对性的细化，已陆续发展出针对不同建筑类型的评估版本，同时也逐步展开对社区建设、既有建筑等的评估，这种趋势使得不同类型、规模的建筑发展分别具有了明确思路[91]。

而台湾地区也走到了我们的前面，自 20 世纪 90 年代中叶至今在该领域已经有了许多研究成果与专著，涌现出张又升、欧文生、赵又婵、林宪德等一批该领域的专家，并有《建筑物生命周期二氧化碳减量评估》《台湾建筑物生命周期水电管线二氧化碳排放量之研究》《建筑碳足迹（上）评价理论篇》《建筑碳足迹（下）诊断实务篇》等具有指导意义的研究成果，还制定了相关标准，形成了自己的评估体系，以及绿色建筑九大评估指标，逐步发展了建筑 CO_2 排放资料库[92]。

在低碳建筑实践方面，英国伦敦贝丁顿零能源发展社区是一个典范。整个项目经过合理设计，采用可循环利用的建筑材料、太阳能装置、雨水收集设施等措施，使其成为"全球生态村"的典范。它是英国第一个也是最大的碳平衡生态社区。其他诸如瑞士苏黎世的 EMPA 大楼、加拿大卡尔格雷水中心、瑞典的马尔默大厦等也是具有代表性的低碳建筑[93]。

第三节　碳排放时空矩阵模型

碳足迹日益成为了研究的焦点和热点，目前利用碳足迹评价的规范和标准也不断推出，主要包括欧盟的温室气体盘查议定书（ENCORD）、英国的 PAS 2050：2008、日本的 TSQ 0010 和国际标准化组织正在制定的 ISO14067 等。其中 ENCORD 是最早颁布的，于 2001 年 10 月颁布了第一版，2010 年 2 月颁布了第三版，在当前众多国际碳足迹评价标准中发展相对成熟，并且应用最为广泛。ENCORD 指出只有清晰定义了碳排放的测量边界才能保证碳足迹计算的关联性、完整性、一致性、透明性与准确性。ENCORD 将碳足迹的测量范围定义为三种：直接碳排放、间接碳排放和其他间接碳排放。这里选用 ENCORD 为依据，根据该标准中碳源分类思想和计算方法，对我国国情和传统建造方式的建筑特点进行碳源分析。

针对当前的传统的建造模式，其建筑全生命周期碳排放核算模型大多从两方面入手：时间和空间。根据碳足迹的定义，碳排放应该是时间与空间的集合，横向是直接空间与间接空间，其中各种建筑设备的制造、建筑机械的制造、建材运输，以及建筑所需的能源生产、加工、运输等都要消耗能源，这些能源消耗称为建筑间接能耗，由此产生的碳排放不是在建筑运行和建筑材料准备、建筑施工等过程中发生的，故称为建筑间接碳排放；纵向分阶段考虑，包括建材开采和生产阶段、建筑施工阶段、建筑使用和维护阶段、建筑拆除和回收阶段共四个阶段，构建起建筑碳排放核算模型的时空矩阵表 2-17，从二维角度对碳排放进行分析。在最终进行碳排放核算比较时不只是全生命周期总量的比较，因为每个阶段的特点不同，对整体的影响也不一样，对各阶段都要进行分析[94]。

表 2-17　传统建造方式的建筑全生命周期碳排放时空矩阵模型

时间(阶段)	直接空间 i	间接空间 j
建材开采和生产阶段	—	建材的生产地
建筑施工阶段	建造施工现场	建材运输旅途、施工阶段能源的来源地等
建筑使用和维护阶段	建筑单体和附属区域	建筑使用阶段能耗的来源地、建筑用水的生产地、建筑设备制造厂、污水处理厂等
建筑拆除和回收阶段	建筑拆除施工现场	废弃物的运输旅途、建筑垃圾处理地、建材回收厂

资料来源：作者自绘。

在确定了时空矩阵后，还要确定核算边界，不同边界核算的结果是有差异的，只有在相同的核算边界、相同的核算模型下比较碳排放量才有意义。表 2-18 给出了针对表 2-17 时空矩阵模型的核算边界。

表 2-18　传统建造方式的建筑全生命周期碳排放核算边界

时间(阶段)	直接空间 i 碳源	间接空间 j 碳源
建材开采和生产阶段	—	建材开采、生产碳排放
建筑施工阶段	各施工工艺的碳排放、建筑施工设备消耗化石燃料产生温室气体	建材运输、施工阶段用电产生温室气体
建筑使用和维护阶段	HAVC(空调系统)和热水设备由于化石燃料的燃烧产生的温室气体、制冷设备的温室气体的泄漏、建筑绿地的碳汇、建筑维护产生的碳排放	建筑内设备用电产生的碳排放、水处理产生的碳排放、生活垃圾处理产生的碳排放、维护装修材料生产产生的碳排放、建筑设备生产产生的碳排放
建筑拆除和回收阶段	建筑拆除设备消耗化石燃料产生的碳排放	建筑废弃物的运输产生的碳排放、建筑垃圾的处理产生的碳排放、建材的回收产生的碳排放、施工耗电的碳排放

资料来源：作者自绘。

表 2-18 给出了大致的碳排放核算范围，接下来以时间为顺序，按照

四阶段划分方法，分阶段对传统建造方式的建筑碳排放模型进行研究，独立分析各阶段的计算及注意事项。在各阶段中，首先确定需要核算的关键碳源，还要论证其作为核算碳源的合理性，再针对不同碳源的特点制定各自的核算规则，形成核算模型。

传统方式的建筑全生命周期碳排放计算公式(2-11)：

$$P=P_1+P_2+P_3+P_4 \tag{2-11}$$

式中：

P ——建筑全生命周期碳排放量，t；

P_1——建材开采和生产阶段碳排放量，t；

P_2——建筑施工阶段碳排放量，t；

P_3——建筑使用和维护阶段碳排放量，t；

P_4——建筑拆除和回收阶段碳排放量，t。

一、碳排放核算及数据来源

1. 全生命周期各阶段碳排放核算公式

(1) 建材开采和生产阶段

建材开采生产阶段的碳排放是指在原材料开采、建材生产时由于消耗煤、石油、天然气等化石能源和电能及生产工艺引起的化学变化而导致大量的温室气体排放。国内现有研究[95-96]普遍认为，该阶段是除运营阶段之外碳排放量最大的阶段，占整个生命周期的10%～30%。这部分的碳排放属于建筑上游间接空间的排放，在国家或城市层面统计碳排放时把其归入工业领域，而不属于建筑范畴。我国有些学者在研究建筑碳排放时未将建材准备阶段的碳排放纳入，片面地认为建筑运行阶段的能耗、碳排放占建筑总能耗、总碳排放的绝大比重，但根据碳排放标准PAS2050及ISO14064，应将有关供货、材料、产品设计、制造等过程融入产品的碳排放影响中，因为建材本身的碳排放在建筑全生命周期内占有一定的比重，而且建材的选择也直接影响到建筑使用阶段的碳排放，把其纳入到全生命周期内，一方面更符合全生命周期的理念，另一方面也可以监督建筑建造阶段对建材的选用，促进低碳建材的开发。

① 建材开采、生产阶段碳排放计算公式(2-12)：

$$P_1=P_{j1}=\sum_k(V_k\times Q_k) \tag{2-12}$$

式中：

P_1——建材开采和生产阶段碳排放量，t；

P_{j1}——建材开采和生产阶段间接空间碳排放量，t；

V_k——第 k 种考虑回收系数的建材碳排放因子，t/t、t/m^2、t/m^3；

Q_k——第 k 种建材用量，t、m^2、m^3。

公式(2-12)中，Q_k 建材用量包括钢筋、混凝土等构成建筑本身的材料，也包含施工过程中所用的模板、脚手架等临时周转材料。传统现场建造模式下，关于建材用量的统计一般采用两种方法，一是查阅相关资料，如工程决算书、造价指标等，这种方法统计的数值比较精确，但是有些建筑由于时间久、数据保存等问题，一些基本数据丢失，需要进行估算；二是估算法，根据建成之后的建筑，依据建筑类型，按照体积、面积等相关指标进行估算。

② 主要建材碳排放对建筑碳排放影响

2000—2005年我国总能耗、建材开采加工能耗、建筑运行能耗的情况及建筑能耗占全国能耗的比例，如表 2-19 所示。建筑能耗约占全社会总能耗的 40%，运行能耗约占建筑能耗的 60%，建筑材料的能耗约占建筑能耗的 37.5%，从表中显示的趋势，可看出我国的总能耗和建筑能耗、建筑材料能耗都呈增长趋势，运行能耗趋于稳定，建筑材料的能耗增长推动了建筑能耗的增长，可见建筑材料的碳排放对建筑碳排放的影响较大。

表 2-19　2000—2005 年建材、建筑运行能耗情况

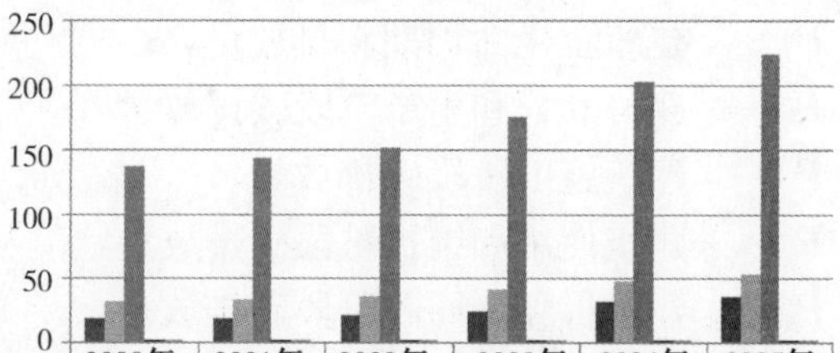

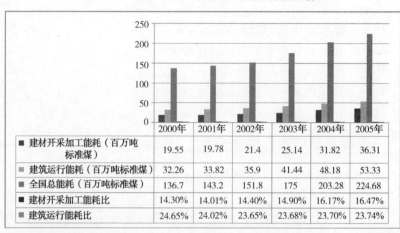

	2000年	2001年	2002年	2003年	2004年	2005年
■ 建材开采加工能耗（百万吨标准煤）	19.55	19.78	21.4	25.14	31.82	36.31
■ 建筑运行能耗（百万吨标准煤）	32.26	33.82	35.9	41.44	48.18	53.33
■ 全国总能耗（百万吨标准煤）	136.7	143.2	151.8	175	203.28	224.68
■ 建材开采加工能耗比	14.30%	14.01%	14.40%	14.90%	16.17%	16.47%
■ 建筑运行能耗比	24.65%	24.02%	23.65%	23.68%	23.70%	23.74%

资料来源：《中国能源统计年鉴》

水泥、钢筋、混凝土、砖、木材、玻璃是主要的建筑材料。据中国建筑材料科学研究院的统计数据，国内每生产 1 t 水泥，产生 1.12 t CO_2；每生产1 t 钢锭，转炉炼钢工艺产生 2.42 t CO_2，电炉炼钢工艺产生 1.25 t CO_2。为减少建材碳排放，一方面是建材生产过程中的节能减排，一方面是选材时结合建筑本身特点选择低碳工艺生产的建材。

2006 年清华大学联合加拿大木业协会发表《中国木结构建筑与其他结构建筑能耗和环境影响对比》的报告以及 2011 年尚春静等《不同结构建筑生命周期的碳排放比较》[97]，选取木结构、轻钢结构和钢筋混凝土结构三种不同结构形式的建筑，对其生命周期的碳排放进行了定量测算和对比分析，结论是木结构对环境影响最小、对资源占用最少。分析其原因为，木材在开采加工过程中能耗、资源消耗都很小，属于可再生材料，具有绿色、低碳建材的特点。对环境影响其次的是钢结构，而我国的建筑结构形式中，钢筋混凝土的结构形式占 80%以上，这也是目前鼓励使用木材、推行钢结构和原因。

(2) 建筑施工阶段

建筑施工是建筑产品生产过程中的重要环节，是建筑企业组织按照设计文件的要求，使用一定的机具和物料，通过一定的工艺过程将图纸上的建筑进行物质实现的生产过程。在这过程中会产生大量的污染(大气污染、土壤污染、噪声影响、水污染以及对场地周围区域环境的影响)与排放。建筑施工阶段主要包括建材运输、建筑施工两部分。

目前，我国对施工阶段能耗的分析较少，现有研究表明：建筑施工阶段能耗占建筑全生命周期能耗的 23%[98]，在低能耗建筑中甚至高达 40%～60%[99]。其中，建材运输能耗的大小主要由建筑材料的种类和数量、生产地到施工现场的距离、运输方式和运输工具等决定，通常是建材生产能耗的 5%～10%[100]。建筑施工过程能耗主要是各种机械设备耗能以及各施工工艺的燃烧消耗[101]等，其大小主要由建筑材料的用量和种类、建筑结构形式、施工设备和施工方法等决定[102]。

对于施工阶段的能源消耗国内的研究目前还比较缺乏，实际工程的施工能耗数据也不易获得。根据相关文献[103]的统计分析，对于施工阶段的清单计算主要有四种方法：投入产出法[104]、现场能耗实测法[105]、施工程序能耗估算法[106-107]和预决算数量估算法[108]。如果有耗能数据，则根据各施工工艺量乘以相应的碳排放因子，便可以求和得到该阶段碳排放总量。在没有耗能数据时，如果知道施工费用，可以使用投入产出法。若两种方法都不能使用，则可以使用台湾学者张又升根据现场实测能耗总结出的简化公式进行估算，见核算公式汇总表(表 2-24)。

建筑施工阶段碳排放的计算见公式(2-13)所示：

$$P_2 = P_{i2} + P_{j2} \tag{2-13}$$

式中：

P_2——建筑施工阶段碳排放量，t；

P_{i2}——建筑施工阶段直接空间碳排放量，t；

P_{j2}——建筑施工阶段间接空间碳排放量，t。

① 直接空间碳排放量

直接空间碳源包括各种施工工艺导致的直接碳排放，计算方法有两种：一种方法是统计各种工艺的工作量，再计算单位工艺的碳排放，二者乘积就是直接空间的碳排放，该方法需统计的各种施工工艺量大，单位工艺的碳排放与现场机械利用情况有关，每个地方的情况也不同，难以统计，但计算更接近实际情况，见公式(2-14)所示，表 2-20 给出了部分施工工艺的单位能耗。另一种方法是能源分析法，施工阶段主要的碳排放基本是由能源使用导致的，统计能源用量，直接计算得出碳排放量，见公式(2-15)所示：

$$P_{i2} = \sum_k (W_k \times Y_k) \tag{2-14}$$

式中：

W_k——第 k 种施工工艺完成单位工程量的排放量，t/t；

Y_k——第 k 种施工工艺的工程量，t。

$$P_{i2} = \sum_k (E_k \times N_k) \tag{2-15}$$

式中：

E_k——第 k 种能源碳排放因子，t/t、t/L、t/m^3；

N_k——第 k 种能源用量，主要是煤炭、油类、天然气等，t、L、m^3。

表 2-20　部分施工方法的单位能耗

施工方式	单位能耗
现场搅拌混凝土	158.4 MJ/t
预制混凝土	90 MJ/t
开挖/移除土方	115.2 MJ/m^3
平整土方	7.2 MJ/m^2
起重机搬运	10.8 MJ/t
施工场地照明(间接空间)	93.6 MJ/m^2(建筑使用面积)

资料来源：Adalberth K. Energy use during the life cycle of buildings: A method[J]. Building and Environment, 1997, 32(4): 317-320.

② 间接空间碳排放量

间接空间的碳源包括两方面：建材运输导致的碳排放和施工耗电产生的碳排放，见公式(2-16)所示；运输碳排放采用路程法，建材运输碳排放的大小主要由建筑材料的种类和数量、生产地到施工现场的距离，以及运输方式等决定，通常单位质量建材海路运输碳排放最低，火车次之，汽车最高，见公式(2-17)所示；电力导致的碳排放，直接统计耗电量或根据工程预算书估算后进行计算即可，见公式(2-18)所示。

$$P_{j2}=P_t+P_d \tag{2-16}$$

式中：

P_t——建材运输碳排放量，t；

P_d——施工设备耗电碳排放量，t。

$$P_t=\sum_k \sum_j (Q_k\times\eta_j\times L_{kj}) \tag{2-17}$$

式中：

Q_k——第 k 种建材用量，t；

η_j——第 j 种运输方式，运输单位质量、建材单位距离的碳排放，t/t·km；

L_{kj}——第 k 种建材第 j 种运输方式的运输距离，km。

$$P_d=E\times E_e \tag{2-18}$$

式中：

E——耗电量，kWh；

E_e——电力碳排放因子，t/kWh。

其中关于运输碳排放因子的计算，根据各种交通工具百公里油耗，结合各种能源的碳排放因子，计算得出主要运输方式的碳排放因子，如表2-21所示：

表 2-21　主要运输方式的碳排放因子

运输形式	铁路	公路	水路	航空
碳排放因子[$kgCO_2$/(t·km)]	0.016 5	0.055 6	0.013 3	1.292 2

资料来源：李学东. 铁路与公路货物运输能耗的影响因素分析[D]. 北京：北京交通大学，2009.

由表 2-21 可以看出不同的运输方式碳排放量差距还是很大的，从单位距离碳排放来看，航空>公路>铁路>水运，远距离运输尽量选择水路及铁路，短途可以采用公路运输。理想情况当然是能够得到主要建材运输距离、运输方式，直接计算就可以得到建材运输阶段的碳排量。但是大多数情况下这些数据是很难得到的，尤其是计算建造年限较久的建筑，所以有时候就需要估算。我国建材运输主要是公路运输，燃料是汽油和柴油，一般情况下公路运输选择内燃机车。以每运载 1 t 货物 100 km 耗油 6 L 计算，η_j 可以近似取如下值：

$$\begin{aligned}\eta_j&=2.778\times10^{-3}\times6\\&=15.78\times10^{-3}[t/(t\cdot km)]\end{aligned}$$

其中 2.778×10^{-3}(t/L)为柴油碳强度系数。

据 2009 年统计数据，我国货物的平均运输距离为 65 km，查阅有关建材运输距离统计方面的文献发现，城市间建材运输一般最高选择 500 km，同城最高选择 50 km，综合各种文献关于距离的选择，在没有详细数据时，本书建议异城运输距离按 150～200 km，同城按 20～30 km

取值。

(3) 建筑使用和维护阶段

建筑使用和维护阶段的碳排放包括使用阶段与更新维护阶段两大部分。

使用阶段:使用阶段的碳排放主要来源于空调的使用耗电、照明耗电、电梯的使用以及热水供应、采暖等。其中建筑物由于用途和结构的不同可以分为住宅类和商业类,对于住宅建筑而言,采暖和空调、照明在总的碳排放比例中占 65%,为主要构成部分,热水供应占 15%,电气设备占 14%,其余占 6%[109];而对于公共建筑,其使用阶段的碳排放主要来源于空调系统和照明用电,能源消耗大,通常占建筑生命周期的 80% 以上[110],即使是对于能源使用效率极高的建筑,在使用阶段的耗能也高达 50%~60%[111]。此处需要注意的是,对于建筑物而言,在使用阶段所产生的碳排放不包括其内部电器、家电等的能源消耗,例如电视机在使用过程中产生的碳排放就不能够包括在内。

而该阶段的总能耗就由各部分的分项能耗以及建筑使用年限决定。对于建筑的使用年限,以往研究中的建筑年限取值范围为 35~100 年,在通常研究中取建筑的使用年限为 50 年[112],这一取值与我国一般建筑物的设计寿命相当。

更新维护阶段:更新维护阶段能耗是指在建筑物使用阶段的维护和修缮活动中涉及的能耗。在建筑物运行过程中,因部分材料或构件达到自然寿命需要对其更新或维护。需要更换时,维护阶段的碳排放计算与建筑物材料的生产加工以及运输的碳排放计算相似,最终可以转化成运输能源的碳排放和相应材料的碳排放。

更新维护阶段的数据主要有两种来源:实际运行的监测数据;使用能耗分析软件进行模拟估算。通过实测法获得的数据,需要有比较完备的能耗分项统计系统,同时需要较高的管理水平,才能确保其完整及准确性。虽然实测法能够反映建筑真实的能耗情况,但统计工作量大,数据收集较困难,且结果因不同使用者的用能习惯不同而有主观差异[113];而通过模拟方法得到的能耗数据并非建筑的实际能耗水平,一方面受到模拟软件的约束,比如各种输入条件对于最后的模拟结果有影响,另一方面,建筑的实际运营情况可能与模拟输入条件有差别,比如实际的入住率等[114],但此种方法计算过程简洁明晰,易操作,适于建筑设计阶段对建筑使用环节对碳排放的预测,对低碳减排更具指导意义。

下面是建筑使用和维护阶段碳排放计算公式(一)——监测数据。

计算公式(一)力求覆盖更新维护阶段碳排放的各个方面,分项分类统计,见公式(2-19)所示。建筑使用和维护阶段碳源包括:建筑设备及其附属设备直接排放的温室气体、建筑设备生产时排放的温室气体、建筑所用能耗产生的温室气体、建筑维护碳排放、建筑用地的碳汇,以及水处理产生的碳排放等。建筑使用和维护阶段与建筑类型关系密切,例如:民用建筑和办公建筑的室内设备和 HVAC 系统(采暖通风与空调)是完全不同的。这里核算的有关设备只是为维持建筑基本功能的那些设备。表 2-22 列出了使用阶段各种碳源,其中范围 1 是必须计算的,而范围 2 现在还缺少基础数据,属于可选计算范围。

表 2-22　建筑使用和维护阶段碳源分类

	直接排放		间接排放	
	范围 1 设备直接碳排放	范围 2	范围 1 建筑耗能碳排放	范围 2 设备生产碳排放
HVAC 系统 采暖通风空调	化石燃料燃烧 制冷剂泄漏	—	电力碳排放、 热水、蒸汽碳排放	HVAC 设备
给排水系统	—	—	电力碳排放、水 处理碳源	给排水设备
照明系统	—	—	电力碳排放	照明设备
热水系统	化石燃料燃烧	—	电力碳排放	—
建筑绿地碳汇	建筑绿地碳汇	—	—	—
建筑维护	—	施工能耗	建材	—

资料来源：彭渤. 绿色建筑全生命周期能耗及二氧化碳排放案例研究[D]. 北京：清华大学，2012.

关于建筑用能导致的碳排放需要进行简要说明，建筑能耗导致的碳排放分为直接排放和间接排放，建筑直接利用的煤炭、石油、天然气等化石能源导致的碳排放属于直接排放，而建筑用的电力、热水、蒸汽导致的排放属于间接排放，这里所说的热水、蒸汽专指市政部门提供，建筑内自己生产的热水、蒸汽属于直接排放。

$$P_3 = P_{i3} + P_{j3} \tag{2-19}$$

式中：

P_3——建筑使用和维护阶段碳排放量，t；

P_{i3}——建筑使用和维护阶段直接空间碳排放量，t；

P_{j3}——建筑使用和维护阶段间接空间碳排放量，t。

① 直接空间碳排放量，见公式(2-20)所示：

$$P_{i3} = P_{i3(1)} + P_{i3(2)} + P_{i3(3)} \tag{2-20}$$

式中：

$P_{i3(1)}$——建筑内化石燃料消耗导致的碳排放量，t；

$P_{i3(2)}$——制冷设备制冷剂泄漏产生的碳排放量，t；

$P_{i3(3)}$——建筑绿地碳汇，t。

$P_{i3(1)}$计算方式见公式(2-21)所示：

$$P_{i3(1)} = \sum_k (E_k \times Q \times N) \tag{2-21}$$

式中：

E_k——第 k 种能源碳排放因子，t/t、t/L、t/m^3；

Q——建筑使用阶段各种能源每年的平均消耗量，主要是煤炭、油类、天然气等，t/a、L/a、m^3/a；

N——建筑运行时间，取 50 年，a。

建筑化石燃料消耗导致的碳排放是由采暖系统、制冷系统、热水加热系统导致的，采暖系统包括：小型锅炉房、家庭自主采暖设备等，集中供热系统属于间接排放；制冷系统包括小型用户的家用空调、大型中央空调及其附属设备，这些设备的共同特点都是以化石能源为动力，直接排放温室气体。

$P_{i3(2)}$计算方式见公式(2-22)所示：

$$P_{i3(2)} = \sum_j (C_s + C_i - C_d - C_e) \times GWP_j \tag{2-22}$$

式中：

C_s——开始时设备制冷剂存量，t；

C_i——填充的制冷剂量，t；

C_d——回收的制冷剂量，t；

C_e——存量设备中剩余的制冷剂量，t；

GWP_j——制冷剂的碳排放系数，t/t。

$P_{i3(3)}$计算方式见公式(2-23)所示：

$$P_{i3(3)} = K \times S \times N \tag{2-23}$$

式中：

K——单位建筑面积、单位时间的碳汇，t/(m^2 · a)；

S——建筑面积，m^2；

N——建筑运行时间，取 50 年，a。

需要说明的是碳汇为负值，吸收温室气体，K 值的选取参考表 2-23，对于绿化面积较大的住区，绿地的碳汇量还是很可观的，可以起到中和碳源的作用。

表 2-23　不同绿地类型的碳汇量

栽植方式	碳汇量/[10^{-3} t/(m^2 · a)]
大小乔木、灌木、花草密植混种	27.5
大小乔木密植混种	22.5
落叶大乔木	20.2
落叶小乔木、针叶树或疏叶性乔木	13.4
密植灌木丛(高约 1.25 m)	10.25
密植灌木丛(高约 0.85 m)	8.15
密植灌木丛(高约 0.55 m)	5.15
野草地(高约 1 m)	1.15
低茎野草(高约 0.25 m)	0.35
人工草坪	0

资料来源：阴世超. 建筑全生命周期碳排放核算分析[D]. 哈尔滨：哈尔滨工业大学，2012：39.

② 间接空间碳排放量，见公式(2-24)所示：

$$P_{j3} = P_{j3(1)} + P_{j3(2)} + P_{j3(3)} + P_{j3(4)} + P_{j3(5)} \tag{2-24}$$

式中：

$P_{j3(1)}$——建筑设备的生产产生的碳排放量，t；

$P_{j3(2)}$——建筑用电碳排放量，t；

$P_{j3(3)}$——建筑用热水、蒸汽碳排放，t；

$P_{j3(4)}$——水处理产生的碳排放量，t；

$P_{j3(5)}$——建筑维护所用建材的生产产生的碳排放量，t。

$P_{i3(1)}$计算方法见公式(2-25)所示：

$$P_{j3(1)} = \sum_k (M_{ak} \times m) \tag{2-25}$$

式中：

M_{ak}——第 k 种设备生产时产生的碳排放量，t/个；

m——第 k 种设备的数量，个。

首先确定建筑设备：供暖设备、制冷设备、照明设备、热水设备、给排水设备，只限于这些维持建筑基本功能的设备，现在关于设备碳排放的研究还比较少，这里只是给出了计算公式，具体计算还有待各行业碳足迹研究工作的深入，有了各种设备的基础数据之后可以计算。

$P_{i3(2)}$ 计算方法见公式(2-26)或公式(2-27)所示：

$$P_{j3(2)} = \sum_k (Q_k \times E_e \times T \times N) \tag{2-26}$$

$$\text{或 } P_{j3(2)} = E \times E_e \times N \tag{2-27}$$

式中：

Q_k——第 k 种设备单位时间耗电量，即功率，kWh/h，kW；

E_e——电力碳排放因子，t/kWh；

T——设备年运行小时数，h/a；

N——建筑运行时间，取 50 年，a；

E——建筑平均每年的耗电量，kWh/a。

根据设备功率统计各种设备的耗电量，如供暖设备、制冷设备、照明设备、热水设备、给排水设备，统计各设备的每年的运行时间，最后计算得出碳排放量，见公式(2-26)所示。或是直接统计建筑的耗电量，收集物业公司每月建筑耗电量，计算得出碳排放量，见公式(2-27)所示。

$P_{i3(3)}$ 计算方法见公式(2-28)所示：

$$P_{j3(3)} = (q_s \times e_s + q_w \times e_w) \times N \tag{2-28}$$

式中：

q_s——每年蒸汽用量，t、GJ；

e_s——蒸汽的碳排放因子，t/t、t/GJ；

q_w——每年热水用量，t、GJ；

e_w——热水的碳排放因子，t/t 或 t/GJ；

N——建筑运行时间，取 50 年，a。

建筑使用阶段热水、蒸汽的碳排放，这里一般指 HVAC 系统（即采暖通风与空调系统），计算方法是统计使用量乘以排放因子。对于蒸汽、热水的排放因子，需要有能源公司提供。

$P_{i3(4)}$ 计算方法见公式(2-29)所示：

$$P_{j3(4)} = [W_1 Q_1 + (W_2 + C_2) \times Q_2 + (W_3 + C_3) \times Q_3] \times N \tag{2-29}$$

式中：

W_1——给水系统动力消耗碳排放，通常取 0.22 kg/t；

W_2——排水系统动力消耗碳排放，通常取0.18 kg/t；

C_2——污水处理中污水处理系统碳源转化产生的碳排放，通常选 0.55～0.85 kg/t；

W_3——住区污水处理厂动力消耗碳排放，通常选 0.10～0.18 kg/t；

C_3——住区处理中污水处理系统碳源转化产生的碳排放，通常选 0.55～0.85 kg/t；

Q_1——建筑自来水用量，t/a；

Q_2——排至市政污水管道的水，t/a；

Q_3——住区污水处理站处理的水，t/a；

N——建筑运行时间，取 50 年，a。

本书根据我国给水行业平均制水单位电耗约为 0.3 kWh/t，即生产 1 t水大约造成 0.22 kg 碳排放；根据我国二级污水处理平均电耗指标 0.25 kWh/t，即处理 1 t 水大约造成 0.18 kg 碳排放；污水处理系统碳源转化产生的碳排放 0.55～0.85 kg/t。

$P_{i3(5)}$ 计算方法见公式(2-30)所示：

$$P_{j3(5)} = \sum_k [V_k \times Q_k \times (1-\eta_k)] \tag{2-30}$$

式中：

V_k——第 k 种建材的碳排放因子，t/t，t/m³；

Q_k——第 k 种建材的用量，t、m²、m³；

η_k——第 k 种建材的回收系数。

各种建材都有其使用寿命，需定期进行更新维护，这些更新维护所需建筑材料的生产也会产生碳排放，由于各种建材的使用时间不同，更换时间也不同，需要分别进行计算。这些建材的单位碳排放系数和之前列出的排放系数是一样的，建材用量根据建筑初始建造量和建材寿命周期进行计算，由此来确定建材用量。

下面是建筑使用和维护阶段碳排放计算公式(二)——能耗分析软件。

计算公式(二)是对使用维护过程中的碳源进行简化，主要包括空调、采暖、照明能耗所产生的排放量，利用 Energy Plus 动态模拟软件模拟所选建筑的全年动态冷负荷及热负荷进行辅助计算，见公式(2-31)所示。维护修缮过程的 CO_2 排放量主要源于更换建筑材料的生产和运输，计算值考虑在 P_1 中。

$$P_3 = (P_{CH} + P_I) \times N \times \theta \tag{2-31}$$

式中：

P_{CH}——采暖和空调能耗产生的排放量，t；

P_I——照明能耗产生的排放量，t；

N——建筑物的使用年限，a；

θ——减排修正系数。

P_{CH} 计算方法见公式(2-32)：

$$P_{CH} = E_{CY} \times W_{CY} / \eta_C + E_{HY} \times W_{HY} / \eta_H \tag{2-32}$$

式中：

E_{CY}——建筑物年总冷负荷(kWh)(采用 Energy Plus 动态模拟软件)；

E_{HY}——建筑物年总热负荷(kWh)(采用 Energy Plus 动态模拟软件)；

W_{CY}——单位冷负荷的碳排放量，t；

W_{HY}——单位热负荷的碳排放量，t；

η_C——空调设备系统效率 EER；

η_H——采暖设备系统效率。

根据《严寒和寒冷地区居住建筑节能设计标准》(JGJ26—2010)，η_H 取 0.9×0.68= 0.612。根据《房间空气调节器能效限定值及能源等级》(GB 12021.3—2010)，η_C 取 2.90。

P_I 计算方法见公式(2-33)所示：

$$P_I = \sum_f (W_T \times A_f \times T_f \times F) \times E_i \tag{2-33}$$

式中：

W_T——各房间或通道的设计照明容量，按 7W/m²(现行规范规定的限值)；

A_f——各房间或通道的地板面积，m^2；

T_f——各房间或通道的照明时间(按每天 3 h 计算)；

F——节能设施的修正系数；

E_i——单位照明能耗的碳排放量，t/kWh。

(4) 建筑拆除和回收阶段

建筑拆除和回收阶段指废弃建筑在拆除过程中的现场施工、场地整理以及废弃建筑材料和垃圾的运输和处理等过程。建筑拆除和回收阶段的碳源包括三个方面：

建筑拆除解体阶段：传统建造方式下，建筑拆除能耗主要与拆除作业的机器设备、施工工艺和拆除数量有关。由于建筑物结构的不同，拆除方法也各异，但都需要大量的人力与机具配合。以最常见的钢筋混凝土结构建筑为例：搭建脚手架、拆除装潢与铝合金门窗、拆除砖墙、分离砖石与混凝土、用大型器械拆除混凝土框架等，由此可见，拆除过程中的碳排放来自各种拆除工法与机具的能耗，大致包括：破碎/构建拆除工艺、开挖/移除土方、平整土方、起重机搬运等[115]。

废弃物搬运及处理阶段：主要是对拆除后的材料进行分类(分类出金属、钢筋、铝合金门窗、废弃的砖瓦混凝土、木质材料、塑料、玻璃等)、装载清运、处理。碳排放源自搬运、运输工具、各类废弃物处理设备等耗用能源产生的碳排放。

废弃物回收再利用阶段：废弃物可以通过再利用、再循环、焚烧等方式回收。回收利用能避免二次污染，缓解建材供应紧张，降低能耗减少碳排放。但其碳排放也不可避免，其碳排放主要源自再生材料以及设备耗能产生的碳排放[116]。现阶段的研究对于建筑工程拆除后的废弃物利用还不是很明确，只有一部分材料在研究中得到相对准确的再利用数据。如对于废钢铁，每 1 万 t 废钢铁，可以炼出 9 000 t 优质钢，这能够节约能源达到 60%[117]；铝的再生也只需要消耗不到电解铝生产的 5%的能源[118]。除此之外，具备可再生性的材料还有建筑玻璃、木材、铝合金型材等。

和建筑施工阶段一样，拆除及回收阶段的实际能耗数据不易获得，并且，以往研究的案例很少能够真正涉及拆除过程。在实际数据不易获得的情况下，通常只能根据已有的一些研究成果进行估算，如有研究表明，建筑在拆除阶段的能源消耗大约占到施工过程能耗的 90%[119]，可以根据这一比例进行估算，相应的碳排放量则与该阶段的能耗和单位能耗的碳排放量有关。张又升[120]也研究了建筑拆除阶段的碳排放与建筑层数的拟合关系，可以作为估算该阶段能耗和 CO_2 排放的另一个方法。但实际上，大部分研究对这两个阶段的能耗和碳排放计算进行了忽略，因为从建筑全生命周期的角度来看，这两个过程的能耗和碳排放所占的比例非常小。如：台湾地区有研究资料表明，对于钢筋混凝土建筑，拆除阶段的能耗只占生命周期总能耗 0.18%[121]；林波荣对 97 个典型案例的碳排放数据进行了深入分析和总结，发现住宅建筑的建造施工和拆除施工过程的能耗占生命周期总能耗比例平均只有 0.44%，公共建筑平均只有 0.46%[122]。因此，综合考虑计算的可行性和所占比例的大小，对于建筑建造施工和拆除阶段的碳排放在目前的研究和计算中考虑忽略。

建筑拆除和回收阶段碳排放的计算如公式(2-34)所示：

$$P_4 = P_{i4} + P_{j4} \tag{2-34}$$

式中：

P_4——建筑拆除和回收阶段碳排放量，t；

P_{i4}——建筑拆除和回收阶段直接空间碳排放量，t；

P_{j4}——建筑拆除和回收阶段间接空间碳排放量，t。

① 直接空间碳排放量，见公式(2-35)所示：

$$P_{i4} = \sum_k (E_k \times Q_k) \tag{2-35}$$

式中：

E_k——第 k 种能源碳排放因子，t/t、t/L、t/m^3；

Q_k——建筑拆除阶段第 k 种能源用量，主要是煤炭、油类、天然气等(t、L、m^3)。

② 间接空间碳排放量，见公式(2-36)所示：

间接空间的碳源在这里主要包括：建筑废弃物的运输、建筑垃圾的处理与回收、建筑拆除用电等排放的温室气体。

$$P_{j4} = P_{j4(1)} + P_{j4(2)} + P_{j4(3)} \tag{2-36}$$

式中：

$P_{j4(1)}$——建筑废弃物运输的碳排放量，t；

$P_{j4(2)}$——建筑垃圾的处理和回收的碳排放量，t；

$P_{j4(3)}$——建筑拆除用电的碳排放量，t。

$P_{j4(1)}$计算方法见公式(2-37)所示：

$$P_{j4(1)} = \sum_k \sum_j (QR_k \times \eta_j \times L_{kj}) \tag{2-37}$$

式中：

QR_k——第 k 种建筑垃圾的重量，t；

η_j——第 j 种运输方式，运输单位质量建筑垃圾单位距离的碳排放，t/(t·km)；

L_{kj}——第 k 种建筑垃圾第 j 种运输方式的运输距离(km)。

在实际统计建筑垃圾时，不会把建筑垃圾进行那么详细的分类，大部分建筑垃圾是一起被运走处理的，很大一部分就直接填埋了。这时候一般可以直接统计建筑垃圾总量，大概相当于建筑材料用量的 80%，一般采用公路运输，直接统计运输量，进行计算就可以了。

$P_{j4(2)}$计算方法见公式(2-38)所示：

$$P_{j4(2)} = \sum_k (Q_k \times R_k) \tag{2-38}$$

式中：

Q_k——第 k 种可回收建筑垃圾的质量，t；

R_k——第 k 种可回收建材回收过程中的碳排放因子，t/t。

$P_{j4(3)}$计算方法见公式(2-39)所示：

$$P_{j4(3)} = E \times E_e \tag{2-39}$$

式中：

E——建筑拆除阶段的耗电量，kWh；

E_e——电力碳排放系数，t/kWh。

(5) 小结：全生命周期各阶段碳排放核算公式汇总

各阶段碳排放计算模型见表 2-24，其基本原理是以“碳排放量＝活动数据×排放因子”为基础[123]，获得来源于分活动分燃料品种的能源消费量和相应的排放因子[124]等相关数据后，首先求得各活动的碳排放量，最终求和即可。目前尚没有碳排放量的直接监测数据，所以大多研究都通过能源消费量测算碳排放量[125]。但有时为了简便，也有以建筑物的地上层数预估其产生的 CO_2 排放量的方法[126-127]。

表 2-24　生命周期各阶段的碳排放计算模型汇总

阶段	计算类型		符号说明
建材开采和生产阶段	精算	$P_1 = P_{j1} = \sum_k (V_k \times Q_k)$	P_1：建材开采和生产阶段碳排放量，t
			P_{j1}：建材开采和生产阶段间接空间碳排放量，t
	估算	张又升回归公式，如钢筋混凝土建筑：$P_1 = (aS^2 + bS + c) \times A$ 住宅类：$a = 0.10, b = 4.39, c = 278.08$ 办公类：$a = 0.12, b = 4.45, c = 275.23$ 学校类：$a = -0.18, b = 10.5, c = 251.86$	Q_k：第 k 种建材用量，t 或 m^3
			V_k：第 k 种考虑回收系数的建材碳排放因子，t/单位
			S：建筑物地上层数
			A：建筑面积，m^2
建筑施工阶段	精算	$P_2 = P_{i2} + P_{j2}$ $P_{i2} = \sum_k (W_k \times Y_k)$ 或 $P_{i2} = \sum_k (E_k \times N_k)$ $P_{j2} = P_t + P_d$ $P_t = \sum_k \sum_j (Q_k \times \eta_j \times L_{kj})$ 或 $P_d = E \times E_e$	P_2：建筑施工阶段碳排放量，t
			P_{i2}：建筑施工阶段直接空间碳排放量，t
			P_{j2}：建筑施工阶段间接空间碳排放量，t
			W_k：以第 k 种施工工艺完成单位工程量的排放量，t/单位
			Y_k：第 k 种施工工艺的工程量，t
			E_k：第 k 种能源碳排放因子，t/单位
	估算	$P_2 = (S + 1.99) \times A$	N_k：第 k 种能源用量，主要是煤炭、油类、天然气等，t
			P_t：建材运输碳排放量，t
			P_d：施工设备耗电碳排放量，t
			η_j：第 j 种运输方式，运输单位质量、建材单位距离的碳排放，t/单位
			L_{kj}：第 k 种建材第 j 种运输方式的运输距离，km
			E：耗电量，kWh
			E_e：电力碳排放系数，t/kWh
建筑使用和维护阶段	精算	$P_3 = (P_{CH} + P_I) \times N \times \theta$ $P_{CH} = E_{CY} \times W_{CY} / \eta_C + E_{HY} \times W_{HY} / \eta_H$ $P_I = \sum_f (W_T \times A_f \times T_f \times F) \times E_i$	P_3：建筑使用和维护阶段碳排放量，t
			P_{CH}：采暖和空调能耗产生的排放量，t
			P_I：照明能耗产生的排放量，t
			N：建筑物的使用年限
			θ：减排修正系数

续表 2-24

阶段	计算类型		符号说明
建筑拆除和回收阶段	精算	$P_4 = P_{i4} + P_{j4}$ $P_{i4} = \sum_k (E_k \times Q_k)$ $P_{j4} = P_{j4(1)} + P_{j4(2)} + P_{j4(3)}$ $P_{j4(1)} = \sum_k \sum_j (Q_k \times \eta_j \times L_{kj})$ $P_{j4(2)} = \sum_k (Q_k \times R_k)$ $P_{j4(3)} = E \times E_e$	P_4：建筑拆除和回收阶段碳排放量，t
			P_{i4}：建筑拆除和回收阶段直接空间碳排放量，t
			P_{j4}：建筑拆除和回收阶段间接空间碳排放量，t
			QR_k：第 k 种建筑垃圾的重量，t
			L_{kj}：第 k 种建筑垃圾第 j 种运输方式的运输距离，km
	估算	$P_4 = (0.06S + 2.01) \times A$ 或 $P_4 = P_2 \times 90\%$	Q_k：第 k 种可回收建筑垃圾的质量，t
			R_k：第 k 种可回收建材回收过程中的碳排放系数，t/ 单位

资料来源：作者自绘。

2. 全生命周期各阶段数据来源

除了研究核算边界和计算方法的确定，数据库的研究和建立也是建筑全生命周期评价中非常重要的一部分工作。通过对国内外常见的建材生命周期数据库的对比研究[128]，发现使用不同的建材数据库，计算建筑建材内含能量和碳排放结果存在不同程度的误差，较大的甚至能够达到约 30%的误差。可见不同数据库对于计算的影响非常大。表 2-25 为汇总整理后的各阶段碳排放来源及对应数据来源。

表 2-25　建筑生命周期不同阶段数据来源汇总

阶段	碳排放主要来源	数据来源
建材阶段	建筑原材料的开采、运输、加工和建材及构配件的生产及运输过程	① 建材数据库：(国外)英国 Boustead，荷兰 SimaPro，加拿大的 TEAM、Athena 及 PEMS，日本的 CASBEE，德国的 GaBi，瑞典的 SPINE，美国的 EIO-LCA，韩国的 OGMP (国内)清华大学的 BELES，北京工业大学的建材 LCA 数据库，浙江大学的建材能耗及碳排放清单数据库，四川大学的 EBALANCE 数据库等； ② 当地调研数据
建筑施工阶段	各种机械设备用电及燃料消耗等；施工辅助材料的生产	① 实际调研结果：现场能耗实测、能耗账单(预决算书等)； ② 模拟软件计算：美国的 Construction Carbon Calculator
建筑使用维护阶段	采暖、空调、通风、照明、热水供应、电器等的日常消耗(不包含家用电器设备)；建筑材料、构配件或设备的维护和更换	① 实际调研结果：能耗账单统计、能耗监测数据； ② 模拟软件计算：美国的 DOE-2、Energy Plus、BLAST、eQuest，加拿大的 Hot2000，英国的 ESP-r，日本的 HASP，中国的 DeST、PKPM 等； ③ 粉刷、窗户更换、厨房浴室更换，文献数据，根据不同建材的寿命考虑替换，设定更换次数

续表 2-25

阶段	碳排放主要来源	数据来源
建筑拆除回收阶段	各种机械设备用电及燃料消耗；废弃物的运输、填埋或回收过程	① 现场记录数据，根据相关文献估算； ② 根据不同材料考虑填埋、回收、再利用和焚烧等，设定回收系数
全过程	—	美国的 BEES、英国的 ENVEST、加拿大的 Athena、日本的 AIJ-LCA、澳大利亚的 LISA、荷兰的 ECO-QUANTUM、法国的 EQUER 及 TEAMTM 等

资料来源：林波荣，刘念雄，彭渤，等. 国际建筑生命周期能耗和 CO_2 排放比较研究[J]. 建筑科学，2013，29(8).

二、减碳措施

针对现阶段我国传统的建筑生产、建造方式，整理总结建筑全生命周期各阶段与技术手段相关的减排策略。

1. 建材开采和生产阶段

建材开采和生产阶段的减碳措施包括两个方面：使用低碳建材；提高建材回收利用率。

(1) 使用低碳建材

① 发展高强、高性能材料，以及轻集料和轻集料混凝土等。

② 节约水泥、混凝土等无机建材，间接减少排放。

③ 通过大幅度提高建材的耐久性，延长结构物的使用寿命，进一步节约维修和重建费用，减少对自然资源无节制的使用。客观上避免了建筑物过早维修或拆除而造成的巨大浪费。

④ 调整和优化产业结构，减少加工次数，淘汰落后工艺和产品，提高劳动生产率，降低资源消耗。如使用改良镀锌钢，使用红外线加热方式，比原有的镀锌钢耗能耗时更少，更加环保。

⑤ 用绿色环保材料替代传统高耗能材料及生产过程中部分添加材料，从而减少污染并降低生产过程中的碳排放。

⑥ 发展 3R 建材。

2010 年欧盟提出建筑可持续发展目标之一是使建筑垃圾再循环达到 90%以上。可回收再利用的建筑废弃物有：

① 塑料制品：90%塑料产品未经处理，既不经济也会造成生态危机。其回收后可挤压作为原料，把两种聚合物融合形成塑胶木材(聚苯乙烯与高密度聚乙烯)，寿命为木制品的 10 倍。

② 钢：可回收，永续性，其回收率达到 71%。

③ 砖、石、混凝土等建筑垃圾：这些建筑垃圾可以经过分选、破碎、筛分成粗细骨料，代替天然骨料来配制混凝土和道路基层材料，这是建筑垃圾再生利用率最高、生产成本最低、使用范围最广、环境与经济效益最好的技术途径之一，既可节省天然的矿物资源，同时可减轻固体废物对环境的污染，做到材料的循环利用。

④ 玻璃：将平板玻璃回收后压碎处理成碎玻璃，可重新当作玻璃原料，也可用作玻璃混凝土，以废弃的玻璃作为骨料，可降低混凝土的腐蚀性。另外，如在混凝土中加入玻璃纤维，导光、透光，使室内敞亮，节能环

保。国外有的做法是将碎玻璃处理成圆角的玻璃砂，当作人行道铺面的材料。

欧盟国家建筑废弃物资源化率接近 90%，日本建筑废弃物资源化率已经达到 98%，而我国建筑废弃物资源化率不足 5%，远落后于国外发达国家，因此我们必须发展 3R 建材。可使用工业废弃物、农作物秸秆、建筑垃圾、淤泥等为原料制作水泥、混凝土、墙体材料、保温材料等建筑材料。充分发展 3R 建材可减少生产加工新建材带来的资源能源消耗和环境污染，3R 建材的使用可延长建筑材料的使用周期，降低材料生产的资源能源消耗和建材运输对环境造成的影响。

(2) 提高建材回收利用率

① 中国建筑垃圾组成成分比例关系，如图 2-9 所示，金属、塑料、木材等较容易回收利用的部分占垃圾总量的 10%，首先应提高该易回收建材部分的比例，通过降低建筑层数、改变建筑主材料的途径，提高轻型建造体系的比重。其次应重点发展金属、木材、塑料等从建筑垃圾中的分离技术，而不是简单的填埋。工业化的建造模式，包括预制装配式结构体系(主体结构为预制装配式框架、预制装配式剪力墙等)、预制装配式围护体系(集装饰、保温、隔音、防水为一体的内外墙)、工厂化的部品部件(成品厨房、整体式卫生间等)，彼此之间相对独立，为装配、拆卸提供可能，在技术层面上相较于传统的生产建造模式更容易实现建筑垃圾的初步分离。

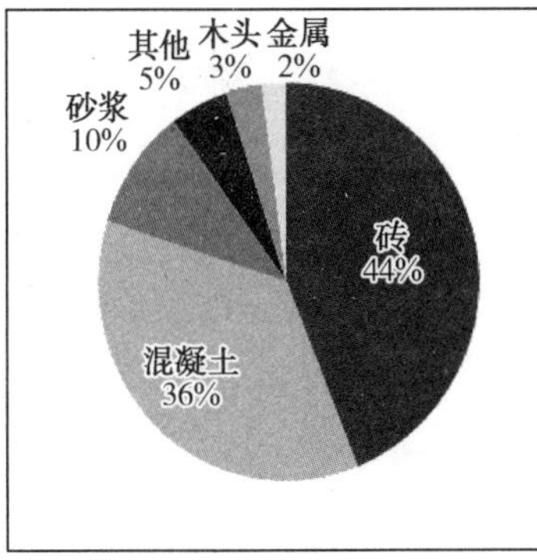

图 2-9　中国建筑垃圾组成图

资料来源：《中国能源统计年鉴》。

② 砖、混凝土占建筑垃圾的 80%以上，而这部分我国目前主要的处置方式是填埋与堆放，首先应大幅降低砖类材料的应用，用废旧砖再生骨料配制的混凝土，其强度较用废旧混凝土再生骨料配制的低，且由于砖骨料吸水率高，造成配制的混凝土工作性能降低。以砖为主要建材的现场湿作业、粗放式的生产方式正是工业化建造方式所摈弃的。

③ 向国外的先进技术学习，提高比例最高的混凝土建材的回收利用技术水平。

2. 建筑施工阶段

低碳施工是指推行 ISO14000 环境管理体系，施工现场封闭施工；采用静压桩、逆作法等以降低施工扬尘对大气环境的影响，降低基础施工阶段噪声对周边的干扰；平衡土方、场内驳运、堆土绿网覆盖以防止扬尘、减少环境污染，清洁运输、文明施工；改善施工机械装备，降低噪声、能耗；同时，减少场地干扰，尊重基地环境，结合气候施工，节约水、电、材料等资源和能源，采用环保健康的施工工艺、减少填埋废弃物的数量，以及实施科学管理、保证施工质量、遵循可持续发展的原则。

低碳施工强调以施工技术为主要研究对象，对施工的各环节、各阶段、主要工艺、作业流程、技术装备等各方面进行系统的研究。低碳施工的技术研究包括施工管理体系的研究和施工图设计、施工组织设计和施工方案的优化，对施工工艺、施工进程和施工设备等的性能研究。

下面是低碳施工措施。

(1) 节电措施

① 积极采用节能照明灯具和光能装置，设置过载保护系统，分路计量装置等。推行工地上高质钠灯逐步代替汞灯，少数项目按机械功率折算台班耗电进行控制，有效地减少施工用电量。

② 大型机械选用力求合理，尽可能采用能效比较高的设备，优化塔吊数量与平面布置，吊运物件按类集中堆放，减少运能浪费，有效节约电能。配置使用系数合理的耗电机具，减少机具空转频率并注意维修保养。

(2) 节水措施

节水措施重点集中在中水利用及充分利用自然水源上。

① 雨、废水的循环再利用。通过地下管网集中到沉淀池，用于洗车、场地洒水防尘和降温。

② 自然水源再利用。现场制作蓄水箱和循环水池。

③ 使用智能节水控制器、智能负载辨别限流控制器[129]。

(3) 施工建材节约

可采用的方法有：提高周转次数材料的使用，如高效模板；施工临时用房与设施要选用可重复利用的可拆卸结构与材料；施工辅助工具与材料采用内部、外部租赁形式；合理划分施工流水段，加快施工进度，缩短材料使用周期等方法。积极采用工具化、定型化设施，预制件与现场施工相结合。具体的材料节约措施有：

① 模板：网载的最新权威论证分析报告指出，在现浇混凝土结构工程中，模板工程一般占混凝土结构工程造价的 20%～30%，占工程用工量的 30%～40%，占工期的 50%左右。因此节约与合理使用模板至关重要。可采用以钢代木、以旧代新，加快周转。定型钢模采用两种截面模板套用，实现一模两用。大型梁、柱节点采用钢木结合方式，可周转使用，节约施工成本[130]。

② 楼板：采用楼板成型技术，如大面积楼板原浆收光一次成型工艺，节约资源并提高施工进度；楼板平整度控制，采用方钢加项撑标尺，减少一次性投入用料，重复再利用，节省钢材，保证施工操作便捷。

③ 脚手架：采用只需三四层脚手架就能将整幢大楼建造起来的技术——“整体提升脚”技术，大大节约搭建脚手架使用的钢材。

④ 使用预制构件：如预制楼梯、预制楼板等。可减少模板使用，无须等待养护，可立即使用，节时节料。

(4) 一体化设计

土建与装修一体化设计、施工，减少二次装修带来的浪费与环境破坏。

(5) 科学管理

科学管理，尽可能减少建筑材料浪费的产生。施工前深化设计，明确具体做法，采用科学严谨的材料预算方案，采用科学先进的施工组织和施工管理技术，尽量降低竣工后建筑材料剩余率。加强工程物资与仓库管理，避免优材劣用、长材短用、大材小用等不合理现象。

(6) 加强建筑施工废弃物管理

产生的各类固体废物必须分类收集和分别处理处置。采用减量化、资源化、无害化措施[131]。

3. 建筑使用和维护阶段

(1) 使用阶段

① 加强太阳能、地热能等新能源的利用，改变以电能为主的能源消费结构，可极大地缓解建筑使用阶段的碳排放。如果在住宅中采用太阳

能与燃气锅炉复合供暖系统，在屋顶铺满太阳能集热器时，可实现减排约35%。如果采用地源热泵、燃气锅炉和冷却塔复合式空调采暖系统，由地源热泵系统承担总热负荷的60%，且设备效率COP等于5时，可实现减排约26%。COP值（制冷效率）是热泵系统所能实现的制冷量（制热量）和输入功率的比值。综合考虑上述因素，在现有技术条件下，综合减排潜力可以达到50%[132]。

② 数据显示户均建筑面积从1990年的66.30 m^2增大到2008年的109.16 m^2，年均增长率达到2.81%，其对住宅单元碳排放的贡献值是不断增大的。建议推广中小户型住宅建设，减少住宅能耗碳排放。在城市规划和建设中，中小户型住宅的建设不仅可以解决居民的居住问题，而且对于降低碳排放有着积极的促进作用。

③ 抑制住宅使用阶段碳排放量的另一个因素是单位住宅建筑面积人口数。从1990—2008年，人均住宅建筑面积从16.72 m^2上升到30.53 m^2，年均增长率达3.40%。特别是2004年以来，人口密度因素对碳排放的抑制作用呈现明显增强趋势。建议加大人均住宅建筑面积，减小人口密度，由于我国人口众多，人口密度大，人均住宅建筑面积较发达国家仍有很大的差距，因此住宅建筑人口密度的下降仍有很大的空间。

④ 数据显示中国住宅建筑围护结构的平均传热系数，与发达国家相比存在差距。若平均传热系数提高到美国气候与北京相近地区的标准，如表2-26所示，约可减排19%；设计照明功率密度限值现在是按照6.0 W/m^2（现行规范[133]规定的限值）计算的，如能将其降至5.0 W/m^2（现行规范[133]规定的目标值），则可减排约3%。提高建筑维护结构的保温隔热性能，以有效地减少碳排放[134]。

表2-26　围护结构平均传热系数，K/[W/(m^2·K)]标准——美国气候与北京相近地区

地区	外墙	外窗	屋顶
北京	0.60	2.80	0.60
美国	0.45～0.32	2.04	0.19

资料来源：北京市建筑设计研究院．居住建筑节能设计标准[S]．北京：北京市建筑设计标准化办公室，2006.

（2）更新维护阶段

尽量避免二次装修，多使用可拆卸结构与材料。许多建筑都需要进行简单装修，而用户在入住后都要进行二次装修，将原有的墙面、瓷砖、卫生洁具等砸掉，造成巨大浪费。仅仅上海市每年因为拆除旧建筑和新建筑装修而产生的建筑垃圾就在2 000万t之多。这些垃圾的搬运、处理都需要消耗大量的能源、资源与排放。可采取一步到位的方式，建筑与装修一体化。多使用可拆卸结构与材料，拆卸后可用作他用，增加其使用寿命，从而达到节能减排的目的[135]。

4. 建筑拆除和回收阶段

从技术手段角度出发：

（1）加强拆除施工管理，研发使用先进的拆除施工技术，减少由于拆除施工导致的碳排放与环境污染。针对传统施工建造方式，可应用水压拆除法、液压拆除法和爆破拆除法等拆除工艺，可有效降低噪音，减少扬尘，实现拆除过程的环保化、无污染、低碳排放。

(2) 减少操作环节，建筑拆除后的废弃物可利用先进的回收再利用设备、工艺和技术。将建筑垃圾就地处理、就地回收、就地使用，大大提高建筑废弃物利用效率，减少多次运输造成的环境污染和费用支出。如使用自动回收分类机、移动式混凝土破碎筛分技术等。

具有回收性的废旧建材包括玻璃、木材、钢筋和铝材等，一般由建筑公司、爆破拆除公司以及专门的废旧物回收部门在现场进行回收利用，或是运输到加工场所加工处理后再利用；不可回收的废旧建材包括砖块、混凝土块等，部分可以用作路基填料或低洼地区的填充料，其余大部分则作为建筑垃圾运往处置地点进行消纳处理。

除了建筑拆除耗能外，不到使用年限的建筑物的提早拆除还引起资源的巨大浪费。目前我国不少拆除住宅的使用年限只有 30 年左右，而欧洲建筑寿命平均要在 80 多年，其中法国建筑平均寿命达到 102 年。因此，我国在设法降低拆除能耗的同时，还应避免建筑物的“大拆大建”，延长建筑物的使用寿命，避免资源的过度浪费。

三、不同类型建筑碳排放评价

本书选取案例为四个建筑设计相近的重型结构(钢结构、钢筋混凝土结构)、轻型结构(木结构、轻钢结构)的低层住宅建筑为分析对象[136－138]，建筑占地面积 250 m^2，地上两层，地下一层，建设期为 1 年，房屋使用寿命为 50 年。通过对其建筑全生命周期各阶段的碳排放量的定量核算，从各阶段占全生命周期碳排放比例和每年单位建筑面积各阶段碳排放比例(50 年使用期)两个角度对各结构类型、结构材料进行比较分析，如表 2-27、表 2-28 所示：

表 2-27　不同材料结构类型建筑各阶段全生命周期碳排放比例关系

结构类型		各阶段碳排放比例/%			
		生产阶段	施工阶段	使用阶段	拆除阶段
重型结构	钢结构	20.5	0.4	78.9	0.2
	钢筋混凝土结构	16	3.1	73.4	7
轻型结构	木结构	3.3	0.7	95.86	0.04
	轻钢结构	5.1	0.8	94	0.04

资料来源：作者自绘。

表 2-28　不同材料结构类型建筑每年单位建筑面积各阶段碳排放比例关系(50 年)

结构类型		各阶段碳排放比例/%				每年单位建筑面积碳排放量/[kg/(m^2·a)]
		生产阶段	施工阶段	使用阶段	拆除阶段	
重型结构	钢结构	90.7	2	6.9	0.2	75.62
	钢筋混凝土结构	58	11.3	5	25.3	82.52
轻型结构	木结构	55.5	11.8	31.9	0.6	63.57
	轻钢结构	65	10.4	23.9	0.5	71.33

资料来源：作者自绘。

1. 重型结构(钢结构、钢筋混凝土结构)

(1) 钢结构(图 2-10、图 2-11)

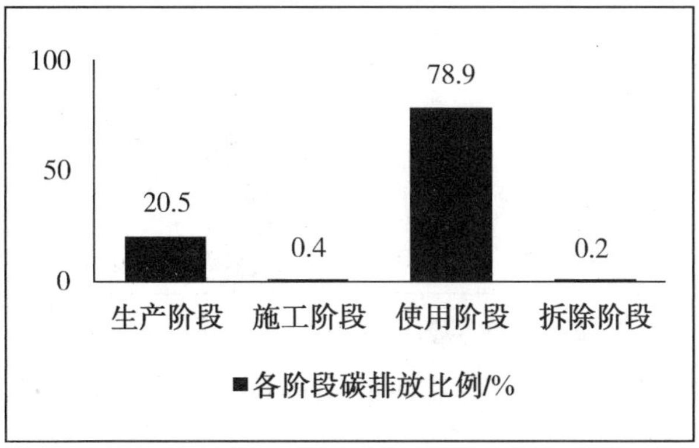

图 2-10 钢结构各阶段碳排放比例

资料来源:作者自绘。

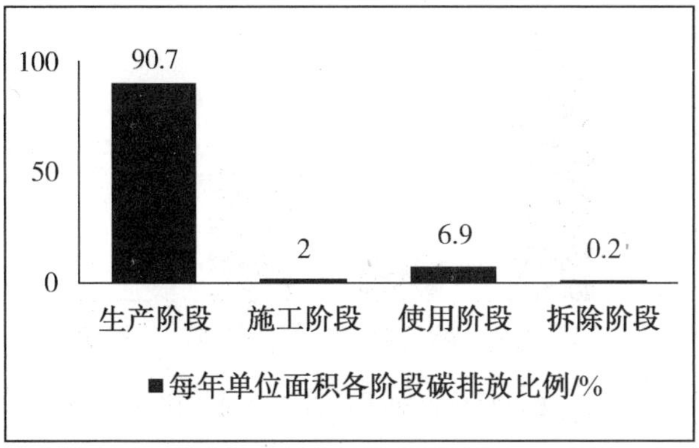

图 2-11 钢结构每年单位面积各阶段碳排放比例

资料来源:作者自绘。

(2) 钢筋混凝土结构(图 2-12、图 2-13)

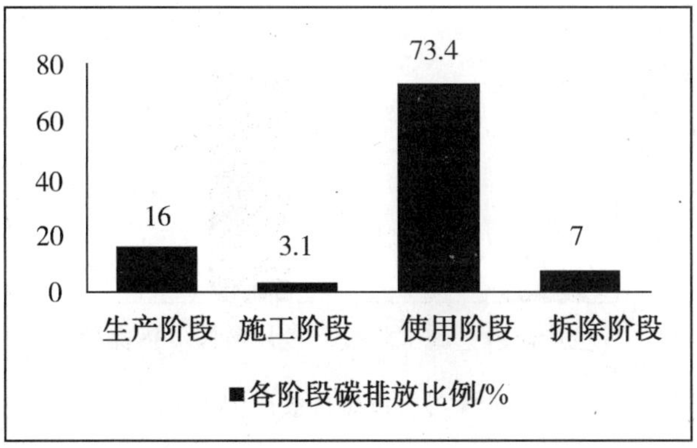

图 2-12 钢筋混凝土结构各阶段碳排放比例

资料来源:作者自绘。

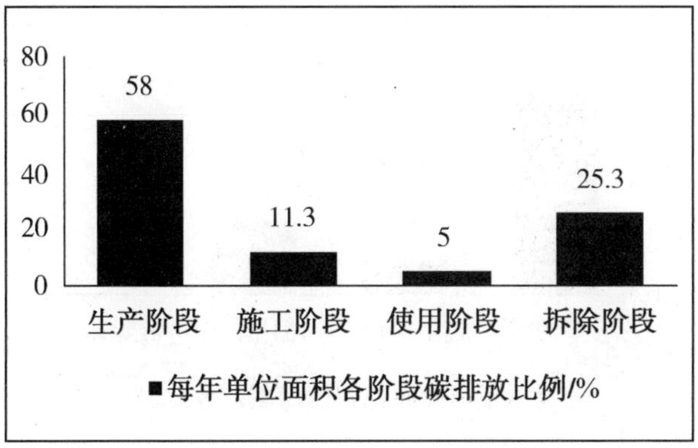

图 2-13 钢筋混凝土结构每年单位面积各阶段碳排放比例

资料来源:作者自绘。

2. 轻型结构(木结构、轻钢结构)

(1) 木结构(图 2-14、图 2-15)

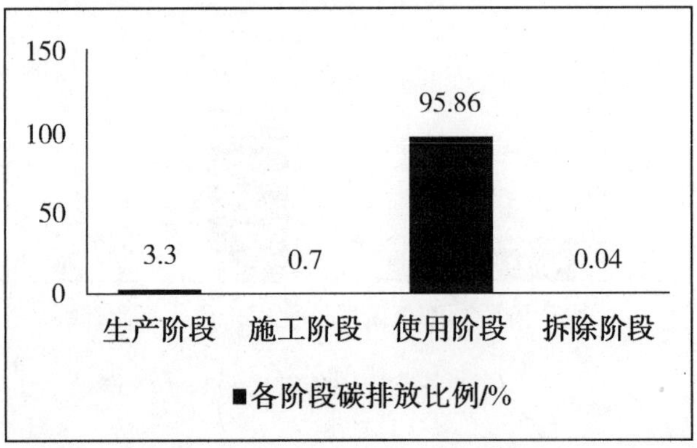

图 2-14　木结构各阶段碳排放比例

资料来源:作者自绘。

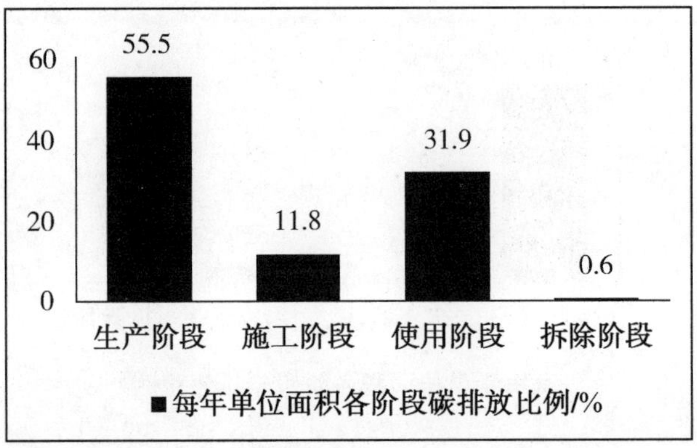

图 2-15　木结构每年单位面积各阶段碳排放比例

资料来源:作者自绘。

(2) 轻钢结构(图 2-16、图 2-17)

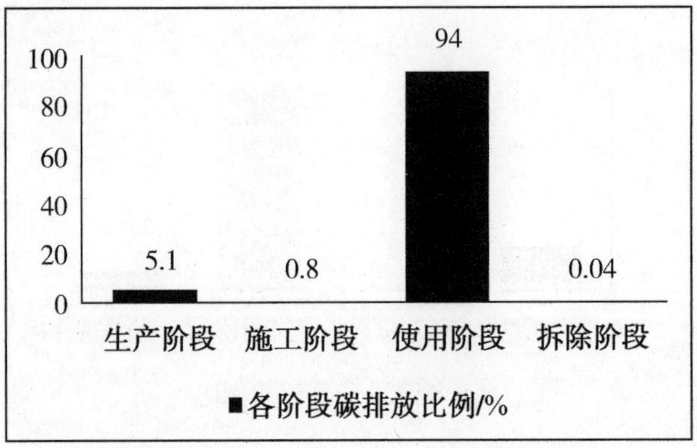

图 2-16　轻钢结构各阶段碳排放比例

资料来源:作者自绘。

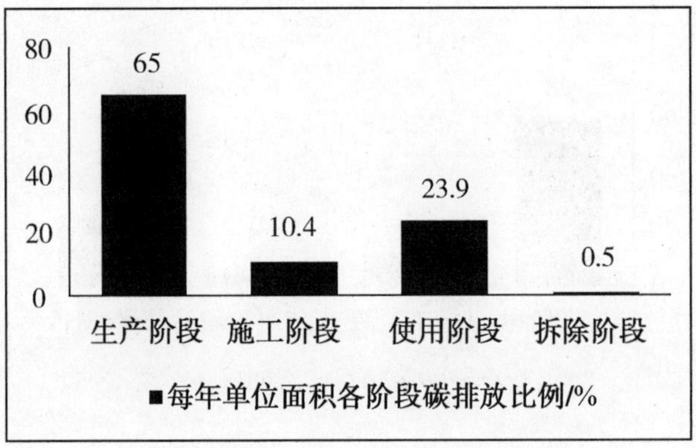

图 2-17　轻钢结构每年单位面积各阶段碳排放比例

资料来源:作者自绘。

所有结构类型比较：

① 建筑全生命周期各阶段碳排放比例关系大致是：建材生产阶段(5%～20%)，建筑施工阶段(0.4%～4%)，建筑使用阶段(75%～95%)，建筑拆除阶段(0.05%～5%)，从大到小依次是：建筑使用阶段、建材生产阶段、建筑施工阶段、建筑拆除阶段。

由图 2-10、图 2-12、图 2-14、图 2-16 可以发现：

② 建筑使用阶段碳排放量所占比例最高，达 70%以上，其中轻型结构更是超过 90%。

③ 不论重型结构还是轻型结构，建材生产阶段比建筑施工和拆除阶段碳排放总和还要高。

④ 不论重型结构还是轻型结构，建筑使用阶段与建材生产阶段之和占总量的 90%以上。

由以上分析可得，建筑使用阶段是建筑碳排放的主要阶段，也是减碳的重点阶段，应该重视使用阶段的碳排放，只有降低使用阶段的碳排放，才能从整体上降低建筑碳排放。

重型结构与轻型结构比较：

⑤ 重型结构，建筑全生命周期各阶段碳排放比例关系大致是：建材生产阶段(18%)，建筑施工阶段(3%)，建筑使用阶段(75%)，建筑拆除阶段(4%)，从大到小依次是：建筑使用阶段、建材生产阶段、建筑拆除阶段、建筑施工阶段。

⑥ 轻型结构，建筑全生命周期各阶段碳排放比例关系大致是：建材生产阶段(4%)，建筑施工阶段(0.9%)，建筑使用阶段(95%)，建筑拆除阶段(0.1%)，从大到小依次是：建筑使用阶段、建材生产阶段、建筑施工阶段、建筑拆除阶段。

⑦ 重型结构在建材生产阶段的碳排放比例(18%)明显高于轻型结构(4%左右)。

⑧ 重型结构在建筑施工和拆除阶段之和所占比例(7%)明显高于轻型结构(1%)。

由以上分析可得：

重型结构在建材生产阶段的碳排放比例高于轻型结构，原因在于结构材料的选择，轻型结构中的木结构建筑采用的工程木，包括规格材、OSB、I-Joist，其材料的碳排放系数分别为 30.3 kg CO_2/m^3、550 kg CO_2/t、380 kg CO_2/t；而重型结构的四种主要结构类型中混凝土的用量占到建材总量的绝大部分，按照质量原则，取混凝土为建材的主要研究对象，而水泥是混凝土的主要成分，而且是混凝土碳排放的主要来源，水泥的碳排放系数为 1 220 kg CO_2/t，远高于工程木三种主要建材的碳排放系数。轻型结构中的轻钢结构，其主要建材——钢材的碳排放系数为 6 470 kg CO_2/t，高于水泥，但由于同等条件下满足使用功能的建筑，重型结构所需的水泥用量远高于轻钢结构的用钢量，因此重型结构在建材生产阶段的碳排放比例高于轻型结构。

重型结构的建筑施工阶段与拆除阶段的碳排放比例高于轻型结构，原因在于重型结构建筑由于结构类型材料的关系，在施工和拆除阶段的能源消耗量要高于轻型结构。

在对图 2-10、图 2-12、图 2-14、图 2-16 的分析时没有考虑时间因素和面积因素，如果把建材生产阶段、建筑施工阶段、建筑拆除阶段都考虑为1年，计算单位面积年碳排放量，从图2-11、图2-13、图2-15、图2-17可以发现：

所有结构类型比较：

① 建材生产阶段的单位时间碳排放比例是最高的。

② 建筑施工阶段和拆除阶段的单位时间碳排放比例明显提升。

由上述分析可知，建筑使用阶段的碳排放总量是最高的，是降低碳排放的重点，但是在单位时间碳排放上建材生产阶段比建筑使用阶段高，其余两个阶段（施工阶段和拆除阶段）也同样存在很大的减碳潜力和空间，且由于是集中排放，从而对环境的影响更大，所以我们在重视建筑使用阶段碳排放的同时，也不能忽略其他阶段的减排意义。

重型结构与轻型结构比较：

③ 轻型结构在建筑使用阶段单位时间的碳排放比例（25%左右）远高于重型结构（5%左右）。

④ 重型结构在建筑施工阶段和建筑拆除阶段的单位时间碳排放之和所占比例高于轻型结构。

⑤ 重型结构在建筑施工阶段和建筑拆除阶段的单位时间碳排放比例高于使用阶段；而轻型结构在建筑施工阶段和建筑拆除阶段的单位时间碳排放比例低于使用阶段。

每年单位建筑面积碳排放：

① 重型结构＞轻型结构；

② 钢筋混凝土结构＞钢结构＞轻钢结构＞木结构[139]。

四、问题整理

1. 准确性

传统的生产方式造成管理体制上"设计—生产—施工"之间相互脱节，产业链分散，各自经营，在漫长的生命周期内涉及不同的参与者，例如：房地产商、建筑师、工程师、施工单位、物业和使用者等，尤其是建筑师与生产制造商、承包商之间缺乏密切配合和有效沟通，带来的结果是容易造成各阶段（建材开采和生产阶段，建筑施工阶段，建筑使用和维护阶段，建筑拆除和回收阶段）建材量、能源消耗量等相关基础数据获取困难、不及时，或是零散、不系统，抑或缺乏统一的计量标准，进而造成最终碳排放量计算值的不准确性。

2. 透明性

现有的建筑全生命周期碳排放计算公式的基本模式："（建材总量、化石能源总消耗量、电力消耗总量）×（建材碳排放因子、能源碳排放因子、电力碳排放因子）"，其中"建材总量、化石能源总消耗量、电力消耗总量"的对象皆是"建筑"这个整体，更符合宏观层面统计建筑碳排放总量，如果从中观层面进一步探讨单体建筑的碳排放量就显得比较笼统、粗糙，需要对"建筑"整体进行进一步的拆解，例如：结构体（支撑结构、楼板、楼梯等）、围护体（外墙围护、内墙）、设备体等，将碳排放量具体分摊落实到"建筑"的各个功能部分，使现有的"总量"统计透明化，也为下一步的节能减排更加有的放矢创造可能。因此在现有的碳排放模型基础上，除了按时间划分碳排放生命周期的五个阶段以及直接空间、间接空间，还应对建筑体本身进一步加以划分。

3. 可操作性

现有的建筑全生命周期碳排放模型的诸多计算公式均适用于已有建筑运行的数据，这些数据可由建筑运行部门提供，如物业公司提供的燃料用量清单，这种计算方法适合于建筑已运行一段时间才具有较好的操作性，而这种计算方式不利于建筑设计阶段对全生命周期碳排放量的预测，使其可操作性降低。而这也限于传统的、现场手工为主的、粗放的建筑生产方式，使其建筑碳排放量化的可操作性和可控性缺乏必要的技术支撑。

注释

[1] ISO14040. Environmental Management—Life Cycle Assessment—Principles and Framework[S]. Switzerland: International Standard Organization, 1997.

[2] 国家质量技术监督局. 环境管理—生命周期评价—目的与范围的确定和清单分析(GB/T 24041—2000)[S]. 北京：中国标准出版社，2000.

[3] Bengtsson M. Weighting in practice: Implications for the use of life-cycle assessment in decision making[J]. Journal of Industrial Ecology, 2001, 4(4): 47-60.

[4] Lecouls H. ISO 14043: Environmental Management-Life Cycle Assessment—Life Cycle Interpretation[S]. International Journal of Life Cycle Assessment, 2000.

[5] 张智慧，尚春静，钱坤. 建筑生命周期碳排放评价[J]. 建筑经济，2010(2): 44-46.

[6] 刘念雄，汪静，李嵘. 中国城市住区 CO_2 排放量计算方法[J]. 清华大学学报：自然科学版，2009, 49(9): 11-14.

[7] 陈国谦. 建筑碳排放系统计量方法[M]. 北京：新华出版社，2010.

[8] 于萍，陈效逑，马禄义. 住宅建筑生命周期碳排放研究综述[J]. 建筑科学，2011, 27(4): 9-12.

[9] Gustavsson L, Joelsson J, Sathre S. Life cycle primary energy use and carbon emission of an eight-storey wood-framed apartment building[J]. Energy and Buildings, 2010, 42(2).

[10] Cole R J. Energy and greenhouse gas emissions associated with the construction of alternative structural systems[J]. Building and Environment, 1999, 34(3).

[11] Gerilla G P, Teknomo K, Hokao K. An environmental assessment of wood and steel reinforced concrete housing construction[J]. Building and Environment, 2007, 42(7).

[12] Bribián I Z, Usón A A, Scarpellini S. Life cycle assessment in buildings: State-of-the-art and simplified LCA methodology as a complement for building certification[J]. Building and Environment, 2009, 44(12).

[13] 鞠颖，陈易. 全生命周期理论下的建筑碳排放计算方法研究——基于 1997—2013 年间 CNKI 的国内文献统计分析[J]. 住宅科技，2014(5).

[14] 张德英，张丽霞. 碳源排碳量估算办法研究进展[J]. 内蒙古林业科技，2005(1): 22-25.

[15] 范宏武. 上海市民用建筑二氧化碳排放量计算方法研究[C]. 第八届国际绿色建筑与建筑节能大会，2012: 15.

[16] ISO technical committee ISO/TC 207. ISO 14064—1: 2006. Greenhouse gases—part 1: Specification with guidance at the organization level for quantification and reporting of greenhouse gas emissions and removals[S]. Switzerland: 2006.

[17] 商品和服务在生命周期内温室气体排放评价规范(英国 PAS2050: 2011).

[18] 张磊，黄一如，黄欣. 基于标准计算平台的建筑生命周期碳评价[J]. 华中建筑，2012, 30(6): 32-34.

[19] IPCC. Climate Change 2007: Synthesis Report: Contribution of Working Groups Ⅱ and Ⅲ to the Fourth Assessment Report of the Intergovernmental Panel on Climate Change[M]. New York: Cambridge University Press, 2008: 11.

[20] 郭运功，林逢春，白义琴，等. 上海市能源利用碳排放的分解研究[J]. 环境污染与防治，2009(9): 68-81.

[21] 张春霞，章蓓蓓，黄有亮，等. 建筑物能源碳排放因子选择方法研究[J]. 建筑经济，2010(10): 108-111.

[22] IPCC. Climate Change 2007: Synthesis Report: Contribution of Working Groups Ⅱ and Ⅲ to the Fourth Assessment Report of the Intergovernmental Panel on Climate Change[M]. New York: Cambridge University Press, 2008: 45.

[23] 张春霞，章蓓蓓，黄有亮，等. 建筑物能源碳排放因子选择方法研究[J]. 建筑经济，2010(10): 106-109.

[24] 阴世超. 建筑全生命周期碳排放核算分析[D]. 哈尔滨：哈尔滨工业大学，2012: 23-24

[25] 郭丹. 太阳能发电现状及环境效应分析[J]. 电子制作，2013(23).

[26] 张又升. 建筑物生命周期二氧化碳减量评估[D]. 台南:成功大学,2002.
[27] 日本建築学会. 建物のLCA指針[M]. 3版. 東京:日本建築学会,2006.
[28] 赵平,同继锋,马春荣. 建筑材料环境负荷指标及评价体系的研究[J]. 中国建材科技,2004,13(6):4-10.
[29] 李兵. 低碳建筑技术体系与碳排放测算方法研究[D]. 武汉:华中科技大学,2012.
[30] 阴世超. 建筑全生命周期碳排放核算分析[D]. 哈尔滨:哈尔滨工业大学,2012:33.
[31] 陈国谦. 建筑碳排放系统计量方法[M]. 北京:新华出版社,2010.
[32] 邵玲,郭珊,韩梦瑶. 建筑能耗与碳排放的系统计量[J]. 世界环境,2011(5):32-33.
[33] 刘念雄,汪静,李嵘. 中国城市住区 CO_2 排放量计算方法[J]. 清华大学学报(自然科学版),2009,49(9):11-14.
[34] 张智慧,尚春静,钱坤. 建筑生命周期碳排放评价[J]. 建筑经济,2010(2):44-46.
[35] 于萍,陈效逑,马禄义. 住宅建筑生命周期碳排放研究综述[J]. 建筑科学,2011,27(4):9-12.
[36] 张陶新,周跃云,芦鹏. 中国城市低碳建筑的内涵与碳排放量的估算模型[J]. 湖南工业大学学报,2011,25 (1):81-84.
[37] 朱嬿,陈莹. 住宅建筑生命周期能耗及环境排放案例[J]. 清华大学学报(自然科学版),2010,50(3):3-7.
[38] 汪洪,林晗. 中国低碳建筑的初期探索与实践[C]. 第六届国际绿色建筑与建筑节能大会,2010.
[39] 蔡向荣,王敏权,傅柏权. 住宅建筑的碳排放量分析与节能减排措施[J]. 防灾减灾工程学报,2010,30(S1): 438-441.
[40] 刘军明,陈易. 崇明东滩农业园低碳建筑评价体系初探[J]. 住宅科技,2010(9):9-12.
[41] 李启明,欧晓星. 低碳建筑概念及其发展分析[J]. 建筑经济,2010(2):41-43.
[42] 何福春,付祥钊. 关于建筑碳排放量化的思考与建议[J]. 资源节约与环保,2010(6):20-22.
[43] 李兵. 低碳建筑技术体系与碳排放测算方法研究[D]. 武汉:华中科技大学,2012.
[44] Gustavsson L, Joelsson A, Sathre R. Life cycle primary energy use and carbon emission of an eight-storey wood-framed apartment building[J]. Energy and Buildings, 2010, 42(2).
[45] Cole R J. Energy and greenhouse gas emissions associated with the construction of alternative structural systems[J]. Building and Environment, 1999, 34(3).
[46] Gerilla G P, Teknomo K, Hokao K. An environmental assessment of wood and steel reinforced concrete housing construction[J]. Building and Environment, 2007, 42(7).
[47] Bribián I Z, Usón A A, Scanpellini S. Life cycle assessment in buildings: State-of-the-art and simplified LCA methodology as B complement for building certification[J]. Building and Environment, 2009, 44(12).
[48] May N. Low carbon buildings and the problem of human behavior[J]. Natural Building Technologies, 2004 (6): 65-78.
[49] Paumgartten P. The business case for high performance green buildings: Sustainability and its financial impacts[J]. Journal of Facilities Management, 2003, 2(1): 26-34.
[50] Sivaraman D. An integrated life cycle assessment model: Energy and greenhouse gas performance of residential heritage buildings, and the influence of retrofit strategies in the state of Victoria in Australia[J]. Energy and Buildings, 2011 (5): 29-35.
[51] Randolph B, Holloway D, Pullen S, et al. The Environmental Impacts of Residential Development: Case Studies of 12 Estates in Sydney[J]. Australian Research Council (ARC) Linkage Project: LP 0348770, 2007.
[52] Blengini G A, Carlo T D. The changing role of life cycle phases, subsystems and materials in the LCA of low energy buildings[J]. Energy and Buildings, 2010, 6(2).
[53] Huberman N, Pearlmutter D. A life-cycle energy analysis of building materials in the Negev desert[J]. Energy and Buildings, 2008, 40(5).
[54] IPCC. Climate Change 2001: Mitigation: Contribution of Working Group Ⅲ to the Third Assessment Report of the Intergovernmental Panel on Climate Change[M]. New York: Cambridge University Press, 2001.
[55] 蔡向荣,王敏权,傅柏权. 住宅建筑的碳排放量分析与节能减排措施[J]. 防灾减灾工程学报,2010,30(S1):438-441.
[56] 张又升. 建筑物生命周期二氧化碳减量评估[D]. 台南:成功大学,2002.
[57] 日本建築学会. 建物のLCA指針[M]. 3版. 東京:日本建築学会,2006.
[58] 尚春静,储成龙,张智慧. 不同结构建筑生命周期的碳排放比较[J]. 建筑科学,2011,27(12):66-70.
[59] 任志涛,孙白爽,张睿. 基于产品寿命周期的建筑节能评价体系研究[J]. 建筑,2008(23):63-66.
[60] 张陶新,周跃云,芦鹏. 中国城市低碳建筑的内涵与碳排放量的估算模型[J]. 湖南工业大学学报,2011,25 (1):81-84.
[61] 赵平,同继锋,马春荣. 建筑材料环境负荷指标及评价体系的研究[J]. 中国建材科技,2004,13(6):4-10.
[62] 刘念雄,汪静,李嵘. 中国城市住区 CO_2 排放量计算方法[J]. 清华大学学报(自然科学版),2009,49(9):11-14.
[63] Gustavsson L, Joelsson A, Sathre R. Life cycle primary energy use and carbon emission of an eight-storey wood-framed apartment

building[J]. Energy and Buildings, 2010, 42(2): 230-242.
[64] Gerilla G P, Teknomo K, Hokao K. An environmental assessment of wood and steel reinforced concrete housing construction[J]. Building and Environment, 2007, 42(7): 2778-2784.
[65] Seo S, Hwang Y. Estimation of CO_2 emissions in life cycle of residential buildings[J]. Journal of Construction Engineering sad Management, 2001, 127(5): 414-418.
[66] Blengini G. Life cycle of buildings, demolition and recycling potential: A case study in Turin, Italy[J]. Building and Environment, 2009, 44(2): 319-330.
[67] 李海峰. 上海地区住宅建筑全生命周期碳排放量计算研究[C]. 第七届国际绿色建筑与建筑节能大会，2011:416-419.
[68] 李兵，李云霞，吴斌，等. 建筑施工碳排放测算模型研究[J]. 土木建筑工程信息技术，2011，3(2)：9-14.
[69] 魏小清，李念平，张絮涵. 大型公共建筑碳足迹框架体系研究[J]. 建筑节能，2011(3)：33-35.
[70] 蔡向荣，王敏权，傅柏权. 住宅建筑的碳排放量分析与节能减排措施[J]. 防灾减灾工程学报，2010，30(S1)：438-441.
[71] 王松庆. 严寒地区居住建筑能耗的生命周期评价[D]. 哈尔滨：哈尔滨工业大学，2007：40-65.
[72] Winistorfer P. Energy consumption and associated greenhouse gas emissions related to maintenance of a residential structure [J]. Wood and Fiber Science. 2005(37): 128-139.
[73] 勒俊淑. 基于碳排放的居住建筑节能研究[D]. 西安：长安大学，2010：27-38.
[74] 王洁. 苏州多层住宅生命周期评价[D]. 苏州：苏州科技学院，2010：51-65.
[75] 陈冲. 基于 LCA 的建筑碳排放控制与预测研究[D]. 武汉：华中科技大学，2013.
[76] 蔡筱霜. 基于 LCA 的低碳建筑评价研究[D]. 无锡：江南大学，2011：7-13.
[77] 黄志甲. 建筑物能量系统生命周期评价模型与案例研究[D]. 上海：同济大学，2003.
[78] 孙雪. 低碳建筑评价及对策研究[D]. 天津：天津财经大学，2011：25-52，36-65.
[79] 顾道金，谷立静，朱颖心，等. 建筑建造与运行的能耗对比分析[J]. 暖通空调，2007，37(5)：58-60.
[80] 叶盛. 空调冷热源的选择与评估[D]. 上海：同济大学，2001：11-26.
[81] 喻李葵. 建筑环境性能模拟、评价和优化研究[D]. 长沙：湖南大学，2004.
[82] 李嵘. 空调冷热源能耗分析及对环境影响的生命周期评价[D]. 西安：西安建筑科技大学，2005，28-39.
[83] 陈冲. 基于 LCA 的建筑碳排放控制与预测研究[D]. 武汉：华中科技大学，2013.
[84] Department of Trade and Industry. Energy white paper: our energy future-creating a low carbon economy. London: the Stationery Office, 2003.
[85] 陈志恒. 日本低碳经济战略简析[J]. 日本学刊，2010(4)：53-56.
[86] Office of Integrated Analysis and Forecasting. The american clean energy and security act of 2009. Washington, DC: Energy Information Administration, 2009.
[87] European Commission. Communication from the Commission-Europe 2020. Brussels: European Commission, 2010.
[88] Dinan T. Policy options for reducing CO_2 emissions[J]. The Congress of the United States, Washington DC: Congressional Budget Office, 2008(1): 100-120.
[89] Tuohy P. Regulations and robust low-carbon buildings[J]. Building Research and Information, 2009(4): 433-445.
[90] Treloar G J. A hybrid life cycle assessment method for construction[J]. Construction Management and Econom, 2000, 18(1): 5-9.
[91] 刘晓明. 基于生命周期评价的建筑碳减排对策研究[D]. 邯郸：河北工程大学，2012.
[92] 孙耀龙. 基于生命周期的低碳建筑初探[D]. 上海：同济大学，2009.
[93] 陈冲. 基于 LCA 的建筑碳排放控制与预测研究[D]. 武汉：华中科技大学，2013.
[94] 阴世超. 建筑全生命周期碳排放核算分析[D]. 哈尔滨：哈尔滨工业大学，2012：33.
[95] 林波荣，刘念雄，彭渤，等. 国际建筑生命周期能耗和 CO_2 排放比较研究[J]. 建筑科学，2013，29(8)：22-27.
[96] 李海峰. 上海地区住宅建筑全生命周期碳排放量计算研究[C]. 第七届国际绿色建筑与建筑节能大会，2011：416-419.
[97] 尚春静，储成龙，张智慧. 不同结构建筑生命周期的碳排放比较[J]. 建筑科学，2011，27(12)：66-70.
[98] 甄兰平，李成. 建筑耗能、环境与寿命周期节能设计[J]. 工业建筑，2003，33(2)：19-21，31.
[99] Catarina Thormark. A low energy building in a life cycle—its embodied energy, energy need for operation and recycling potential[J]. Building and Environment, 2002, 37(4): 429-435.
[100] Adalberth K. Energy use during the life cycle of buildings: A method[J]. Building and Environment. 1997, 32(4): 317-320.
[101] 彭渤. 绿色建筑全生命周期能耗及二氧化碳排放案例研究[D]. 北京：清华大学，2012.

[102] 蔡向荣，王敏权，傅柏权. 住宅建筑的碳排放量分析与节能减排措施[J]. 防灾减灾工程学报，2010，30(S1)：438-441.
[103] 燕艳. 浙江省建筑全生命周期能耗和 CO_2 排放评价研究[D]. 杭州：浙江大学，2011.
[104] 张又升. 建筑物生命周期二氧化碳减量评估[D]. 台南：成功大学，2002.
[105] 张又升. 建筑物生命周期二氧化碳减量评估[D]. 台南：成功大学，2002.
[106] 乔永锋. 基于生命周期评价法(LCA)的传统民居的能耗分析与评价[D]. 西安：西安建筑科技大学，2006.
[107] 仲平. 建筑生命周期能源消耗及其环境影响研究[D]. 成都：四川大学，2005.
[108] 李思堂，李惠强. 住宅建筑施工初始能耗定量计算[J]. 华中科技大学学报(城市科学版)，2005，22(4)：58-61.
[109] 刘秀丽，汪寿阳，杨翠红，等. 基于投入产出分析的建筑节能经济—环境影响测算模型的研究和应用[J]. 系统科学与数学，2010，30(1)：12-21.
[110] Adalberth K. Energy use during the life cycle of single-unit dwellings：Examples[J]. Building and Environment，1997，32(4)：321-329.
[111] Thormark C. A low energy building the life-cycle its embodied energy，energy need for operation and recycling potential [J]. Building and Environment，2002，37(4)：429-435
[112] 彭渤. 绿色建筑全生命周期能耗及二氧化碳排放案例研究[D]. 北京：清华大学，2012.
[113] 燕艳. 浙江省建筑全生命周期能耗和 CO_2 排放评价研究[D]. 杭州：浙江大学，2011.
[114] 彭渤. 绿色建筑全生命周期能耗及二氧化碳排放案例研究[D]. 北京：清华大学，2012.
[115] 王聃，低碳发展下的建筑节能技术与评估策略研究[D]. 广州：华南理工大学，2008.
[116] 孙耀龙. 基于生命周期的低碳建筑初探[D]. 上海：同济大学，2009：69.
[117] 鲍丹. 节能减排，我们在行动：废钢利用，还需突破几道坎[N]. 北京：人民日报，2010-06-21.
[118] 王恭敏. 我国再生铝产业现状. 中国有色金属科技信息网[EB/OL]. [2010-06-17]. http://www. cnitdc. com/htm/2010617/736. htm.
[119] Lin S L. LCA—based energy evaluating with application to school buildings in Taiwan[C]//Proceedings of Ecodesign 2003：Third International Symposium on Environmentally Conscious Design and Inverse Manufacturing，Taiwan：[s. n.]，2003：409-413.
[120] 张又升. 建筑物生命周期二氧化碳减量评估[D]. 台南：成功大学，2002.
[121] 乔永锋. 基于生命周期评价法(LCA)的传统民居的能耗分析与评价[D]. 西安：西安建筑科技大学，2006.
[122] 林波荣，刘念雄，彭渤，等. 国际建筑生命周期能耗和 CO_2 排放比较研究[J]. 建筑科学，2013. 29(8)：22-27.
[123] 魏秀萍，赖芨宇，李晓娟. 施工阶段住宅工程机电耗能的碳排放计算[J]. 北华大学学报：自然科学版，2013(4)：484-487.
[124] 赵敏，胡静，戴洁，等. 基于能源平衡表的 CO_2 排放核算研究[J]. 生态经济，2012(11)：30-32.
[125] 彭文俊. 农村社区低碳建设评价研究[D]. 武汉：华中科技大学，2011.
[126] 张又升. 建筑物生命周期二氧化碳减量评估[D]. 台南：成功大学，2002.
[127] 黄志甲，赵玲玲，张婷，等. 住宅建筑生命周期 CO_2 排放的核算方法[J]. 土木建筑与环境工程，2011(S2)：106-108.
[128] 彭渤. 绿色建筑全生命周期能耗及二氧化碳排放案例研究[D]. 北京：清华大学，2012.
[129] 毛志兵，于震平. 绿色施工研究方向[J]. 施工技术，2006，35(12)：108-111.
[130] 龚文跃. 绿色建筑模板——节能减排绿色建筑结构施工技术进步的先锋[EB/OL]. http://blog. techl 10. net/build-76. action-viewspace—itemid-1 176. 2007-10-01-08.
[131] 孙耀龙. 基于生命周期的低碳建筑初探[D]. 上海：同济大学，2009.
[132] 刘念雄，汪静，李嵘. 中国城市住区 CO_2 排放量计算方法[J]. 清华大学学报(自然科学版)，2009，49(9)：11-14.
[133] 中华人民共和国住房和城乡建设部，中华人民共和国质量监督检验检疫总局. 建筑照明设计标准(GB50034—2003)[S]. 北京：中国建筑工业出版社，2013.
[134] 胡文发，郭淑婷. 中国住宅建筑使用阶段碳排放的因素分解实证[J]. 同济大学学报(自然科学版)，2012，40(6)：158-162.
[135] 王聃. 低碳发展下的建筑节能技术与评估策略研究[D]. 广州：华南理工大学，2008.
[136] 葛坚，龚敏，朱炜，等. 生命周期评价(LCA)在建筑环境负荷定量评价中的应用[C]//城市化进程中的建筑与城市物理环境. 第十届全国建筑物理学术会议论文集，2008.
[137] 尚春静，储成龙，张智慧. 不同结构建筑生命周期的碳排放比较[J]. 建筑科学，2011，27(12)：66-70.
[138] 李兵. 低碳建筑技术体系与碳排放测算方法研究[D]. 武汉：华中科技大学，2012.
[139] 王玉，张宏，董凌. 不同结构类型建筑全生命周期碳排放比较[J]. 建筑与文化，2015(2)：110-111.

第三章　工业化预制装配建筑的全生命周期碳排放模型研究

第一节　工业化预制装配建筑

一、建造模式与传统的区别

回顾人类的建造历史，我们发现其中在相当长的时期内，人们都是采用手工的、分散的、落后的生产方式来建造建筑物，其建造速度慢，人工及材料等资源消耗大、建筑施工质量低，建筑业的这种落后状态亟待改进，建筑业的工业化水平亟待提高。

传统建筑生产方式，是将设计与建造环节分开，设计环节仅从目标建筑体及结构的设计角度出发，而后将所需建材运送至目的地，进行现场施工，完工交底验收的方式；而工业化生产方式，是设计生产施工一体化的生产方式，标准化的设计，至构配件的工厂化生产，再进行现场装配的过程。1974 年，联合国出版的《政府逐步实现建筑工业化的政策和措施指引》中定义了“建筑工业化”：按照大工业生产方式改造建筑业，使之逐步从手工业生产转向社会化大生产的过程。它的基本途径是建筑标准化，构配件生产工厂化，施工机械化和组织管理科学化，并逐步采用现代科学技术的新成果，以提高劳动生产率，加快建设速度，降低工程成本，提高工程质量。

根据对比可以发现传统建筑方式中设计与施工建造分离，设计阶段完成蓝图、扩初至施工图交底即目标完成，实际建造过程中的施工规范、施工技术等均不在设计方案之列。而建筑工业化颠覆了传统建筑生产方式，最大特点是体现了全生命周期的理念，将设计施工环节一体化，设计环节成为关键，该环节不仅是设计蓝图至施工图的过程，而且需要将构配件标准、建造阶段的配套技术、建造规范等都纳入设计方案中，作为构配件生产标准及施工装配的指导文件。表 3-1 为传统生产方式与工业化生产方式的比较。

研究对象——工业化预制装配建筑：由工厂加工生产的各类预制构件，运至施工现场装配而成的一种工业化建筑形式，称为预制装配式建筑。

表 3-1　传统生产方式与工业化生产方式

	传统生产方式		工业化生产方式		
阶段	设计	施工	(设计、生产、施工)一体化		
主要完成内容	设计	现场建造	设计	生产	施工装配
	将设计与建造环节分开	现场加工建材手工作业	标准化设计,考虑构配件标准制定,设计成果考虑建筑体系的配套技术与规模等	根据设计方案将构配件部分或全部进行工厂化生产操作	根据设计方案将构配件进行现场机械化装配

资料来源:作者自绘。

工业化建造模式与传统的现场建造方式不同,其建造环节、产业链构成甚至工程建设和市场运行模式都存在明显的差别。此外,面对房屋使用者的承建商实际上是房屋的集成商和营销商,其工作和现在建筑设计院、施工单位或总承包商不同,它是采用公开的定型装配式工业化建筑体系或自主研发装配式工业化建筑体系,根据用户的需求和建筑使用功能的要求,基于模数化、标准化的组合设计,选用适应的标准化、商品化的各类预制构件和建筑部品,通过商品物流等模式运到现场,采用专业设备进行机械化的现场装配,并采用标准化的工艺处理好连接部位,最后形成预定功能的建筑产品。同时,集成商和营销商需要基于信息化的管理手段,为其建筑产品提供类似"汽车 4S 店"的运行维护和技术支撑。因此,在产业链上,材料供应商、部品制备商、房屋的集成商和营销商成为主角,而物流商、部品营销商、零配件商、授权的房屋营销商和维护商等都是其中的重要参与者。另外,还包含以科研院所为代表,承担可装配工业化建筑体系研发、标准化系列化各类部品的研发、基础理论研究、设计标准制定、技术咨询和服务等的技术支撑产业。同时,工业化建造建筑产业的发展也会带动相关配套产业的发展。如保温隔热材料、防腐材料、防火材料、焊接材料、部品机械加工、机械化或智能型加工设备等。

工业化预制装配建筑遵循现代产品的"产品—商品—用品—废品"的循环过程,其对应的活动即"生产—流通—使用—回收",在不同的子系统中有不同的对象,例如:在产品系统中它是设计和生产;在商品系统中它是销售和推广;在用品系统中它是用户;在废品系统中它是可回收再利用的物质。随着现代化的发展,它们之间的界限越来越模糊,走向产品设计、制造、流通、市场连接的紧密化、一体化。表 3-2 为传统现场建造模式与工业化建造模式的区别。

二、预制装配模式的特点

1. 集成化(构件—组件—模块)

随着工业化生产技术的发展,从门、窗相对简单的构件到更整体的单元模块的集成化产品开始全面地实现了工厂预制。预制装配的基础元素指的是输出的形式或构型。构件、组件、模块是预制装配式建筑的一般分类方法。这种分类方法没有标准的行业名称,而是一种简单便捷的分类方式,它们之间没有明确的界定,构件、组件、模块的分类用来描述在现场装配前,工厂生产阶段预制集成度的高低[1]。如图 3-1 所示。

表 3-2 传统现场建造模式与工业化建造模式区别

系统	产品	传统现场建造模式	工业化建造模式
产品系统	设计和生产	设计：建筑设计院	设计：以科研院所为代表、承担可装配工业化建筑体系研发、标准化系列化各类部品研发、基础理论研究、设计标准制定、技术咨询和服务等的技术支撑产业
		生产/施工：施工单位或总承包商	生产：材料供应商、部品制备商、房屋的集成商
商品系统	销售和推广	—	营销商、物流商、部品营销商、零配件商、授权的房屋营销商、维护商等
用品系统	用户	房地产商	建筑使用者
废品系统	可回收利用的物质	可回收利用的建筑材料	可回收利用的建筑材料、构件、组件、模块等

资料来源：作者自绘。

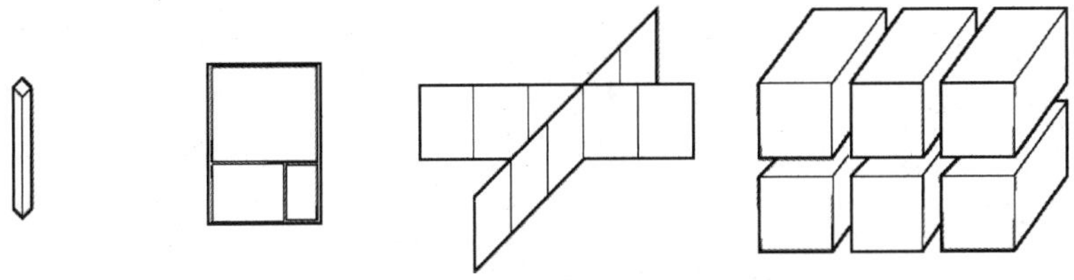

图 3-1 材料—构件—组件—模块（预制集成度越来越高）

资料来源：Smith R E. Prefab architecture: A guide to modular design and construction[M]. Hoboken, N. J.: John Wiley and Sons, 2010: 128.

构件：建造的基本要素，即单一功能的建造单元，当材料被加工成构件就具备了明确的建造功能，如预制混凝土柱、梁等，如图 3-2 所示。

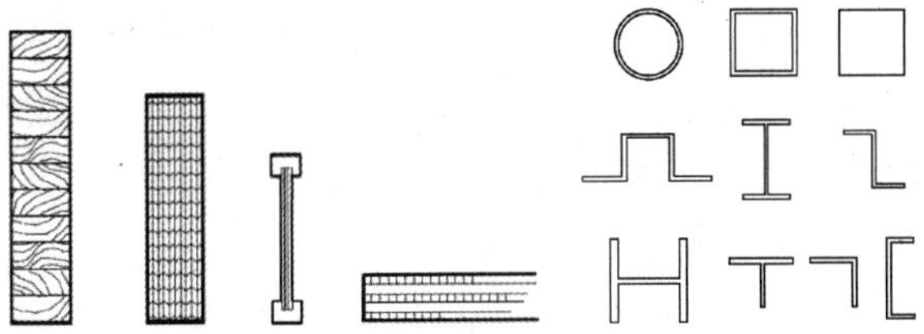

（木构件）（金属构件）

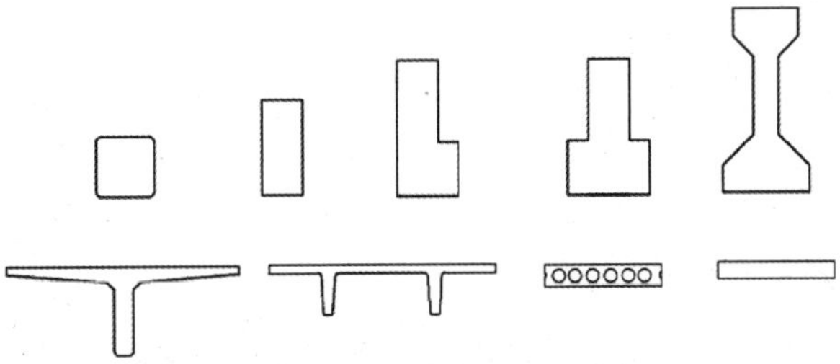

（混凝土构件）

图 3-2 构件类型

资料来源：Smith R E. Prefab architecture: A guide to modular design and construction[M]. Hoboken, N. J.: John Wiley and Sons, 2010:109,113,139.

组件：即若干功能组合的构件集成体，如将设备管道、电路接口、保温隔热材料、窗户等集成的墙板，如图 3-3-1 和图 3-3-2 所示；随着建筑工业化的发展，组件的类型越来越丰富，集成度也越来越高。混凝土预制技术就是组件集成化发展的一个典型代表。相比较现浇混凝土构造技术，预制混凝土构件的生产制造整合了不同构件乃至设备管线的安装技术，提高了建造效率和品质。早期，预制混凝土工艺生产的构件类型有限，集成度较低。经过一百多年的发展，现代预制混凝土制造技术不仅实现了完全的自动化生产，还将设备管道、电路接口、保温隔热材料、窗户甚至外层饰面都集成在墙板构件中，实现了高度集成的墙体组件。

图 3-3-1　组件 1：Bensonwood 设计建造的零能耗联合住宅

资料来源：Smith R E. Prefab architecture：A guide to modular design and construction[M]. Hoboken，N. J.，：John Wiley and Sons，2010：293.

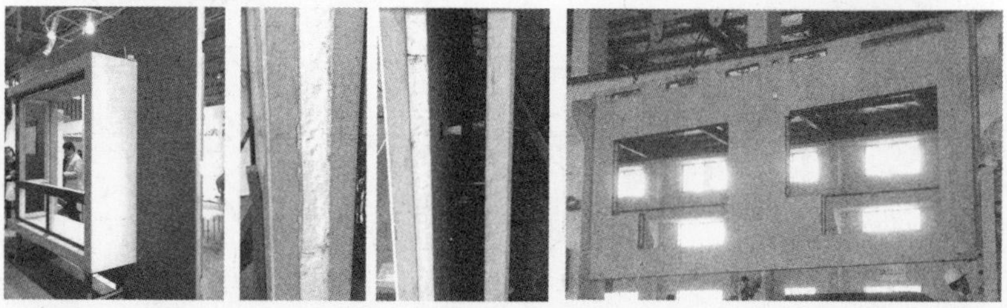

图 3-3-2　组件 2：远大住工

资料来源：作者自摄。

带飘窗、装饰面层和保温层的预制墙板、叠合板组件预埋管线、预装插座和预开窗洞的墙板组件

模块：即由若干组件构成的空间装配体。装配集成化程度越高，现场施工越简洁集中，如图 3-4 所示。构件预制技术的成熟是模块化装配技术成型的基础，只有当越来越多的零部件都在工厂生产，才能像汽车制造业那样将建筑的组成部分也进行模块化的区分，然后由不同的分包商完成不同的部分，最后在现场进行总装。

图 3-4　模块（O'Connell East 事务所设计 24 层高的学生公寓，2010）

资料来源：Smith R E. Prefab architecture：a guide to modular design and construction[M]. Hoboken，N. J.：John Wiley and Sons，2010：161.

由于建筑类型丰富，形式多样，体量差异大，因此不像有限类型的汽车可以进行统一的模块化区分，即便是功能高度相似，但制造商不同的建筑产品，根据企业不同的制造工艺和生产流程，模块的划分也不尽相同。尽管有着显著差异，但模块的基本划分方法和原则是确定的，关于建筑"模块"的概念有两种划分方式：第一种与制造业类似，即按照产品的构成要素，建筑产品模块可以划分为结构、围护体、基础、设备这四种类型模块，这些主要模块根据具体的建造方式可以进一步细分，比如围护体可以细分为外围护体和内装模块，外围护体还可以分为屋顶、墙体模块等。而第二种划分方式是“建筑”所特有的，以单元空间为基础的装配模块概念，是以第一种模块概念为基础的技术拓展。以单元来划分模块可以最大限度地利用标准化制造技术，将结构、围护体以及设备集成于统一的单元模块中，充分发挥场外预制的优势。本书这里所说的“模块”是指第二种划分方式。

从预制构件的出现，到组件的发展，再到单元模块的预制装配，不仅构件的集成化生产和装配技术得到了长足的进步，现场建造的逻辑较传统的现场施工方式也发生了显著的质的变化。从单一构件，到成组的组件，再到成块的单元，装配的对象越来越大，步骤却越来越简洁。而“构件—组件—模块”这一工业化预制装配模式的特点也将贯穿建筑碳排放全生命周期的各个阶段。

2. 工厂化（“现场—工厂”转移）

传统的现场建造理念统领的建筑开发，建筑体系、结构体系的设计，及施工营造各自独立，施工湿作业，采用半手工半机械的方式；而工业化预制装配模式提供了一个在工厂制造建筑的新模式，采用产业化方式在工厂里制造各种建筑构件，再通过工业化装配技术在现场科学合理地组织施工，发展施工专业化，提高机械化水平，减少繁重、复杂的手工劳动和湿作业；发展建筑构配件、制品、设备生产并形成适度的规模经营，为建筑市场提供各类建筑使用的系列化的通用建筑构配件和制品；制定统一的建筑模数和重要的基础标准（模数协调、公差与配合、合理建筑参数等）。

建筑构件等的生产企业是施工转移的载体，通过这个载体使建筑走上工业化道路。工厂承担了传统模式中建筑承包企业的大部分工作，它和施工企业不同，具有制造企业的特点，就一个建筑构件而言，可以按照制造业组织生产。

以北京万科工业化住宅实验楼预制装配建造为例：其预制构件的“工厂生产阶段”流程依次是：工厂模具制作、绑扎钢筋及预埋件、混凝土浇筑与振捣、脱模、养护、装修；“工业化物流阶段”可细分为：装运（将构件吊装至专用运输车辆）、运输、二次搬运（将构件吊装至堆放场地）；“工业化装配阶段”装配流程大致分为：预制构件吊装、装配施工护栏、安装阳台支架、浇筑连接楼板，及梁、整体浴室吊装等。

由于“施工现场—制造企业”的转移，建筑碳排放周期也随之发生改变，由“建筑施工阶段碳排放”细化扩展为“工厂生产阶段碳排放”“物流阶段碳排放”“装配阶段碳排放”三个阶段，这三个阶段的划分遵循工厂加工及施工装配工艺的规律和特点，从而建立全新的符合工业化预制装配模式特点的、可控的、具体明晰的碳排放模型。

3. 循环的全生命周期

传统的现场建造模式是线性、串行、被动的。其碳排放量的统计仅仅是各阶段的简单累计，各阶段之间线性联系、相互独立，在建材开采和生产阶段、建筑施工阶段、建筑使用和维护阶段、建筑拆除和回收阶段的四个阶段中，碳排放计算是相互割裂的，如图 3-5（左）中所示。

而工业化预制装配建造模式是并行、循环、主动的，其全生命周期的碳排放量取决于各阶段之间的相互制约，在建材开采和生产阶段、工厂化生产阶段、物流阶段、装配阶段、建筑使用和维护更新阶段、拆卸与回收阶段的六个阶段之间是并行、闭环的关系，如图 3-5(右)所示。相比较传统的建造模式，只有"材料再生利用"；而工业化预制装配模式，由于在工厂生产环节"材料—构件—组件—模块"的层级划分，可回收利用的对象存在于全生命周期的各个阶段，且对象的形式也变得更加多元，包括：材料回收，构件(组件、模块)循环再利用，构件(组件、模块)更新、置换等。

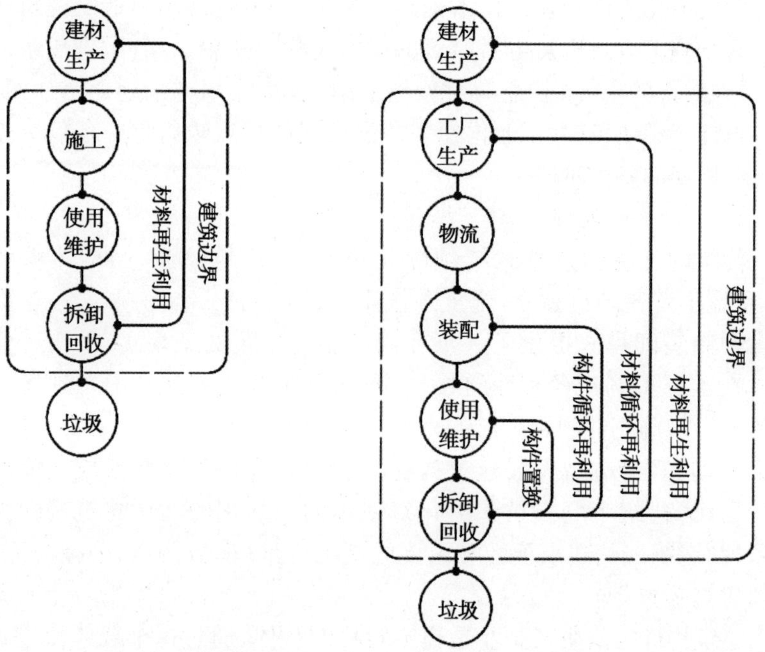

图 3-5　循环的建筑全生命周期(左：传统建造方式，右：工业化建造模式)

资料来源：作者自绘。

三、全生命周期划分

工业化预制装配模式，是用工业化的生产方式来建造，将部分或全部构件在工厂预制完成，然后运输至施工现场，经机械化设备安装后，形成满足预定功能要求的建筑。结合上节阐述的工业化预制装配模式的三大特点，对比传统建造方式与工业化预制装配模式的区别，归纳出工业化预制装配建筑的全生命周期的六个阶段：

(1) 建材开采和生产阶段，该阶段与传统模式一致。

(2) 工厂化生产阶段，实现零散构配件的现场生产到集成化构件、组件、模块的工厂加工的转变。

(3) 物流阶段，由单一的建材运输过渡到商品化的物流。

(4) 装配阶段，由传统的以湿作业为主转变为以干作业为主。

(5) 使用和维护更新阶段，通过构件、组件、模块的置换更新实现建筑使用寿命的延长。

(6) 拆卸与回收阶段，可以完成材料回收、构件(组件、模块)循环再利用等，真正实现节能减排。

其中(2)、(3)、(4)三个部分的完成内容与传统模式中的"建筑施工阶段"相当，如图 3-6 所示。

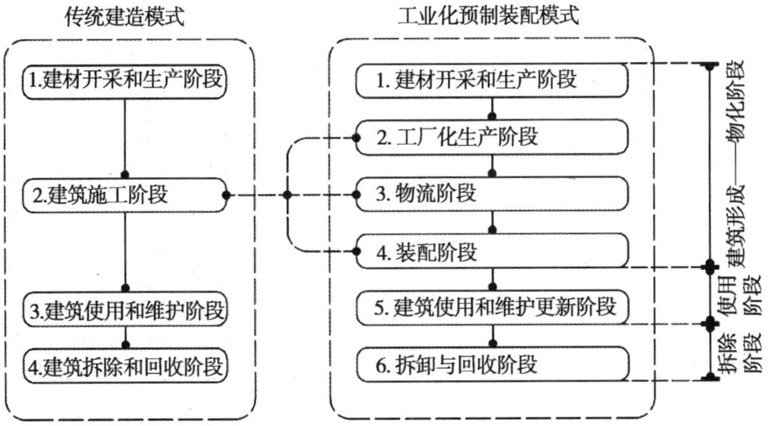

图 3-6　建筑全生命周期划分

资料来源:作者自绘。

四、评价模型

根据国际标准化组织(ISO)提出的全生命周期评价(LCA)理论,构建全新的工业化预制装配建筑的全生命周期碳排放评价模型框架,其基本步骤同样分为四步:确定目标和范围、清单分析、影响评价、结果解释[2]。下面具体阐述四大部分的具体内容及其它们之间的关系。

1. 确定目标和范围

确定目标和范围是对一个产品系统的生命周期中输入、输出及其潜在环境影响的汇编和评价,表征系统和过程对环境的影响及其程度。

目标确定即产品系统,包括从最初的原材料开采到最终产品使用后的废物处理全过程。本书研究的"目标确定",即"工业化预制装配建筑的全生命周期的碳排放",包括① 建材开采和生产阶段的碳排放;② 工厂化生产阶段的碳排放;③ 物流阶段的碳排放;④ 装配阶段的碳排放;⑤ 建筑使用和维护更新阶段的碳排放;⑥ 拆卸与回收阶段的碳排放。

范围确定的主要内容包括系统边界、环境影响类型、数据要求、假设和限制条件等。系统边界及环境影响类型如图 3-7 所示,数据要求包括两大部分:① 工业化建筑数据信息库;② 基础数据信息库。两大数据库是碳排放精确计算的基础,计算结果的准确性直接取决于数据库信息的广度和精度。如图 3-8 所示。

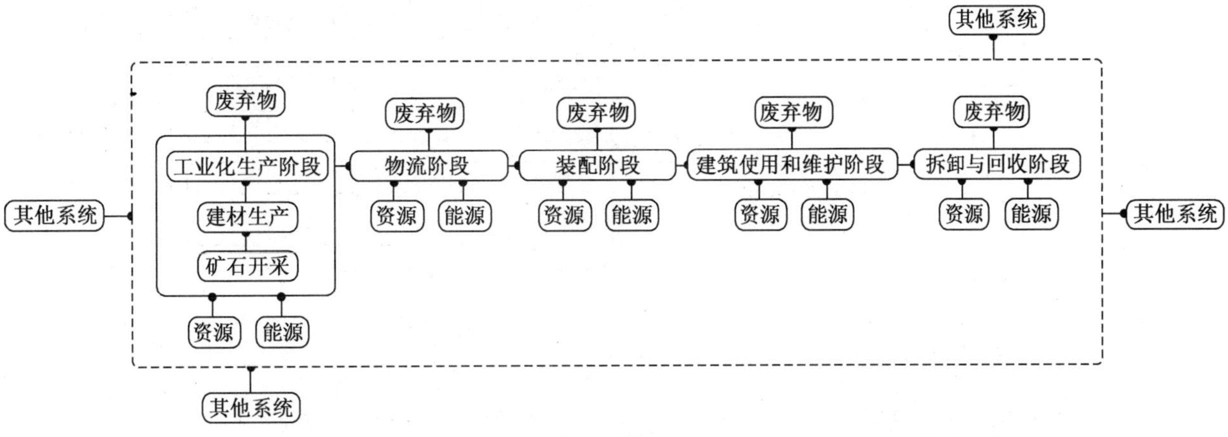

图 3-7　工业化预制装配建筑的全生命周期的碳排放——系统边界、环境影响类型

资料来源:作者自绘。

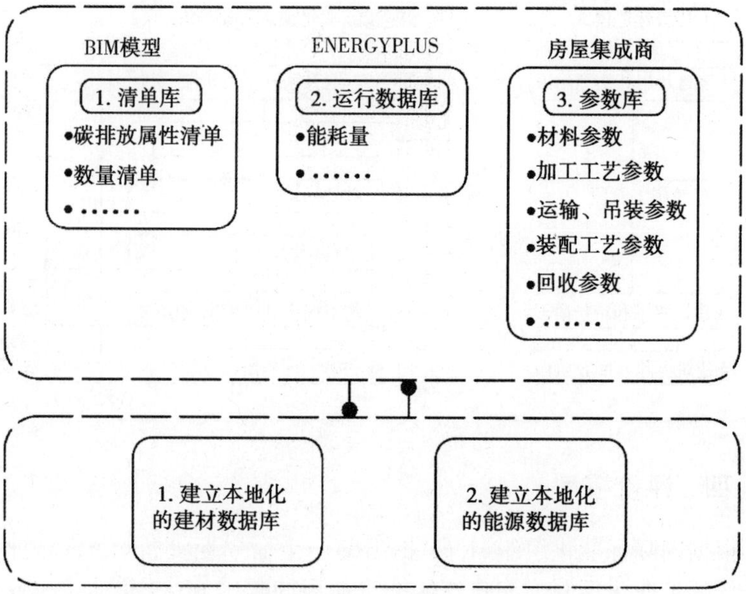

图 3-8　数据信息（上：工业化建筑数据信息库；下：基础数据信息库）

资料来源：作者自绘。

2. 清单分析

清单分析是生命周期过程中物质和能量流的抽象和一般化的阶段，是对产品、工艺活动在其整个生命周期的资源、能源输入和环境排放进行数据量化分析，其实质是数据收集、整理与分析。清单分析的核心是建立以产品功能单位表示的产品系统的输入和输出。本书选用的清单分析方法是基于过程的清单分析。

对于工业化预制装配建筑的碳排放清单分析，可以分阶段处理，以过程分析为基础，首先划分六大主要流程：即① 建材生产流程；② 加工工艺流程；③ 运输流程；④ 装配流程；⑤ 维护更新流程；⑥ 回收流程。再将每个大流程按照（构件、组件、模块）这些研究对象，划分为一系列单元过程或活动，通过对单元过程或活动的输入、输出分析，建立相应数据清单。如图 3-9 所示。

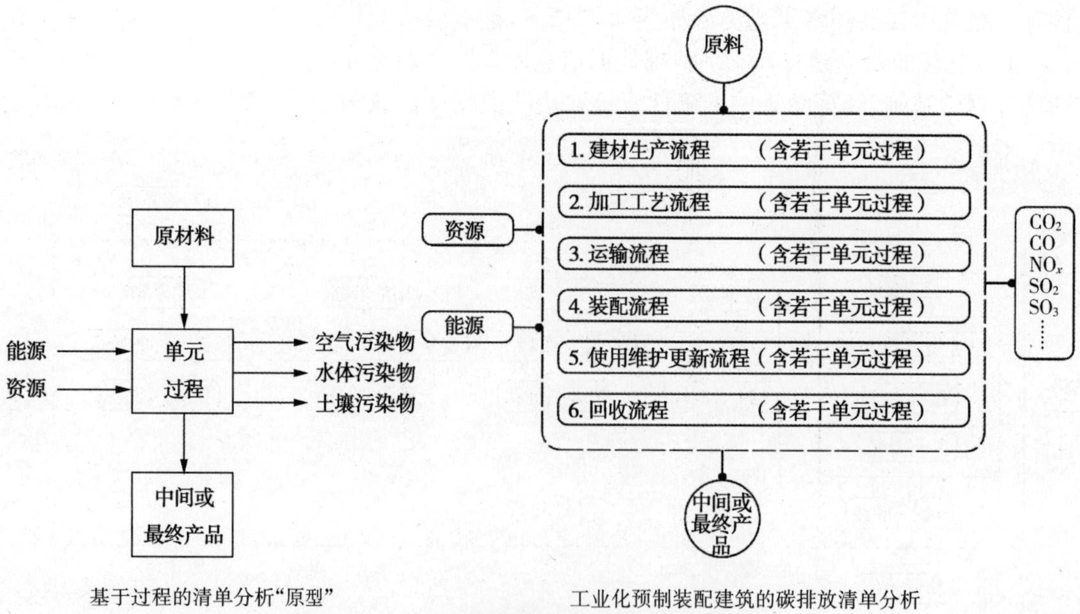

图 3-9　工业化预制装配建筑的碳排放清单分析

资料来源：作者自绘。

3. 影响评价

影响评价是生命周期评价中最关键的一步，即在前两步的基础上给出评价对象对环境造成的影响。为了说明清单分析中各工艺过程、活动或产品各个组成部分对环境潜在的影响大小，而对这些因素按照一定方法进行评估，为决策者提供环境数据或信息支持。该阶段称为生命周期影响评价（Life Cycle Impact Assessment，简称 LCIA）。

工业化预制装配建筑碳排放 LCA 分析报告，可以从纵（时间）、横（空间）两方面入手，划分为三种评价方式：① 纵向分阶段：按照生命周期的阶段划分，比较各个阶段的碳排放比例关系。② 横向按建造逻辑关系：以碳排放计算对象（构件、组件、模块）的层级关系，分级统计其全生命周期的碳排放总量，并作横向对比。③ 横向按工业化建筑的组成部分：分为结构体、（外、内）围护体、设备体三大部分，影响评价可以就这三部分的碳排放量做出横向类比，三部分之间彼此独立同时相互制约，其中结构体通常占主导地位，是工业化建筑的核心部分，而围护体、设备体受结构体的制约。影响评价还可以通过不同的工业化建筑类型进行更深入的评估，以住宅类型为例，结构体包括：支撑结构、楼板、楼梯等；（外、内）围护体包括：外墙围护、地面、屋面、门、窗、内分隔墙、壁柜等；设备体包括：卫生间、厨房、暖通和空调系统等。以上三种评价方式从不同角度为最终建筑方案设计调整所需信息作出数据或信息支撑。如图 3-10 所示。

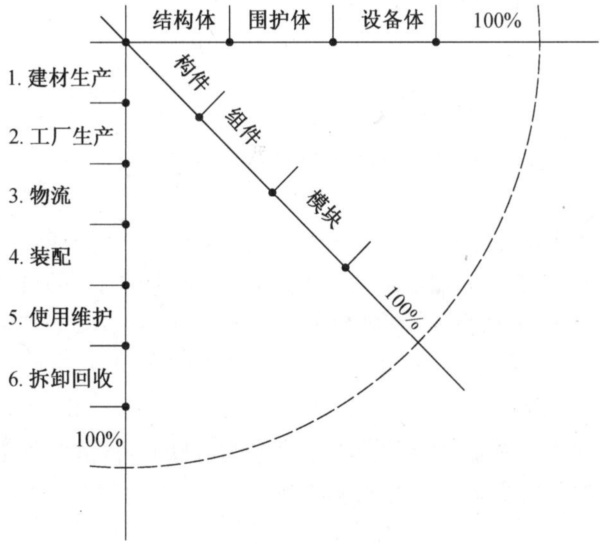

图 3-10 工业化预制装配模式的三种影响评价方式

资料来源：作者自绘。

4. 结果解释

根据初始确定的研究目标和范围，将清单分析及影响评价过程中所发现的问题综合考虑进来，对生命周期影响评价的结果做出解释，形成最后的结论与建议。结果解释的意义在于通过影响评价结果识别产品系统的较弱环节，发现改进机会。工业化预制装配建筑的碳排放结果解释，即通过信息反馈对工业化建筑方案做出及时、有针对性的调整。

工业化建筑方案评估，既是碳排放核算的起点，同样也是终点，碳排放核算模型建立的最终目的是在建筑方案设计的初始端对其全生命周期进行碳排放量的估算，得出计算结果和 LCA 分析报告，归纳总结碳排放的主要来源，包括明确的碳排放阶段和建筑的具体组成部分等，最后再反馈到设计端以便对建筑方案作出调整，具有明确的指导意义。

基于确定目标和范围、清单分析、影响评价和结果解释这四步骤与方法，绘制工业化预制装配建筑全生命周期碳排放评价模型，如图 3-11 所示。

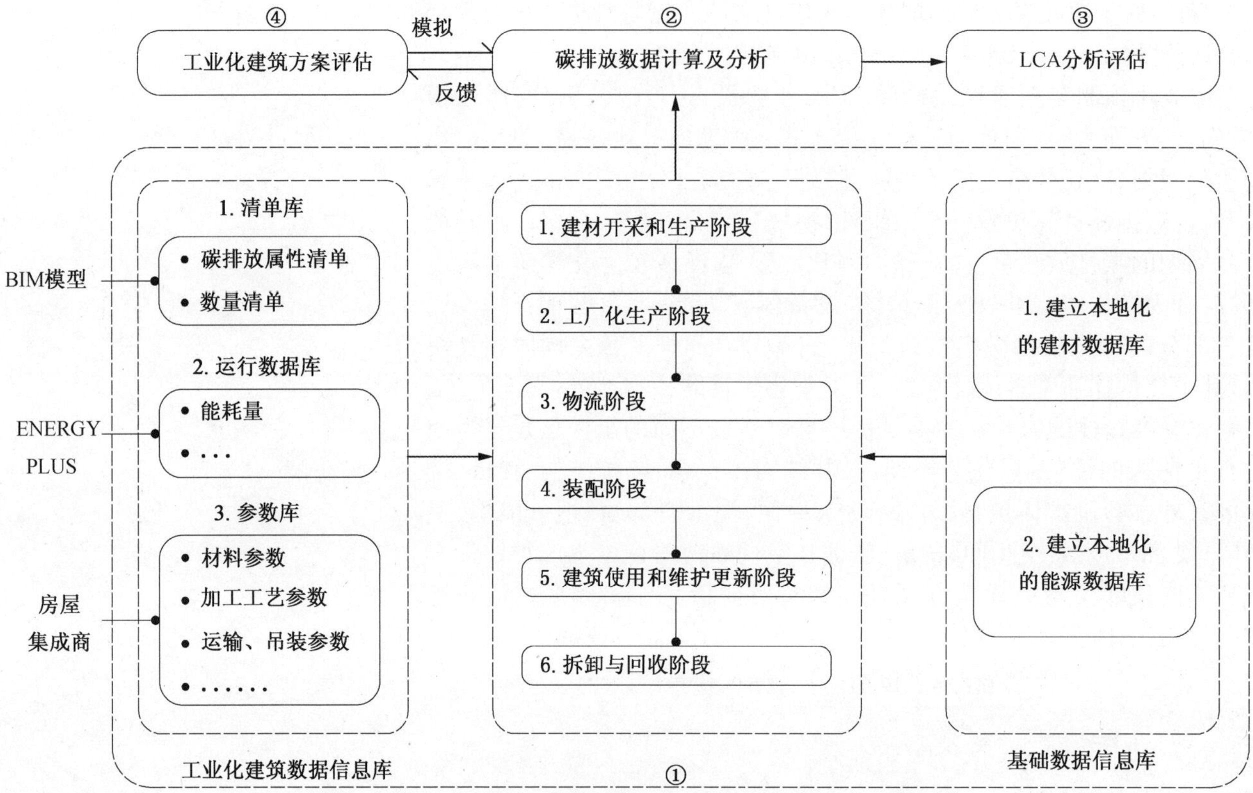

图 3-11　工业化预制装配建筑全生命周期碳排放评价模型

资料来源：作者自绘。

图 3-11 中的①、②、③、④ 分别对应 ISO 全生命周期评价理论框架的四步骤：① 确定目标和范围；② 清单分析；③ 影响评价；④ 结果解释。在工业化建筑数据信息库、基础数据信息库的基础上，基于工业化预制装配建筑的全生命周期（1～6）的六个阶段，进行信息汇总依照计算公式分阶段分步骤计算统计碳排放量，得出计算结果及初步分析，再按照三种评价方式进行评估，为建筑师提供环境数据或信息支持，最终反馈到方案设计端，从而在真正意义上实现低碳控制。

第二节　碳排放核算与评估

本节就上章节“评价模型”中的① 确定目标和范围② 清单分析展开详述，包括碳排放计算所需的基础数据库、工业化建筑数据信息库、全生命周期各阶段碳排放计算及分析评估。

一、基础数据库框架

数据库的研究和建立是建筑全生命周期评价中非常重要的一部分工作。经过 40 余年的发展，生命周期评价的技术体系也已完备，但全生命周期技术实践仍存在很多不足，全生命周期技术实践依赖于大量基础数据的支撑，但目前数据收集的数量或精度的问题、工业及研究机构之间全生命周期数据交流的障碍等方面的原因导致全生命周期研究中实际可用的数据短缺，严重影响了评价结果的准确性[3-4]。

此外，全生命周期数据表现出明显的地域性和时效性，这使得全生命周期研究通常需要用到特定区域、特定时间的数据，以维护评价结果的可靠性及正确性。而现阶段我国建筑碳排放计算所基于的数据大多来源于各大权威机构，如 IPCC 及许多国内权威机构的统计数据，缺乏地域性和时效性，通过对比常见数据库，不同的数据库计算建筑建材内含能量和碳排放结果存在不同程度的误差，较大的甚至能够达到约 30%的误差。可见不同的数据库对于碳排放计算的影响之大[5]。因此，建立符合各国国情的本地化全生命周期数据库意义重大。在日本和欧美等发达国家已建立很多著名的全生命周期数据库，基于网络的全生命周期数据库也基本形成。其中以瑞士的 Ecoinvent 数据库[6]、瑞典的 LCA 数据库 SPINE@CPM[7]、美国的 LCI 数据库[8]、欧洲的 LCA Data[9]比较典型。它们大部分都以案例为数据集，包含了完整的基础清单数据、方法学数据、工艺流程信息和时间、地域及功能描述信息等。目前，国内的全生命周期研究覆盖的行业领域还较少，因此所积累的数据仍然不多。我国现有的建材数据库有：清华大学的 BELES、北京工业大学的建材 LCA 数据库、浙江大学的建材能耗及碳排放清单数据库、四川大学的 EBALANCE 数据库等。

本书基于生命周期评价的方法，以典型建材企业生产过程中的资源消耗及废弃物排放数据为基础数据，结合国内外成熟数据库建立的基本原理，建立我国建材行业中典型企业的生命周期清单数据库框架，并将其作为后台数据库，采用网络数据库，内容包括企业、项目、行业、流程及流的信息，实现了建筑师对生命周期清单数据的在线查询及提交。一方面可以利用互联网的优势消除数据在收集过程中时间及地域上的障碍，另一方面可以为各生命周期评价研究机构提供有效的数据交流。

1. *数据库的基本功能与结构设计*

建材类生命周期清单数据库的基本功能包括生命清单数据的查询、建材行业宏观信息的查询、企业间环境影响指标的比较等。因此数据库的结构设计应以这些功能需求为出发点，本书选用的研究对象为建材行业的主要材料工业，基础数据来自于各行业典型企业的调研数据，并按生命周期评价方法计算得到生命周期清单数据用以描述具体企业的某条生产线在特定时间和特定流程中所消耗的原料、能源数据及流信息等[10]。

建材生命周期清单数据库信息包括：企业信息（特定年份的企业信息）、项目信息（研究对象的具体信息）、行业信息（特定行业的基本信息）、流程信息（流程的具体分类）、流信息（特定流程中流名称及数量）。

企业信息用企业信息表（tab Company）来描述，项目信息用项目信息表（tab Project）来描述，行业信息用行业信息表（tab Industry Info）及行业类型表（tab Industry Type）描述，流程信息用流程表（tab Flow Sheet）及流程类型表（tab Flow Sheet Type）来描述，流信息用流表（tab Flow）表示。建材生命周期清单数据库的结构及信息，如图 3-12 所示，各表之间的关系，如图 3-13 所示。

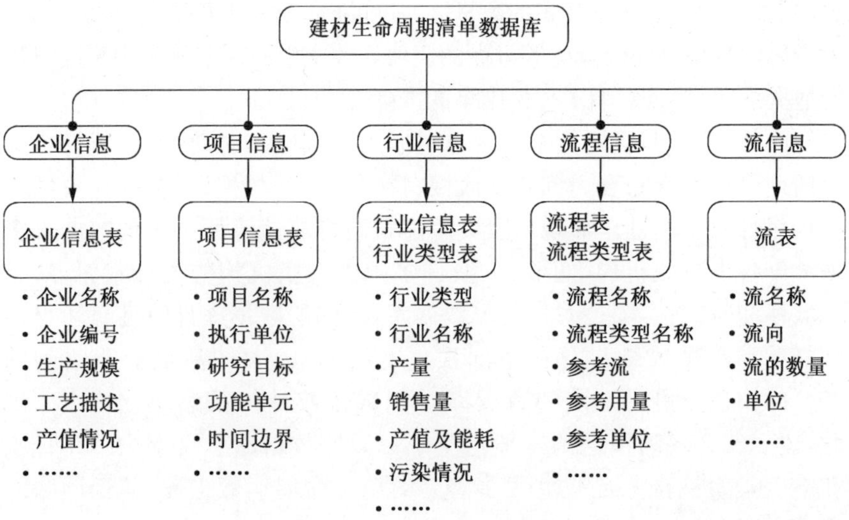

图 3-12　建材生命周期清单数据库结构及信息

资料来源:作者自绘。

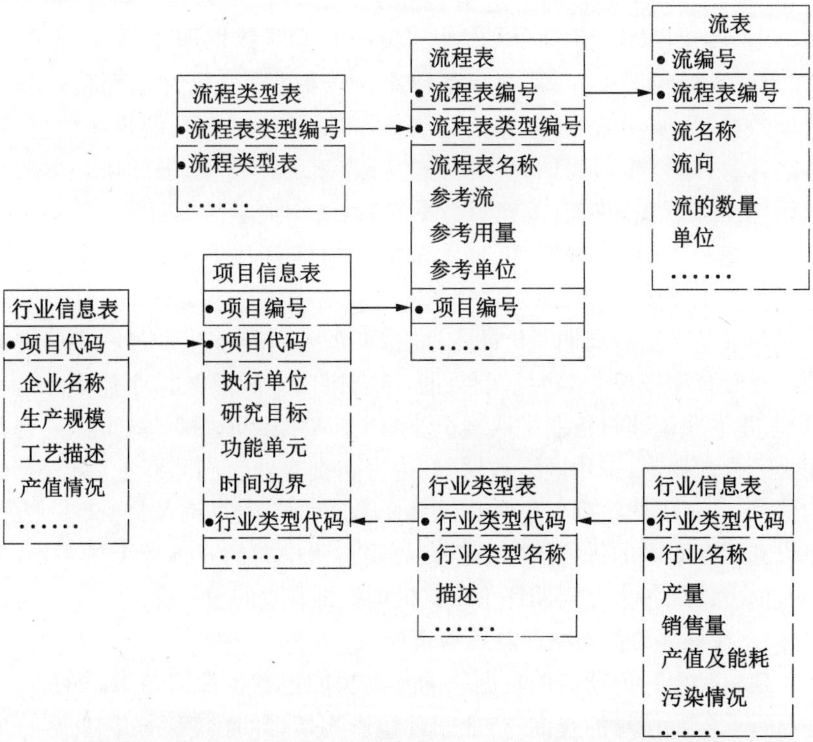

图 3-13　建材生命周期清单数据库各数据表之间的关系

资料来源:作者自绘。

由上图可以实现三项基本功能:① 建材生命周期清单数据查询;② 建材行业宏观信息的查询;③ 建材企业间环境影响指标的比较,为下游企业选择环保型建材提供数据支撑。

2. 生命周期清单的计算与数据库建立

本书以“水泥”的生命周期清单计算为例予以说明,清单分析首先明确研究目的与范围,研究目的是获取作为研究对象的水泥企业各生产线的生命周期清单结果;时间边界为获取相对完整数据的最近年份;系统边界则选取水泥生产工艺中生料制备、熟料煅烧、水泥粉磨这三个工序。生命周期清单定义为生产 1 个功能单位的产品所耗费的原料或能源数量及对外排放的废弃物数量。在确定系统边界之后,设定功能单元为 1 个单位的通用水泥所具有的使用性能,根据实际调研数据计算得到生产单位产品水泥的生命周期清单。

结合调研得到的企业基本信息、生产线描述信息、材料对应的行业状况及对应的流程分类可分别得到关于企业信息、项目信息、行业信息、流程信息的数据表。综合起来可得到由相互关联的多个数据表组成的建材生命周期清单数据库[11]。如图 3-14 所示。

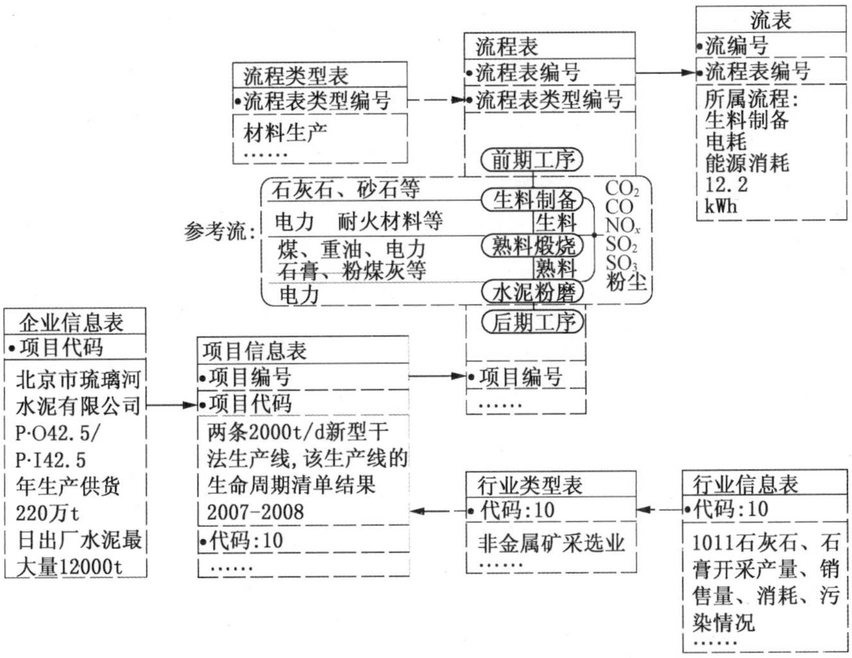

图 3-14 "水泥"的建材生命周期清单数据库

资料来源:作者自绘。

基础数据库框架的建立与"工业化建筑数据信息库"是相辅相成的,两者信息的汇总得出碳排放量。基础数据库框架对工业化建筑数据库的信息提交内容做出具体的、明确的要求。工业化建筑数据库需将附有"建材名称""特定时间""具体生产企业""特定材料生产方式"等属性的清单表提交至基础数据库,从而得到该建材的碳排放系数。

3. *基础数据库升级*

随着工业化建筑领域的发展,与之相关的制造业企业也随之兴起。其中住宅作为量大面广的建筑类型,与住宅产业密切相关的建材、构件、组件、模块生产的制造业企业将迎来新的发展机遇,越来越多制造业企业进入工业化住宅领域将是大势所趋。实际上,制造业进入房地产领域是住宅产业化的重要标志。与住宅建设相关的建材和设备建造企业具有进入工业化住宅领域的天然优势,除了这些企业,也有不少汽车、航空工业、家居制造业凭借先进的产品生产经验,也进入了工业化住宅生产领域。以日本为例,日本三菱重工、做简易房出身的大和、做给排水起家的积水、以电器为主业的松下(PanaHome)等,都进入到工业化住宅生产领域。反观我国住宅工业化的发展,虽然已有了长足的进步,但仍处于起步阶段。住宅部品系列化的程度也较低,目前系列化产品不足 20%,而瑞典新建住宅中通用部品占到 80%。

通用体系是指在各自独立的生产线上生产的部品通过组装建造房屋的一种工业化方法,每个厂商都把自己所生产的产品列在产品目录上,组成通用体系的总目录。各厂商生产的同类产品具有互换性,一个施工企业可以购进各个厂商生产的部品建成房屋。因此也称为互换性部品工业化。在建筑生产领域,建造建筑整体的体系称为总体系,局部的体系称为子体系。不是为特定的建筑,而是任何建筑都可以使用的子体系称作子体系的通用化,将通用化子体系集成而构成的总体系称为通用体系。将子体系通用化的主要目的是抽取多数共通的子体系，使之工业化，各建筑通过选择子体系，可以获得低造价和多样化。在通用部品中，有诸如钉子、小五金等小部品，也有门窗、墙板以至整体卫浴等大的部品。

以“住宅”这一建筑类型为例，随着工业化预制程度的加深，随之带来住宅部品系列化程度也越高，通用部品的应用越来越广泛，为“建材数据库”向“住宅部品数据库”的转变升级提供了可能性，“住宅部品数据库”的建立为建筑生命周期碳排放量的统计工作省略了“建材—部品”环节的繁复计算，使得计算过程简单易操作，计算结果的精确度会大幅提高；同时“住宅部品数据库”的建立实现了住宅部品生产企业间环境影响指标的比较，为下游施工企业选择低碳环保型住宅部品提供可靠的数据支撑。

“住宅部品数据库”的基本功能和结构设计与基础数据库的原理一致。其基础数据来自于典型工业化住宅部品生产企业（例如：万科、远大等）的调研数据，并按生命周期评价方法计算得到生命周期清单数据用于描述具体企业具体生产线在特定时间和特定流程中所消耗的原料、能源数据及流信息等。“住宅部品数据库”信息包括：工业化住宅部品生产企业信息表（特定年份的企业信息）、部品的项目信息表（研究对象的具体信息）、行业信息即上游建材生产端信息表（特定行业的基本信息）、部品生产流程信息表（流程的具体分类）、流信息表（特定流程中的具体流名称及数量）。

“住宅部品数据库”的结构及各表之间的关系，如图 3-15 所示。

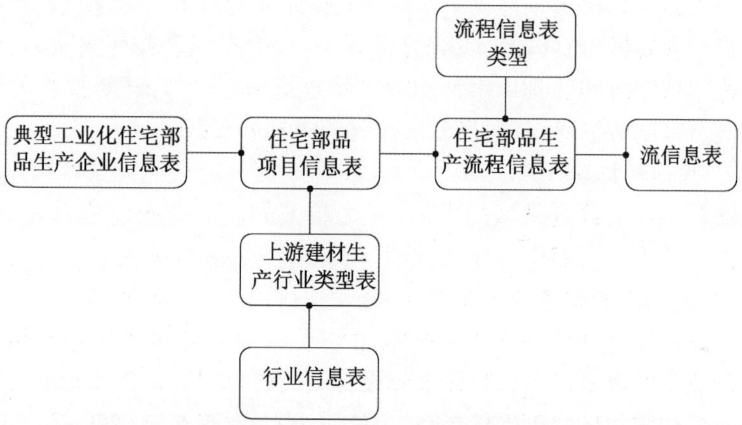

图 3-15 “住宅部品数据库”的结构及各表之间的关系

资料来源：作者自绘。

二、基于 BIM 的工业化建筑数据信息库

现阶段关于建筑基础数据的统计方法大致有两种：第一种是基于施工方案和工程量的统计，主要建筑材料用量的数据来源于工程决算书或造价指标中的“建材、耗能主要消耗量指标”；第二种是基于 BIM（Building Information Modeling，建筑信息模型）的建筑碳排放计算，它与第一种最大的区别是可以随着建筑方案的调整实现碳排放的动态统计，以保证数据信息的时效性，因此本书选用第二种统计方法。

BIM 是在开放的工业标准下对设施的物理和功能特性及其相关的项目生命周期的信息的可计算或可运算的表现形式，从而为决策提供支持，以便更好地实现项目的价值。美国 buildingSMART 联盟主席达纳·D. 史密斯（Dana K. Smith）先生在其 BIM 专著中提出了对 BIM 的通俗理解，他认为 BIM 就是把建筑相关的信息转换成数据来表达其相关的物理功能特性，利用数据知识进行智慧建造、经营建筑的过程。在对BIM众多的定义和解释中，美国的麦克格劳·希尔(McGraw Hill)对BIM的定义最简练，他在其2009年的市场调研报告*The Business Value of BIM*中对BIM的定义是BIM是利用数字模型对项目进行设计、施工和运营的过程中的实体与功能特性的数字化表达[12-13]。

基于传统的建筑工程管理，BIM建模被越来越广泛地提及。它的普及应用不仅仅是在规划设计阶段有助于模型的可视化和信息化，更多的是BIM模型提供了一个信息化的平台，基于此平台，可以满足对于进度管理、成本管理、风险管理以及本文涉及的低碳管理的需求。BIM的建筑碳排放计算，可以为建筑全生命周期碳排放计算提供一种动态的思路，为规划设计阶段碳排放的预测评估提供计算的平台和方法，同时为日后碳排放交易的规范化提供依据，具有重要意义。

BIM系统为建筑全生命周期提供了一个统一的协同工作平台，使得相互之间的信息传递避免了失真和“信息孤岛”。BIM系统具有以下特点：① 信息集成的可计算性，建筑信息模型集成了建筑构件的几何属性、空间关系、构件材料的属性信息、数量信息、供应商信息等，这些丰富的信息之间存在结构关联，结构化的表达使信息能被读取、计算；② 一致性，BIM的信息是动态关联的，一处修改，相关的信息随之自动更改。

BIM技术自身的特点与建筑的生命周期设计具有非常好的匹配度，为解决这些问题提供了前景非常明朗的途径。BIM的核心即为信息，并且是所设计的建筑的实时数据库，任何性能分析信息都可以从中提取并反馈至统一的模型，BIM技术真正超越了计算机辅助绘图(Draw)，体现了计算机辅助设计(Design)的思想。并且，BIM技术在建筑产品的环境影响评价方面也有重要的应用价值。

基于BIM的工业化建筑数据信息库包括三部分：参数库、清单库(明细表清单、数量清单)和运行数据库，下面具体展开阐述。

1. *参数库*

传统建造方式中，面对房屋使用者的承建商是施工单位或总承包商；而工业化建造模式，其产业链构成、工程建设和市场运行模式与传统存在明显差别，面对房屋使用者的承建商是房屋的系统集成商和营销商。集成商和营销商需要基于信息化的管理手段，为工业化建筑产品提供类似“汽车4S店”一样的运行维护和技术支撑。因此，在产业链上，材料供应商、部品制备商、房屋的集成商和营销商成为主角，而物流商、部品营销商、零配件商以及授权的房屋营销商、维护商等都是其中的重要参与者。

在工业化预制装配建筑全生命周期碳排放核算的各个阶段，房屋集成商需分阶段提供碳排放计算所需的基础参数：① 建材开采和生产阶段：材料供应商提供材料参数；② 工厂化生产阶段：生产制备商提供(材料—构件—组件—模块)加工工艺流程及相关工艺参数；③ 物流阶段：物流商和吊装商分别提供运输及吊装参数；④ 装配阶段：吊装商和房屋装配商分别提供吊装及装配流程及相关工艺参数；⑤ 建筑使用和维护更新阶段：维护商提供维护参数，其参数内容可与②③④阶段合并考虑；⑥ 拆卸与回收阶段：(材料、构件、组件、模块)回收商提供相应的回收参数。如图3-16所示。

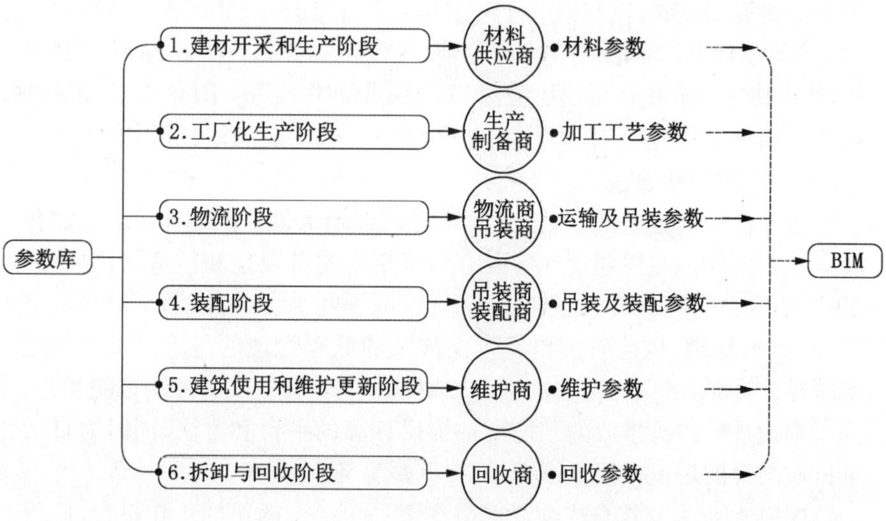

图 3-16 工业化预制装配碳排放计算数据信息库——参数库

资料来源:作者自绘。

在工程项目生命周期中,包括决策、设计、施工、运营、管理等各阶段,各个参与人员都可以根据自己的需求在 BIM 中提取自己所需要的数据来完成各自的任务。与此同时,工业化预制装配建筑生命周期各阶段的参与者(包括材料供应商、生产制备商、物流商等)提供的信息亦可反馈到 BIM 中去,如此使工程中各参与人员通过 BIM 紧密地联系在一起,实现协同工作的目的。

2. 清单库

清单库包括:明细表清单和(材料—构件—组件—模块)数量清单。

(1) 明细表清单

Autodesk Revit 作为支持 BIM 的建模软件,可以为建筑项目提供所需的设计、建筑图纸和构件明细表,Autodesk Revit 软件直接是以建筑构件如门、窗、墙、楼板等的命令对象进行三维虚拟建模,利用 Autodesk Revit 软件建模的同时,同步建立构件明细表,包括构件的几何属性、空间关系等,再将房屋集成商提供的信息反馈到 BIM 模型中,其明细表功能可以反映对所添加的碳排放参数信息,并共同构成明细表清单,还可以将此明细表转成 Excel 表格形式,再结合"基础数据库"得出碳排放因子,从而可以计算得出碳排放量。如图 3-17 所示。

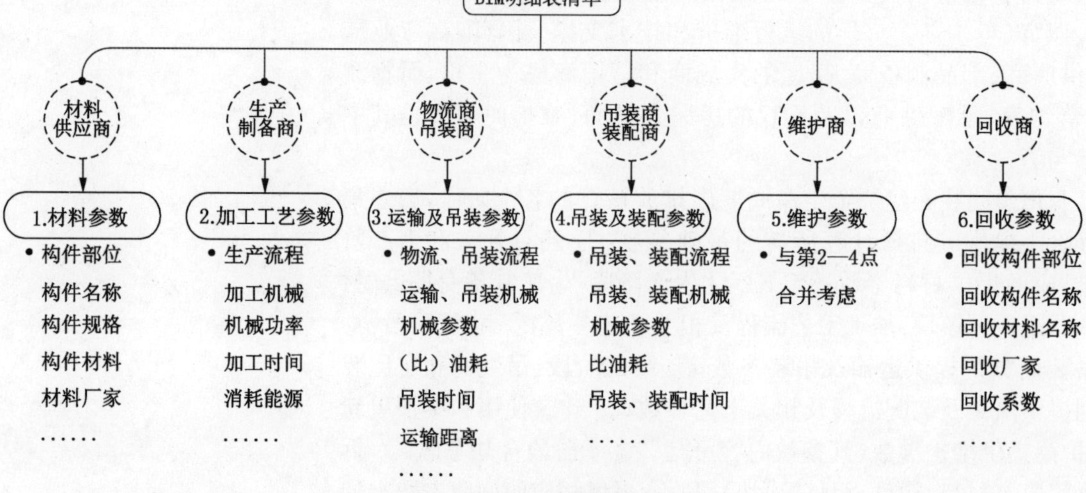

图 3-17 BIM 明细表清单

资料来源:作者自绘。

(2) 数量清单

Autodesk Revit 软件计算工程量是基于软件导出的 ODBC 数据库来实现的，Revit 模型中所有的数据都分类存放于 ODBC 数据中，ODBC 数据与造价软件通过 API 接口联通获取模型中的数据，按照造价软件中定额的工程量计算规则进行计算[14-15]。

本书的工程量清单计算对象不再局限于构件的材料量统计，而是遵循工业化预制装配模式的特点，按照“材料—构件—组件—模块”的集成化程度，有层级化的分别统计材料、构件、组件、模块的数量。另外，如此统计的另一个原因是：工业化建筑的全生命周期各阶段的统计对象是不同的，不再仅仅停留在“材料”层面，如：① 建材开采和生产阶段的研究对象：材料；② 生产阶段的研究对象：材料—构件、构件—组件、组件—模块的过程；③和④物流阶段、装配阶段的研究对象：模块；⑤ 建筑使用和维护更新阶段：构件、组件、模块；⑥ 拆卸与回收阶段：材料、构件、组件、模块。如图 3-18 所示。

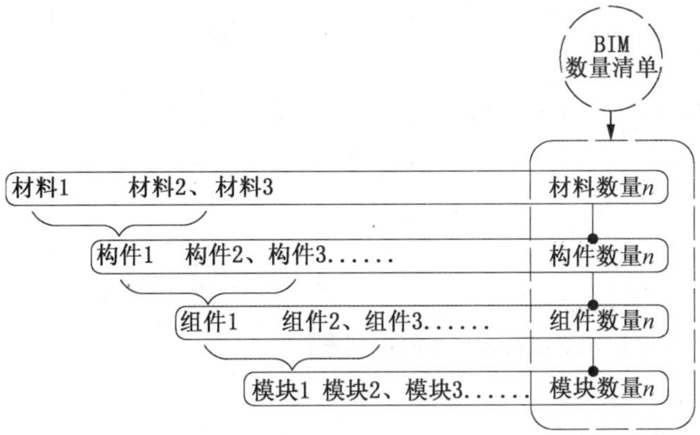

图 3-18 （材料—构件—组件—模块）BIM 数量清单

资料来源：作者自绘。

3. 运行数据库

运行数据库的建立主要针对工业化预制装配建筑全生命周期第 5 阶段中的“建筑使用阶段”，现阶段研究中，该阶段的数据主要有两种来源：第一种来源是实际运行的监测数据或能耗账单(预决算书等)；第二种来源是使用能耗分析软件进行的模拟估算。其中通过实测法获得的数据，需要有比较完备的能耗分析统计系统，同时需要较高的管理水平，才能确保其完整性及准确性。虽然实测法能够反映建筑真实的能耗情况，但统计工作量大，数据收集较困难，且结果因不同使用者的用能习惯不同而有主观差异[16]。第二种来源受到模拟软件的约束，比如各种输入条件对于最后的模拟结果有比较大的影响，但胜在适于建筑方案设计端对碳排放的预测，同时对使用阶段的碳源进行了简化，对碳减排更具指导意义。国内外已有不少模拟计算软件：美国 DOE-2、Energy Plus、BLAST、eQuest，加拿大的 Hot2000，英国的 ESP-r，日本的 HASP，我国的 DEST、PKPM 等。本书选用第二种来源中的 Energy Plus 性能模拟软件。由 Energy Plus 性能模拟软件所提供的运行数据库信息主要包括：空调、采暖和照明、设备等的年能耗。

三、碳排放核算

工业化预制装配建筑碳排放核算的数据来源是基于“基础数据库”和“基于 BIM 的工业化建筑数据信息库”，如图 3-19 所示。而碳排放核算方法是结合工业化预制装配模式特点，从横、纵两方面入手，横向是层级化的研究对象：围绕“材料—构件—组件—模块”展开；纵向分阶段考虑，包括建材开采和生产阶段、工厂化生产阶段、物流阶段、装配阶段、建筑使用和维护更新阶段、拆卸和回收阶段等六个阶段，构建建筑碳排放计算矩阵图表，如图 3-20，表 3-3 所示，从二维角度对碳排放进行分析。在最终进行碳排放计算比较时不只是全生命周期总量的比较，因为每个阶段的特点不同，对整体的影响也不一样，对各阶段都要进行分析。

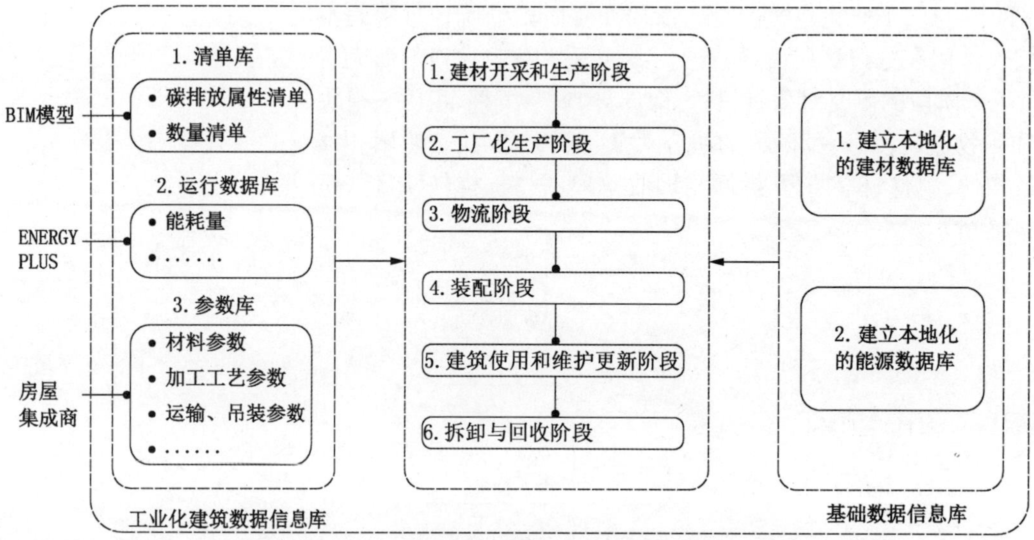

图 3-19　工业化预制装配建筑碳排放核算的数据来源

资料来源：作者自绘。

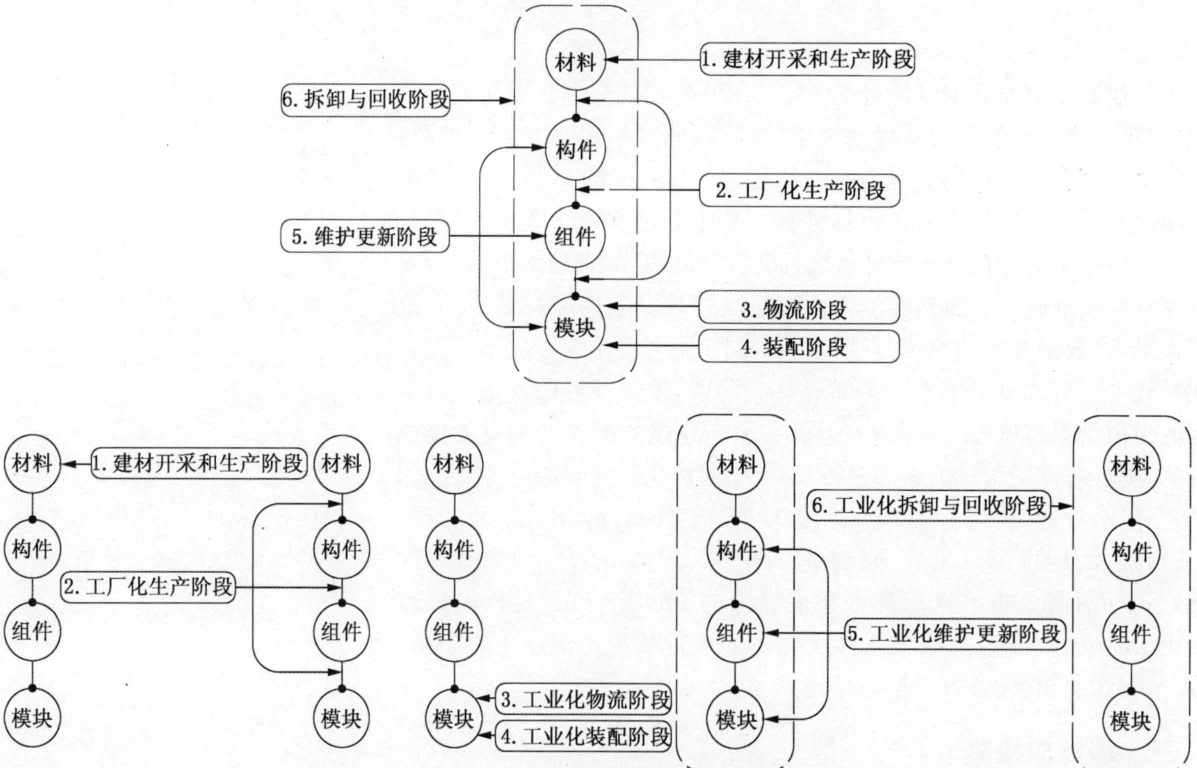

图 3-20　工业化预制装配建筑碳排放计算矩阵图

资料来源：作者自绘。

表 3-3 工业化预制装配建筑碳排放计算矩阵表

阶段		研究对象	碳排放
1	建材开采和生产阶段	材料	建材开采生产耗能及生产工艺带来的碳排放
2	工厂化生产阶段	材料—构件、构件—组件、组件—模块的过程	三步骤加工工艺耗能带来的碳排放
3	物流阶段	模块(或集成化的终端产品)	模块物流耗能带来的碳排放
4	装配阶段	模块(或集成化的终端产品)	模块装配耗能带来的碳排放
5	使用阶段	—	使用阶段耗能带来的碳排放
	维护更新阶段	构件、组件、模块	构件、组件、模块的维护、更新、置换耗能带来的碳排放
6	拆卸和回收阶段	材料、构件、组件、模块	材料、构件、组件、模块的拆卸与回收耗能带来的碳排放

资料来源:作者自绘。

工业化预制装配建筑全生命周期碳排放计算公式(3-1):

$$P = P_1 + P_2 + P_3 + P_4 + P_5 + P_6 \tag{3-1}$$

式中:

P——工业化建筑全生命周期的总碳排放量,t;

P_1——建材开采和生产阶段的碳排放量,t;

P_2——工厂化生产阶段的碳排放量,t;

P_3——物流阶段的碳排放量,t;

P_4——装配阶段的碳排放量,t;

P_5——建筑使用和维护更新阶段的碳排放量,t;

P_6——拆卸和回收阶段的碳排放量,t。

1. 建材开采和生产阶段

建材开采和生产阶段碳排放的计算对象是“材料”,与传统建造方式下该阶段的计算方法相类似,其基本原理是以

碳排放量=活动数据×碳排放因子

为基础,见公式(3-2)所示。

P_1 的计算公式(3-2):

$$P_1 = \sum_c (V_c \times Q_c) \tag{3-2}$$

式中:

V_c——第 c 种建材的碳排放因子,t/t、t/m²、t/m³;

Q_c——第 c 种建材用量,t、m²、m³。

计算步骤:结构关系如图 3-21 所示。

① 通过 Autodesk Revit 软件生成关于工业化建筑的数据信息,信息内容集合了构件材料的名称、构件的几何属性(规格、尺寸)、构件的空间关系(构件部位的层级关系)等;再由参数库(材料供应商)提供相应的构

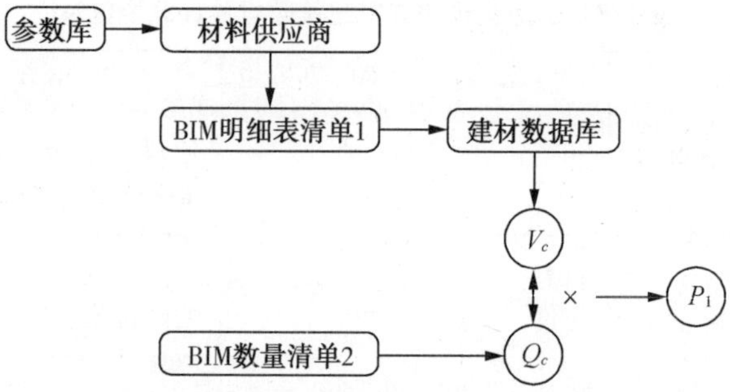

图 3-21 建材开采生产阶段——碳排放计算步骤结构关系图

资料来源:作者自绘。

件材料参数,包括材料来源、厂家信息、材料生产方式等,两部分共同构成 P_1 阶段建材属性的 BIM 明细表清单 1,如表 3-4 所示。

表 3-4 建材开采和生产阶段——BIM 明细表清单 1

(以"铝合金型材"为例说明)

构件参数						材料参数			
构件部位			构件名称	构件规格、尺寸/mm	构件数量	构件的材料名称	材料密度/(t/m³)	构件重量 Q_c/t	材料厂家信息
	模块	组件							
结构体	基础	基础框架	铝型材构件	8 080W×2 740	9	铝型材	2.70 (7.06 kg/m)	0.17	上海比迪 APS 工业铝型材配件有限公司
				8 080 W×1 940	6			0.08	
				8 080 W×2 000	6			0.08	
				8 080 W×6 000	4			0.17	

注:构件参数由 Autodesk Revit 软件提供的信息,材料参数由参数库(材料供应商)提供。

资料来源:作者自绘。

② 将 BIM 明细表清单 1 代入基础数据库,查询得出第 c 种建材的碳排放系数 V_c。

③ 通过 Autodesk Revit 软件得到第 c 种建材用量 Q_c,由此生成关于建材数量的 BIM 数量清单 2。

④ 得到 V_c、Q_c,通过公式(3-2)计算出 P_1。

2. 工厂化生产阶段

"像造汽车一样造房子"这个比喻让人想起工厂、车间、流水线,这对现今中国仍然是在工地现场用砖瓦垒起来的建筑来说是一场革命,这将改变中国庞大的建筑行业的运作方式。预制装配建筑的工厂化生产不仅可以提高质量、加快建造速度,还可以节约资源,并更好地减排。以"上海万科新里程项目"为例,其预制化率为 36.85%,其建造过程中总的碳排放量为 296.2 kg CO_2/m^2;若按传统的建造方式,则为 346.7 kg CO_2/m^2,实现碳减排 14.6%。而中国香港地区同类预制混凝土住宅的预制比率在 45%～50%,日本则要求全套住宅建造过程中的 2/3 或以上在工厂完成,包括主要结构部件均为工厂生产的规格化部件,85%以上的高层集合住宅都不同程度地使用了预制构件。因此可见随着工厂预制化程度的深入,碳减排还有较大的提升空间[17]。

采用装配式的工业化建造技术,随着集成化程度的不同,将绝大部分节点、连接件和构件、组件甚至模块在工厂工业化预制,现场采用流程化、工法式的连接、安装技术,不同于传统的建造方式。工厂化生产阶段只是原先传统施工阶段其中的一部分,它的研究对象不再是"建材"本身,而是以每个具有独立功能的构件、组件甚至是模块作为研究对象。

传统建造方式下，对于施工阶段的清单计算主要有四种方法：投入产出法[18]、施工程序能耗估算法[19-20]、现场能耗实测法[21]、预决算书估算法[22]。

工业化预制装配模式下工厂化生产阶段碳排放计算公式原则是达到建筑方案设计端对碳排放预估的程度，其计算原理与施工程序能耗估算法一致，统计由“材料—构件”“构件—组件”“组件—模块”每个生产加工环节所发生的能耗，根据能源的碳排放系数计算出碳排放量。由于采用工厂化流水线的操作方式，对于构件、组件、模块的加工流程和机械使用情况是有明确规定的，并有精确数据可以查询，为碳排放计算提供了充分的数据支持。

工厂化生产阶段碳排放是指可集成化的构件、组件、模块在工厂阶段的生产、制造、加工、搬运过程中由于消耗能源及生产工艺引起的化学变化所导致的碳排放。

P_2 的计算公式(3-3)：

$$P_2=\sum_g(W_g\times Y_g)+\sum_z(W_z\times Y_z)+\sum_m(W_m\times Y_m) \quad (3-3)$$

式中：

W_g——第 g 种构件(由材料—构件过程)施工工艺的碳排放量，t；

W_z——第 z 种组件(由构件—组件过程)施工工艺的碳排放量，t；

W_m——第 m 种模块(由组件—模块过程)施工工艺的碳排放量，t；

Y_g——第 g 种构件的数量，个；

Y_z——第 z 种组件的数量，个；

Y_m——第 m 种模块的数量，个。

计算公式说明：

传统施工阶段该部分的计算公式，其计算原理有以下两种：

第一种 “能源用量×能源碳排放系数”；

第二种 “施工工艺的工程量×施工工艺完成单位工程量的碳排放量”。

其中第二种计算原理，称之为生产线直接能耗统计法，这种方法是对每种建筑材料的每个建材生产商的生产线进行跟踪，统计每个生产环节所发生的能耗，根据能源的碳排放系数计算其碳排放量，但这种方法统计过程对于传统现场施工的操作模式过于繁琐，实施成本也较大。因此普遍使用第一种计算原理。

P_2 的计算公式与传统计算方式的不同：

① 沿用传统计算原理中的第二种，工业化预制装配模式中的工厂化流水线生产取代传统的现场施工方式，使原先过于繁琐的统计过程变得清晰明确，体现了工业化建造模式的特点和优势。

② 基于传统计算原理，在此基础上对研究对象做出调整，由“施工工艺”转向“构件、组件、模块”，原因有二：一是体现工厂化生产阶段的生产对象的集成化程度；二是通过分层级的统计，使碳排放计算结果更加细化，可有效地溯本求源，便于在建筑设计前端达到预估碳排放量目的的同时有针对性地改进和完善设计方案，从而达到低碳减排的目的。

计算步骤：结构关系如图 3-22 所示。

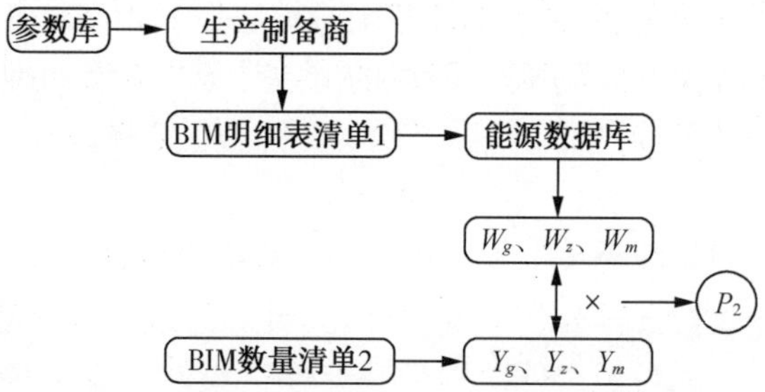

图 3-22 工厂化生产阶段——碳排放计算步骤结构关系图

资料来源：作者自绘。

① 由参数库（构件、组件、模块生产厂商）提供相应的加工工艺流程及分流程的各项参数信息，包括加工机械的名称、型号、功率，以及加工时间、耗能名称等，由此生成 P_2 阶段的 BIM 明细表清单 1，如表 3-5 所示。

表 3-5 工厂化生产阶段——BIM 明细表清单 1

（以“外墙铝板构件”为例说明）

构件名称	构件部位	构件加工工艺流程	加工机械参数					加工时间 T_d/h	耗能名称
			名称	型号	功率 P_d（kW）	其他参数			
铝板构件	围护体构件	开卷	开卷机	HD-TQ44K -6×2000	55	机组最高线速度/(m/min)	25	0.002	电能
		剪板	数控液压摆式剪板机	QC12K-4×4000	7.5	剪切次数/(次/min)	20	0.016	电能
		雕刻	福洛德 2035 铝板切割机	SN09091821	10	雕刻速度/(m/min)	1.5—3	0.001	电能
		冲床	开式可倾压力机	J23-40	3	滑块行程/(次/min)	55	0.210	电能
		折弯	数控液压板料折弯机	WC67K-160T-6000	15	行程次数/(m/min)	7	0.016	电能

注：信息由 Autodesk Revit 软件和参数库（生产制备商）提供。

资料来源：作者自绘。

从而计算出

$$\text{施工工艺的耗能量} = \sum\nolimits_d (T_d \times P_d) \quad \text{单位：(kWh)}$$

或

$$\text{施工工艺的耗能量} = \sum\nolimits_y (T_y \times P_y) \quad \text{单位：(t)}$$

式中：

前一公式适用于耗电机械加工，后一公式适用于其他能源机械加工；

T_d——第 d 种施工工艺，第 g,z,m 种（构件、组件、模块）的加工时间，h；

P_d——第 d 种施工工艺所使用机械的额定功率，kW；

T_y——第 y 种施工工艺，第 g,z,m 种（构件、组件、模块）的加工时间，h；

P_y——第 y 种施工工艺单位时间的能源消耗量，t/h。

② 将 BIM 明细表清单 1 的能耗种类信息，代入基础能源数据库查询

对应能耗的单位碳排放量，与①中的施工工艺的耗能量相乘，得到 W_g、W_z、W_m，如公式(3-4)、公式(3-5) 所示：

$$W_g、W_z、W_m = \sum_d (T_d \times P_d \times E_e) \tag{3-4}$$

或

$$W_g,W_z,W_m = \sum_y (T_y \times P_y \times E_y) \tag{3-5}$$

式中：

E_e——电力碳排放系数，t/kWh；

E_y——第 y 种施工工艺的能源碳排放系数，主要是煤炭、油类、天然气，t/t。

③ 通过 Autodesk Revit 软件得到第 g 种构件、第 z 种组件、第 m 种模块的数量 Y_g、Y_z、Y_m，由此生成 BIM 数量清单 2。

④ 得到 W_g、W_z、W_m、Y_g、Y_z、Y_m，通过公式(3-3)计算出 P_2。

3. 物流阶段

工业化预制装配建筑的物流体系是指工业化产品流通过程中生产制造建筑产品及分销商、零售商和配送集团等所构成的链状结构或网络结构的体系。它可以使建筑产品在工业化方式生产出来后尽快应用到实际工程中，减少库存和损耗，并保证各产品间的标准协调。产品流通供配体系是建筑产业发展的必然趋势。目前由于我国产业化水平较低，通用产品的起步较晚，流通供配体系的研究和应用还较为落后，不能满足未来建筑产业化消费的需求，并且由于建筑产品重量、体积等相差较大，种类标准繁多，又分属不同的行业，这是工业化物流与传统建材运输最大的区别。

不同于传统建造方式，物流阶段是原先传统现场施工阶段其中的一部分，相较于传统的建材运输，工业化预制装配建筑的物流体系更接近于商品物流的模式，运输的不再是零散的建筑原材料，而是具有独立功能的“模块”，即集成化程度最高阶段的产物，因此也有可能是构件或组件，没有严格的限定。

物流阶段在由工厂到现场的过程又可细分为三个阶段：① 将工业化模块由工厂的堆放场地吊装至专用运输车辆，即一次垂直运输；② 用专用运输车辆将工业化模块运至施工现场，即水平运输；③ 将工业化模块由专用运输车辆吊装至施工现场堆放场地的二次搬运，即二次垂直运输。其中①、③ 是工业化预制装配建筑物流阶段的特色，传统的施工建造方式没有该环节。

P_3 的计算公式(3-6)：

$$P_3 = P_{ver} + P_{lev} + P_{2ver} \tag{3-6}$$

式中：

P_{ver}——一次垂直运输的碳排放量，t；

P_{lev}——水平运输的碳排放量，t；

P_{2ver}——二次垂直运输的碳排放量，t。

P_{ver}的计算公式(3-7)：

$$P_{ver} = \sum_m (D_m \times Y_m) \tag{3-7}$$

式中：

D_m——第 m 种模块吊装的碳排放量，t；

Y_m——第 m 种模块的数量，个。

P_{lev}的计算公式(3-8)：

$$P_{lev} = \sum_m (L_m \times Y_m) \tag{3-8}$$

式中：

L_m——第 m 种模块运输的碳排放量，t；

Y_m——第 m 种模块的数量，个。

P_{2ver}的计算公式(3-9)：

二次垂直运输是一次垂直运输的逆过程，即

$$P_{2ver} = P_{ver} \tag{3-9}$$

计算公式说明：

① 运输对象的改变：由于工业化建造方式的改变，运输对象由“建筑原材料”转变为“模块”，而由于模块隶属于包括结构体、(内、外)围护体、设备体等在内不同的功能体系，模块的重量、体积相差较大；同时模块也分属不同行业，因此对物流的各个环节都需要严格的规定。

② 运输环节的分解：将传统的运输环节分解为三部分：吊装—运输—二次吊装，每个环节都对吊装、运输车辆的规格、尺寸提出明确、具体的要求，这与模块的规格、尺寸、重量密切相关。

③ ①、②中运输对象的改变及运输环节的分解，使得碳排放计算结果更为精确，便于设计前端对碳排放量的预估，但同时也提出了更高的要求，需要对模块物流阶段的全过程做出详尽的前期部署，包括水平、垂直运输车辆规格型号的选择、台班数的确定、运输路线的安排等，只有细化到每个具体环节才能保证碳排放量计算的精确度，为低碳减排提供操作可能，从而真正达到减排的目的。

计算步骤：结构关系如图 3-23 所示。

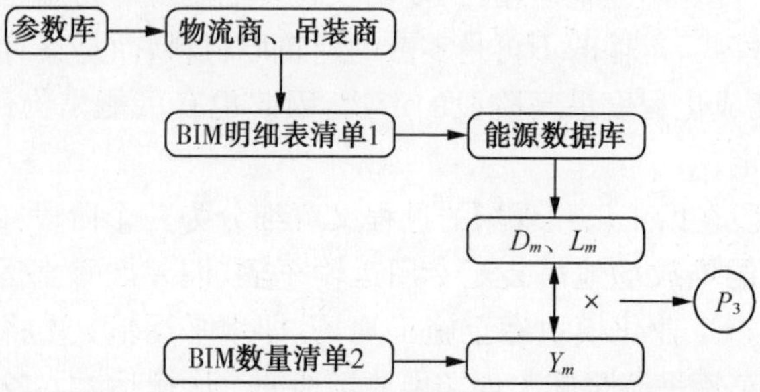

图 3-23　物流阶段——碳排放计算步骤结构关系图

资料来源：作者自绘。

① 通过 Autodesk Revit 软件生成关于工业化建筑的数据信息，信息内容集合了模块部位、名称、属性等；再由参数库(吊装商、物流商)提供相应的物流流程和吊装流程以及分流程的各项参数信息，包括吊装阶段的吊装流程、吊装机械参数(名称、型号、额定功率、比油耗)、吊装时间、耗能名称等；运输阶段的运输流程、运输机械参数(名称、型号、百公里耗油量)、运输距离、耗能名称等；由此生成 P_3 阶段的 BIM 明细表清单 1，如表 3-6 所示，计算出模块吊装、运输的耗能量。

吊装耗能量 $= \sum_v (GE_v \times P_v \times T_v)$　单位：(g)

式中：

GE_v——第 v 种吊装机械的比油耗，g/kWh；

P_v——第 v 种吊装机械的额定功率，kW；

T_v——第 v 种吊装机械，第 m 种模块的吊装时间，h。

运输耗能量 $= \sum_s (Q_m \times H_s \times L_s/100)$　单位：(L)

式中：

Q_m——第 m 种模块的质量，t；

H_s——第 s 种水平运输机械，每运载 1 t 货物 100 km 耗油量，L/(t·100 km)；

L_s——第 s 种水平运输机械的运输距离，km。

表 3-6　物流阶段——BIM 明细表清单 1

（以某实例中的“主体模块”为例说明）

(1) 一次垂直运输 P_{ver}：											
构件参数				吊装参数							
模块部位	模块名称	模块参数		吊装流程	吊装机械参数					吊装时间 T_v/h	耗能名称
		重量/t	尺寸/m		名称	型号	额定起重/t	额定功率 P_v/kW	比油耗 GE_v /g/(kWh)		
结构围护	主体模块	4.15	6×3×3	工厂—运输车	龙工叉车	LG70DT	7	81	231	1/4	柴油
(2) 水平运输 P_{lev}：											
构件参数				运输参数							
模块部位	模块名称	模块参数		运输流程	运输机械参数					运输距离 L_s /km	耗能名称
		重量 Q_m /t	尺寸/m		名称	型号	额定载重/t	货箱尺寸/m	百公里耗油量 H_s /L/(t·100 km)		
结构围护	主体模块	4.15	6×3×3	工厂—现场	凯马货车	骏驰4800	10	6.2×2.3×0.5	28.6	43	柴油
(3) 二次垂直运输 $P_{2ver}=P_{ver}$											

注：构件参数由 Autodesk Revit 软件提供的信息，吊装参数由参数库（吊装商、物流商）提供。

资料来源：作者自绘。

② 将 BIM 明细表清单 1 的能耗种类信息，代入基础能源数据库查询对应能耗的密度及单位碳排放量，与①中的吊装、运输的耗能量相乘，得到 D_m、L_m，见公式(3-10)、公式(3-11)所示。

D_m 的计算公式(3-10)：

$$D_m = \sum_v (GE_v \times P_v \times T_v / \rho_v \times E_v) \tag{3-10}$$

式中：

P_v——第 v 种垂直运输（吊装）机械的耗能密度，g/L；

E_v——第 v 种垂直运输（吊装）机械的耗能碳排放系数，t/L。

L_m 的计算公式(3-11)：

$$L_m = \sum_s (Q_m \times H_s \times L_s \times E_s / 100) \tag{3-11}$$

式中：

E_s——第 s 种水平运输机械的耗能碳排放系数，t/L。

③ 通过 Autodesk Revit 软件得到第 m 种模块的数量 Y_m，由此生成

BIM 数量清单 2。

④ 得到 D_m、L_m、Y_m，通过公式(3-6)至公式(3-9)计算出 P_3。

$$P_3 = \sum_m (D_m + L_m) \times Y_m$$

4. 装配阶段

工业化装配即采用专业设备进行机械化的现场装配，并采用标准化的工艺处理好连接部位，最后形成预定功能的建筑产品。工业化现场装配阶段按照装配流程可以划分为两个部分："吊装"和"装配连接"。而吊装与装配连接的对象，即该阶段的碳排放研究对象，同工业化物流阶段，是具有独立功能的"模块"，即集成化程度最高阶段的产物，因此也有可能是构件或组件，没有严格的限定。

目前我国建筑结构的主要形式是钢筋混凝土，现阶段其装配式建筑技术路线是水平构件(梁、柱、楼板等)叠合，竖向构件(剪力墙等)现浇，外围护构件(外墙板)外挂的技术形式。而轻型结构，如轻钢结构、木结构等更适宜装配式施工。对于钢筋混凝土类的重型结构，其集成化程度最高阶段的产物一般是"组件"；而对于轻型结构，可以到"模块"的程度。

对于"吊装"部分，将工业化模块由施工现场堆放场地吊装至指定位置。现阶段传统通用的施工设备与工业化装配式施工的要求有一定的差距。需要开发专用高精度、运动速度可调节范围大的起重机和各类适用于不同类型预制件的吊运夹具；开发便于快速安装固定的预制连接件和支撑设备；引入手持式电动设备方便工人现场的安装和拆卸作业。

对于"装配连接"部分，预制件的装配连接方式可分为湿式连接和干式连接，湿式连接指连接节点或接缝需要支模及现浇筑混凝土或砂浆(主要适用于预制混凝土结构)；干式连接则指采用焊接、栓接连接预制件(适用于预制装配式建筑的所有材料结构类型)。其中湿式连接中建筑材料生产和施工机械设备耗能所导致的碳排放相比较于工厂化生产阶段的碳排放影响可以忽略不计，干式连接的碳排放主要来自于机械设备耗电。

P_4 的计算公式(3-12)：

$$P_4 = \sum_m (A_m \times Y_m) \tag{3-12}$$

式中：

A_m——第 m 种模块装配的碳排放量，t；

Y_m——第 m 种模块的数量，个。

A_m 的计算公式(3-13)：

$$A_m = D_m + Z_m \tag{3-13}$$

式中：

D_m——第 m 种模块吊装的碳排放量，t，同物流阶段的 D_m；

Z_m——第 m 种模块装配连接的碳排放量，t。

计算公式说明：

对于模块装配连接部分的碳排放，该部分对应的传统建造方式下的计算公式原理是：施工期间每日耗电量×施工天数×电能碳排放系数。

该方法过于笼统，源于传统现场建造方式的局限性，施工现场过于复杂，使得分项电耗数据提取困难；而采用工业化预制装配模式，由于绝大部分模块、组件、构件甚至节点和连接件都是在工厂工业化预制，现场采用流程化、工法化的连接、安装技术，这为装配连接部分的分项统计电耗数据提供了有力的技术支持和保障。依照装配流程、分不同模块（组件或构件）对采用不同装配机械的连接节点进行分项统计，包括连接单位节点的时间、连接方式的数量以及采用该连接方式的装配机械的功率，相乘得到总耗电量，再与电能碳排放系数相乘，计算得到碳排放量。

计算步骤：结构关系如图 3-24 所示。

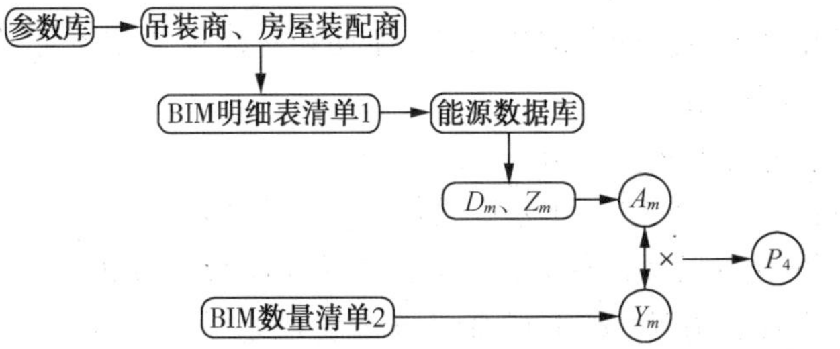

图 3-24　工业化装配阶段——碳排放计算步骤结构关系图

资料来源：作者自绘。

① 由吊装商、房屋装配商提供相应的吊装流程和装配连接流程以及分流程的各项参数信息，包括吊装阶段的吊装机械的额定功率、比油耗、吊装时间等（同工业化物流的 D_m）；装配连接阶段的装配机械名称、型号、额定功率，连接单位节点的时间、连接节点的个数、耗能名称等；由此生成 P_4 阶段的 BIM 明细表清单 1，如表 3-7 所示，计算出模块吊装、装配的耗能量。

吊装耗能量 $= \sum_v (GE_v \times P_v \times T_v)$　单位：(g)

装配连接耗能量 $= \sum_j (Q_j \times P_j \times T_j)$　单位：(kWh)

式中：

Q_j—— 第 j 种连接方式，连接节点的个数；

P_j—— 第 j 种连接方式，装配机械的额定功率，kW；

T_j—— 第 j 种连接方式，连接单位节点的时间，h。

表 3-7　装配阶段——BIM 明细表清单 1

（以某实例中的“主体模块”为例说明）

(1) 吊装（同物流阶段的 D_m，此处不再赘述）								
(2) 装配连接								
模块部位	模块名称	装配流程	装配机械参数			连接单位节点的时间 T_j/h	连接节点的个数 Q_j	耗能名称
			名称	型号	额定功率 P_j/kW			
结构围护	主体模块	模块与基础滑轨螺栓连接	电动扳手	P18-FF-12	0.3	2/3600	16	电能

注：信息由 Autodesk Revit 软件和参数库（吊装商、房屋装配商）提供。

资料来源：作者自绘。

② 将 BIM 明细表清单 1 的能耗种类信息，代入基础能源数据库查询对应能耗的单位碳排放量，与①中的吊装、装配的耗能量相乘，得到 D_m、Z_m。

D_m 的计算公式见(3-10)所示。

Z_m 的计算公式(3-14)：

$$Z_m = \sum_j (Q_j \times P_j \times T_j \times E_e) \quad (3\text{-}14)$$

式中：

E_e ——电力碳排放系数，t/kWh；

③ 通过 Autodesk Revit 软件得到第 m 种模块的数量 Y_m，由此生成 BIM 数量清单 2。

④ 得到 A_m、Y_m，通过公式(3-12)计算出 P_4。

5. 使用和维护更新阶段

使用和维护更新阶段碳排放包括两部分：建筑使用阶段碳排放和维护更新阶段碳排放。

(1) 建筑使用阶段：其碳排放数据主要有两种来源：一是实际运行的监测数据，二是使用能耗分析软件进行模拟估算。其中，实际运行的监测数据可采用三种计算方法：基于宏观统计数据分析法、基于各类建筑能耗强度计算方法、基于建筑终端设备用电计算方法[23]。通过实测法获得的数据，需要有比较完备的能耗分项统计系统，同时需要较高的管理水平，才能确保其完整及准确性。虽然实测法能够反映建筑真实的能耗情况，但统计工作量大，数据收集较困难，且结果因不同使用者的用能习惯不同而有主观差异，最重要的是无法在设计阶段预估该阶段的碳排放量。因此本书采用 Energy Plus 能耗分析软件进行模拟估算，在设计阶段获取相关能耗数据，进而通过公式计算得到碳排放量；同时在原有计算原理的基础上进一步细化，使计算模型具有更强的可操作性。

(2) 维护更新阶段：在建筑运行中，因部分材料或构件达到自然寿命(结构、围护、设备不同体系，不同的自然寿命)需要对其进行维护或更新。考虑到建筑维护修缮频数低，持续时间短等特点，假定建筑的主体材料和构件在设计基准期内都满足其功能，进行维护或更新的只是自然寿命比较短的围护体部分(包括外墙、门窗等)或是功能改变的需要对设备体部分做出的更换[24]。维护更新阶段碳排放是指构件、组件、模块在功能置换的过程中，工厂化生产、物流、装配三阶段产生的碳排放，该阶段可以与 P_2、P_3、P_4 合并考虑。

P_5 的计算公式(3-15)：

$$P_5 = P_{use} + P_{upd} \quad (3\text{-}15)$$

式中：

P_{use}——建筑使用阶段的碳排放量，t；

P_{upd}——维护更新阶段的碳排放量，t。

P_{use} 的计算公式(3-16)：

$$P_{use} = (P_{CH} + P_I) \times N \times \theta \times \mu \quad (3\text{-}16)$$

式中：

P_{CH} ——采暖和空调能耗产生的碳排放量，t；

P_I ——照明、设备能耗产生的碳排放量，t；

N ——建筑物的使用年限；

θ——减排修正系数；

μ——时间加权因子，取 0.745；参见评价功能单位。

P_{CH} 的计算公式 (3-17)：

$$P_{CH}=\frac{E_{CY}}{\eta_C}\times E_e+\frac{E_{HY}}{\eta_H}\times\frac{1}{R_m}\times E_m \tag{3-17}$$

式中：

E_{CY}——建筑物年总冷负荷，kWh；①

η_C——空调设备效率，EER；②

E_e——电力碳排放系数，t/kWh；

E_{HY}——建筑物年总热负荷，kWh；①

η_H——采暖设备系统效率；③

R_m——标煤的燃烧热值(取 29306 kJ/kg)；

E_m——标煤的碳排放系数(取 2.69 kg/kg)。

P_I的计算公式(3-18)：

$$P_I=(E_{IY}+E_{EY})\times F\times E_e \tag{3-18}$$

式中：

E_{IY}——建筑物年总照明耗电量，kWh；①

E_{EY}——建筑物年总设备耗电量，kWh；①

F——节能设施的修正系数；

E_e——电力碳排放系数，t/kWh。

注：

① 1 kWh=3 600 kJ，1 TJ=10^3 GJ=10^6 MJ =10^9 kJ=10^{12} J。

② 能效比是额定制冷量与额定功耗的比值，分为两种，分别是制冷能效比 EER 和制热能效比 COP，根据《房间空气调节器能效限定值及能源等级》(GB 12021.3—2010)，能效比 3.40 以上的都属于一级产品，3.20—3.40 的属于二级，3.00—3.20 的属于三级。

③ 根据《严寒和寒冷地区居住建筑节能设计和标准》(JGJ26—2010)，5.2.5 室外管网输送效率，取 0.92。

P_{upd}的计算公式：(该阶段可以与 P_2、P_3、P_4 合并考虑)

计算步骤：结构关系如图 3-25、图 3-26 所示。

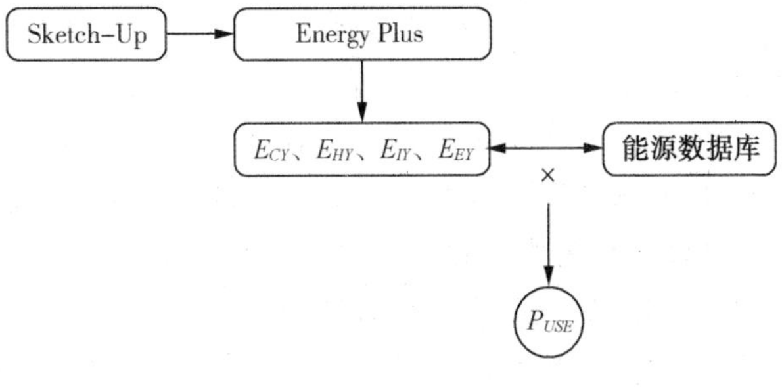

图 3-25 建筑使用阶段——碳排放计算步骤结构关系图

资料来源：作者自绘。

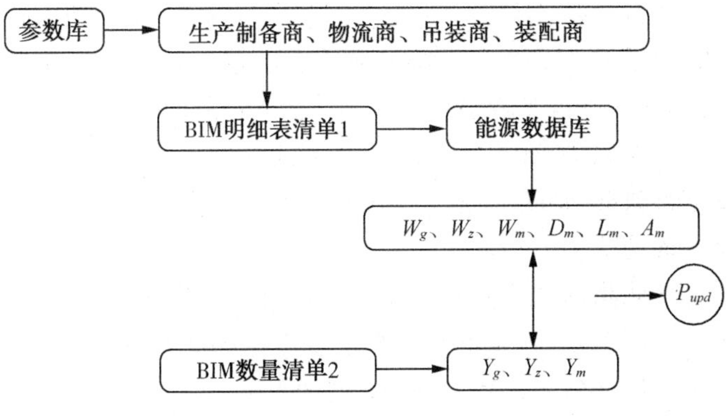

图 3-26 建筑维护更新阶段——碳排放计算步骤结构关系图

资料来源：作者自绘。

① 在建筑方案设计阶段，通过 Sketch-Up 建模软件得到简易模型，由插件导入 Energy Plus 性能分析软件，对建筑性能进行精细化控制和量化分析，通过改变耗能、产能、蓄能三方面的参数优化设计建筑的各个系统，根据模拟结果协同推进建筑方案设计进程，最终得到 E_{CY}、E_{HY}、E_{IY}、E_{EY}四个参数。

② 将能耗种类信息，代入基础能源数据库查询对应能耗的热燃烧值及单位碳排放量，与①中的耗能量相乘，通过公式(3-16)计算得到 P_{use}。

6. 拆卸和回收阶段

建筑拆卸和回收阶段主要的能耗来自于施工机械设备的电耗和其他燃料的消耗，运输工具的能耗以及废弃物处理、回收过程中的能耗等，碳排放也主要来自于上述能源消耗。传统建造方式下，和建筑施工阶段一样，拆卸和回收阶段的实际能耗不易获得，并且以往的案例很少真正涉及拆除阶段。而工业化预制装配建筑因为其自身的建造模式特点以及借助 BIM 这一信息化平台，为工业化拆卸和回收阶段碳排放量的预估提供了技术支撑，有助于计算模型的可视化和信息化。

拆卸和回收阶段包括三个部分。① 拆卸阶段，该阶段碳排放来自于各种拆卸工法与拆卸机具的能耗，由于采用预制装配模式，工业化拆卸过程可视为“工业化装配阶段 P_4”的逆过程，有研究表明，建筑在拆除阶段的能源消耗大约占到施工过程能耗的 90%[25]，可以根据这一比例进行估算，即“工业化拆卸阶段的碳排放量$=P_4\times 90\%$”。② 拆卸物运输阶段，该拆卸物的形式是多元的，可以是建材，或是构件、组件，甚至是模块。其中对于不可回收部分，该阶段的碳排放量主要来自废旧部分运往垃圾处置场过程中的碳排放；对于可回收的部分，则要考虑将该部分运输至(再生产)工厂过程中的碳排放。而在碳排放计算中，为简化计算过程并达到预估的目的，可将该部分视作“工业化物流阶段 P_3”的逆过程，即“拆卸物运输阶段的碳排放量$=P_3\times 90\%$”。③ 回收阶段，该阶段的研究对象除了传统建造模式下的材料再生利用、循环再利用，还包括构件、组件或是模块的再循环、再利用。

对于拆卸物考虑了填埋、再利用和再循环三种不同处置方式[26]，拆卸物若进行填埋，除运输外不涉及其他能耗；对拆卸物进行再利用，相当于减少了与原材料开采和生产相关的能源与物料投入，故可回收蕴含在建材中的全部内含能，但从建筑全生命周期角度分析，可能会增加建筑的部分维护能耗；若对拆卸物进行再循环处置，可以减少原材料的内含能，但也会增加废弃物的处理能耗，准确评估拆卸物回收利用的能源效益是一项异常复杂的研究，本书采取简化处理：扣除拆卸物再利用增加的维护能耗后，再利用方式处置拆卸物所获得的能量效益为该建材内含能的 30%；扣除再循环中的处理能耗后，再循环处置拆卸物所获得的能耗效益为该建材内含能的 20%[27-28]。即采取再利用方式相当于减少了使用全新建材的碳排放的 30%，同理采取再循环方式相当于减少了使用全新建材的碳排放的 20%。

而由于工业化预制装配模式在工厂阶段集成化的生产方式，因此拆卸物中可再利用部分，即在基本不改变制品的原貌，仅简单工序处理后直接回用的部分比重增大，同时可再利用的对象不仅仅是建材，而是集成化的构件、组件甚至是模块。

P_6 的计算公式(3-19)：

$$P_6 = P_{dis} + P_{dis-lev} + P_{rec} \tag{3-19}$$

式中：

P_{dis}——拆卸阶段的碳排放量，t；

$P_{dis-lev}$——拆卸物运输阶段的碳排放量，t；

P_{rec}——回收阶段的碳排放量，t。

P_{dis} 的计算公式(3-20)：

$$P_{dis} = P_4 \times 90\% \tag{3-20}$$

式中：

P_4——装配阶段碳排放量，t。

$P_{dis-lev}$ 的计算公式(3-21)：

$$P_{dis-lev} = P_3 \times 90\% \tag{3-21}$$

式中：

P_3——物流阶段碳排放量，t。

P_{rec} 的计算公式(3-22)：

$$P_{rec} = \sum_{c'} (R_{c'} \times Q_{c'}) + \sum_{g,z,m} [R_{(g,z,m)} \times Y_{(g,z,m)}] \tag{3-22}$$

式中：

$R_{c'}$——第 c' 种可回收建材的回收碳排放系数，t/t；

$Q_{c'}$——第 c' 种可回收建材的质量，t；

$R_{(g,z,m)}$——第 g,z,m 种构件、组件、模块的回收碳排放系数，t/个；

$Y_{(g,z,m)}$——第 g,z,m 种构件、组件、模块的数量，个；

计算公式说明：

① 工业化预制装配建筑的拆卸、拆卸物运输、回收共三个阶段均与工厂化生产、物流、装配有着密切的关系，拆卸阶段的可逆程度及回收利用的程度直接取决于工业化生产的集成度、完成度和施工阶段的装配化程度。

② 拆卸、拆卸物运输以及回收的对象不再是零散的建筑垃圾，而是构件、组件或是模块。

③ 拆卸的目的按层级关系，可细分为三个等级：一是重复利用的构件、组件、模块；二是回收零部件；三是回收建材。对应这三个目的，拆卸也可分为三种类型：一是非破坏性拆卸；二是部分破坏性拆卸；三是破坏性拆卸；而这三种类型的选择取决于工业化装配的连接方式。

计算步骤：结构关系如图 3-27 所示。

① 由房屋拆卸商、物流商、回收商提供相应的拆卸流程、物流流程、回收流程以及分流程的各项参数信息，包括拆卸阶段的拆卸流程、拆卸机械参数、拆卸单位节点的时间、拆卸节点的个数等；拆卸物运输阶段的模块质量、尺寸、运输车辆百公里耗油量、运输距离等；回收阶段的回收对象名称、规格、重量、数目、处置方式、回收厂家信息等。三部分共同构成 P_6 阶段的 BIM 明细表清单 1，如表 3-8 所示。

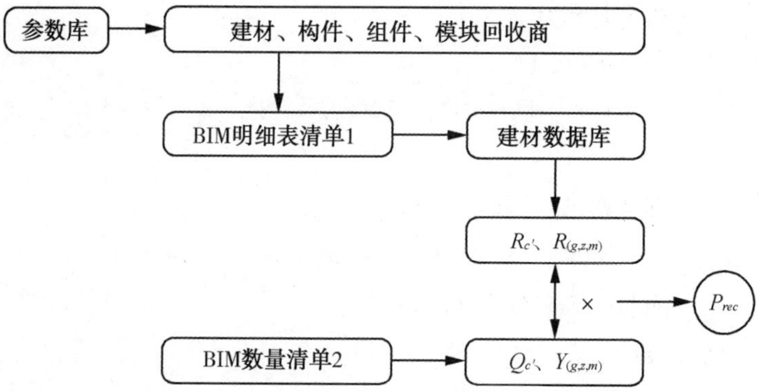

图 3-27 回收阶段——碳排放计算步骤结构关系图

资料来源：作者自绘。

表 3-8 拆卸和回收阶段——BIM 明细表清单 1

(1) 拆卸 P_{dis}

拆卸：

模块部位	模块名称	拆卸流程	拆卸机械参数			拆卸单位节点的时间/h	拆卸节点的个数	耗能名称
			名称	型号	额定功率/kW			

吊装：

模块部位	模块名称	模块参数		吊装流程	吊装机械参数					吊装时间/h	耗能名称
		重量/t	尺寸/m		名称	型号	额定起重/t	额定功率/kW	比油耗/(g/kWh)		

(2) 拆卸物运输 $P_{dis\text{-}lev}$

模块部位	模块名称	模块参数		运输流程	运输机械参数					运输距离/km	耗能名称
		重量/t	尺寸/m		名称	型号	额定载重/t	货箱尺寸/m	百公里耗油量/[L/(t·100 km)]		

(3) 回收 P_{rec}

名称	规格	重量/数目	处置方式	回收厂家信息
(材料、构件、组件、模块)	(长×宽×高)	/(kg/个)	(填埋、再利用、再循环)	—

注：信息由 Autodesk Revit 软件和参数库(材料供应商)提供。

资料来源：作者自绘。

② 将 BIM 明细表清单 1 代入基础数据库，查询得出相关建材等的回收碳排放系数 $R_{c'}$、$R_{(g,z,m)}$。

③ 通过 Autodesk Revit 软件得到回收建材等的用量 $Q_{c'}$、$Y_{(g,z,m)}$，由此生成 BIM 数量清单 2。

④ 得到 $R_{c'}$、$R_{(g,z,m)}$、$Q_{c'}$、$Y_{(g,z,m)}$，通过公式(3-22)计算出 P_{rec}。

⑤ 拆卸 P_{dis}、拆卸物运输 $P_{dis-lev}$ 两阶段的碳排放计算参见 P_3、P_4 阶段。

小结：各阶段碳排放核算模型汇总，见图 3-28。

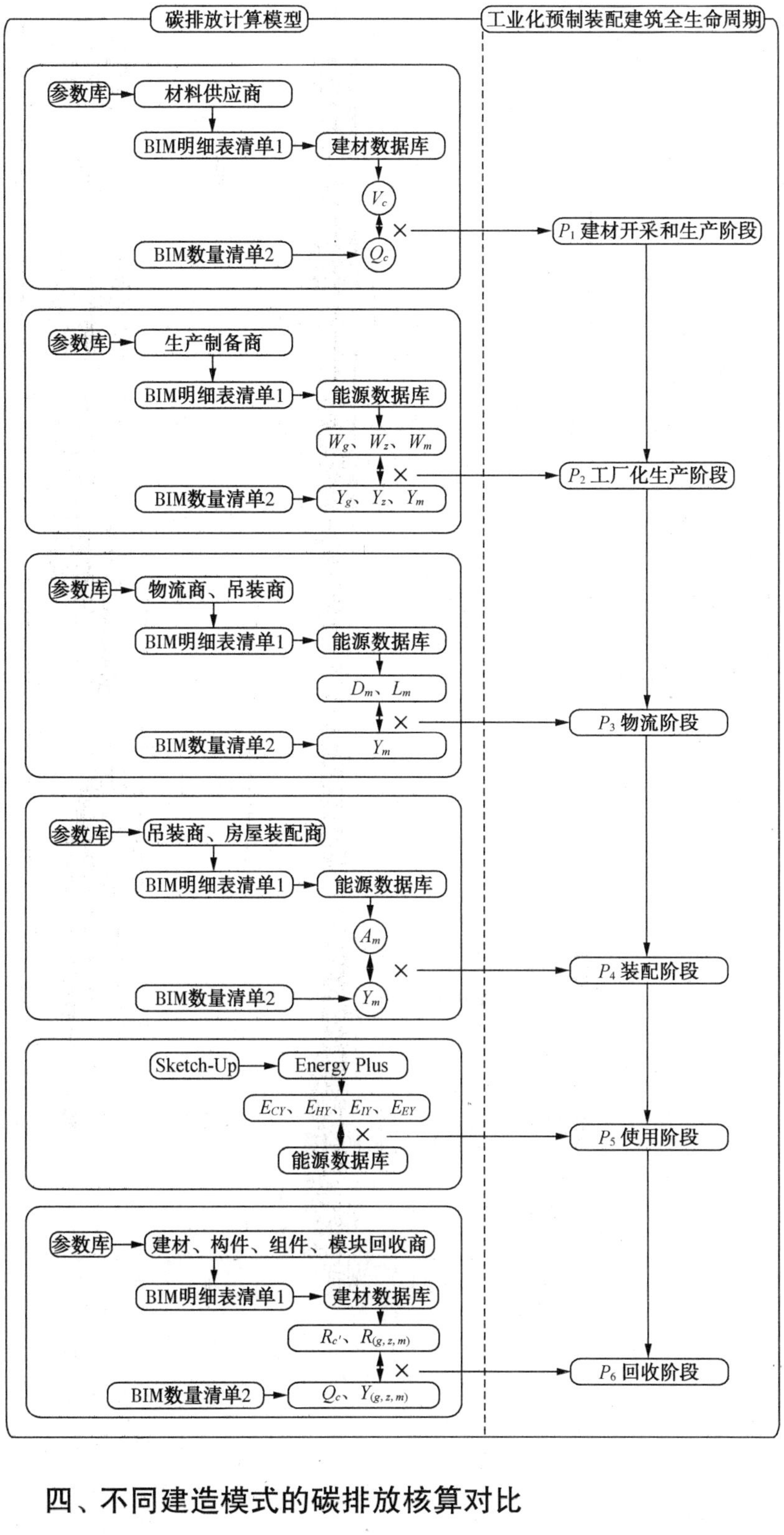

图 3-28　工业化预制装配建筑碳排放核算模型

资料来源：作者自绘。

四、不同建造模式的碳排放核算对比

1. 建造环节对比

工业化建造施工方式与传统建造方式这两种方式在建筑全生命周期中最大的不同就体现在建造施工环节，同时建造施工环节在过往的国内外研究中也因其复杂性一直是被忽略的部分，本书试图通过两种建造方式的对比，详细分解建造施工的各个环节，并给出计算的相关参数和公式，如表 3-9、表 3-10 所示。

表 3-9　两种建造方式在建筑全生命周期中的区别

传统建造施工方式	新型工业化建造施工方式
1. 建材开采和生产阶段	1. 建材开采和生产阶段
2. 建筑施工阶段	2. 工厂化生产阶段
	3. 物流阶段
	4. 装配阶段
3. 建筑使用和维护更新阶段	5. 建筑使用和维护更新阶段
4. 拆除和回收阶段	6. 拆卸与回收阶段

资料来源：作者自绘。

表 3-10　建造施工阶段具体内容细化对比（包括参数、公式）
——以结构体（PC 预制构件）为例

传统建造施工方式			新型工业化建造施工方式		
1. 建材运输			1. 建材运输		
运输流程：	① 建材生产地→集散地		运输流程：	① 建材生产地→集散地	
	运输对象：	水泥、石子、黄砂、钢筋等建材		运输对象：	水泥、石子、黄砂、钢筋等建材
	工具：	船舶、铁路		工具：	船舶、铁路
	参数：	材料名称		参数：	材料名称
		材料重量 Q			材料重量 Q
		船舶或火车单位油耗 H			船舶或火车单位油耗 H
		运输距离 L			运输距离 L
		碳排放系数 E			碳排放系数 E
	公式＝	$Q\times H\times(L/100)\times E$		公式＝	$Q\times H\times(L/100)\times E$
	②（用于结构体部分） (a.1) 集散地→商品混凝土搅拌站 (a.2) 商品混凝土搅拌站→施工现场			② 集散地→PC 构件生产地	
	运输对象：	(a.1) 水泥、石子、黄砂		运输对象：	水泥、石子、黄砂、钢筋
	工具：	重型卡车		工具：	重型卡车
	参数：	材料名称		参数：	材料名称
		材料重量 Q			材料重量 Q
		卡车百公里油耗 H			卡车百公里油耗 H
		运输距离 L			运输距离 L
		碳排放系数 E			碳排放系数 E
	公式＝	$Q\times H\times(L/100)\times E$		公式＝	$Q\times H\times(L/100)\times E$
	运输对象：	(a.2) 商品混凝土		—	—

（续表 3-10）

传统建造施工方式			新型工业化建造施工方式	
1. 建材运输			1. 建材运输	
运输流程：	工具：	混凝土泵车	—	—
	参数：	材料名称		
		材料重量 Q		
		泵车百公里油耗 H		
		运输距离 L		
		碳排放系数 E		
	公式＝	$Q\times H\times(L/100)\times E$		
	(b) 集散地→施工现场（用于抹灰工程）			
	运输对象：	水泥、黄砂等小宗建材等		
	工具：	重型卡车		
	参数：	材料名称		
		材料重量 Q		
		卡车百公里油耗 H		
		运输距离 L		
		碳排放系数 E		
	公式＝	$Q\times H\times(L/100)\times E$		
—	—		2. PC 构件工厂生产	
			PC 构件包括：	① 预制柱、预制梁
				② 预制叠合板（楼板、阳台板、屋面板）
				③ 预制楼梯
			工厂生产流程：	① 工厂模具制作 工具：全钢整体模板组合卧式模具生产器械
				② 绑扎钢筋及预埋件 工具：
				③ 混凝土浇捣与振捣 工具：插入式振动器
				④ 脱模 工具：侧力脱模机
				⑤ 蒸汽养护 工具：加盖养护罩原位养护
			参数：	加工机械型号
				加工机械功率 P
				加工时间 T
				碳排放系数 E
			公式＝	$P\times T\times E$

（续表 3-10）

传统建造施工方式		新型工业化建造施工方式		
—	—	⑥PC 构件→室外堆放场储存		
		运输对象：	PC 构件	
		工具：	叉车、龙门吊等	
		参数：	叉车/龙门吊型号	
			额定起重	
			额定功率 P	
			比油耗 GEv	
			吊装时间 T	
			碳排放系数 E	
		公式＝	$P \times GE_v \times T \times E$	
—	—	3. PC 构件运输		
		运输流程：	① PC 构件室外堆放场→专用运输车辆	
			吊装对象：	PC 构件＋集装架
			工具：	汽车吊、叉车、龙门吊等
			参数：	吊车型号
				额定起重
				额定功率 P
				比油耗 GE_v
				吊装时间 T
				碳排放系数 E
			公式＝	$P \times GE_v \times T \times E$
			② PC 构件生产地→装配场地	
			运输对象：	PC 构件＋集装架
			工具：	满足（构件＋集装架）尺寸和载重的情况下，尽量选用大载重的车辆（采取绑扎固定措施，防止构件移动或倾覆）
			参数：	（PC 构件＋集装架）名称
				（PC 构件＋集装架）规格、尺寸
				（PC 构件＋集装架）重量 Q

（续表 3-10）

传统建造施工方式			新型工业化建造施工方式		
—	—		3. PC 构件运输		
			运输流程：	③ PC构件生产地→装配场地	
				参数：	卡车百公里油耗 H
					运输距离 L
					碳排放系数 E
				公式＝	$Q\times H\times(L/100)\times E$
				④ 装配场地卸货→施工现场的堆放场地	
				卸货对象：	PC 构件＋集装架
				工具：	汽车吊、叉车、龙门架等
				参数：	吊车型号
					额定起重
					额定功率 P
					比油耗 GE_v
					吊装时间 T
					碳排放系数 E
				公式＝	$P\times GE_v\times T\times E$
2. 现场施工			4. PC 构件现场装配		
施工流程：	① 起吊建材等		装配流程：	① 起吊构件等	
	起吊对象(1)：	模板＋内支撑脚手架		起吊对象：	PC 构件＋内模架脚手架
	工具：	人力(1 层→2 层→3 层……的相应工位)装→拆→装		工具：	塔吊(内模架脚手架:1 层→2 层→3 层……的相应工位)装→拆→装
	—	—		参数：	塔吊型号
					额定功率 P
					比油耗 GE_v
					吊装时间 T
					碳排放系数 E
				公式＝	$P\times GE_v\times T\times E$
	起吊对象(2)：	商品混凝土		—	
	工具：	混凝土泵车＋臂架泵车			
	参数：	臂架泵车型号			
		额定功率 P			
		比油耗 GE_v			

（续表 3-10）

传统建造施工方式			新型工业化建造施工方式		
2. 现场施工			4. PC 构件现场装配		
施工流程：	参数：	浇筑时间 T	—	—	
		碳排放系数 E			
	公式＝	$P\times GE_v\times T\times E$			
	起吊对象(3)：	钢筋、外维护脚手架			
	工具：	塔吊			
	参数：	塔吊型号			
		额定功率 P			
		比油耗 GE_v			
		吊装时间 T			
		碳排放系数 E			
	公式＝	$P\times GE_v\times T\times E$			
	② 连接			② 连接	
	湿式连接：（主要方式）	现浇混凝土或砂浆（抹灰工程）		湿式连接：	连接节点或接缝需要浇筑混凝土或砂浆
				干式连接：（主要方式）	焊接
					工具：电焊机
					锚栓连接
					工具：电动扳手
				参数：	连接方式
					连接节点个数 Q
					连接设备额定功率 P
					节点连接时间 T
					碳排放系数 E
				公式＝	$Q\times P\times T\times E$
	③ 卸内支撑脚手架、外维护脚手架→地面			③ 卸内模架脚手架→地面	
	起吊对象：	内支撑脚手架、外维护脚手架		起吊对象：	内模架脚手架
	工具：	塔吊		工具：	塔吊
	参数：	塔吊型号		参数：	塔吊型号
		额定功率 P			额定功率 P
		比油耗 GE_v			比油耗 GE_v
		吊装时间 T			吊装时间 T
		碳排放系数 E			碳排放系数 E
	公式＝	$P\times GE_v\times T\times E$		公式＝	$P\times GE_v\times T\times E$

资料来源：作者自绘。

2. 不同建造模式的碳排放量对比

预制装配式作为新型绿色环保节能建筑，整个工程建造过程环保节能特点显著，具有工业化程度高、节约资源、减少操作人员劳动强度，并对周围建筑影响小的特点，从而一改过去人们对"工程施工必须搭设脚手架，拉起绿网"的印象。通过工厂化生产和现场装配施工，可大幅减少建筑垃圾和建筑污水，降低建筑噪音，降低有害气体及粉尘的排放，减少现场施工人员。

本书以"南京上坊北侧经济适用房项目[29]"为例，该工程地下 1 层，地上 15 层，地上为廉租房，底层架空；建筑面积：10 380.59 m^2，其中地下面积为 655.98 m^2，地上面积为 9 724.61 m^2。建筑结构形式为全预制装配整体式框架加钢支撑结构体系，抗震设防烈度为 7 度，设计使用年限为 50 年。

该住宅柱、梁采用预制装配整体式施工技术，楼板、阳台板、屋面板采用预制钢筋混凝土叠合板，楼梯采用预制装配楼梯；外墙采用 150 mm 厚 NALC 板，内墙采用 75 mm、100 mm、150 mm 厚 NALC 板；外墙铝合金窗框等在构件制作时一并完成。

下面是预制装配式施工节能降耗减排的分析与实际测算。

(1) 人工节碳

普遍的建筑碳排放计量中鲜有考虑人工碳排放，本书认为应将其纳入清单中。我国居民生活能源消费人均碳排放总量为 0.8 t/年[30-31]（直接、间接生活能源消费碳排放量），即每个工日（按 8 h 计算）碳排放量约为 0.7 kg。

下面是传统施工方式与工业化施工方式的人工比较。

传统施工方式人工以 1 m^3混凝土需 5.5 人工[32]（含混凝土、模板、钢筋）计，6－05＃预制混凝土量 1 842.9 m^3(122.86 m^3×15)节约 10 135.95 人工，现南京地区建筑工人人工费 220 元/d，则 10 135.95 人工可减少费用 2 229 909 元。

工业化建造方式人工费 47 000 元/层，6－05＃人工费 705 000 元(47 000×15)。

工业化施工方式比传统施工方式节约 1 524 909 元。

节约人工数：$\frac{1\ 524\ 909}{220}\approx 6\ 932$(人工)

按每个工日碳排放量约为 0.7 kg 计算，6-05＃工期 120 d，

节约碳排放：0.7 kg×6 932×120＝582 288(kg)

(2) 照明节电

以每 7 人一间临时活动房(3.6 m 宽、6.3 m 长，面积为 22.68 m^2)，则节约 990 间，每间房 2 个 15 W 灯泡，1 台 75 W 风扇，每天使用 6 h 计，

则节约用电量：(30＋75)×6×990＝624(kWh/天)

以 120 d 计算，节约用电量：624×120＝74 880 kWh，

节约碳排放：74 880 kWh×0.7×10^{-3} t/kWh＝52 416(kg)。

(3) 设备节电

由于大量预制构件已在工厂完成，因此施工现场主要设备的使用量或使用频率减少，如用于混凝土浇捣的振动棒、焊接所用的电焊机以及垂

直运输的塔吊使用频率的减少等。

① 振捣器额定功率 3 kW,减少数量 6 只;电焊机额定功率20.5 kW,减少数量 2 台。振捣器、电焊机可节约用电 59 kWh/层。

共节约用电:59×16=944(kWh);

节约碳排放:944 kWh×0.7×10^{-3} t/kWh=660(kg)。

② 塔吊功率 45 kW,每天使用 8 h,塔吊使用频率减少 50%。

施工塔吊可节约用电:45×8×120=43 200(kWh);

节约碳排放:43 200 kWh×0.7×10^{-3} t/kWh=30 240(kg)。

③ 塔吊使用减少一个月:

节电:45×8×30=10 800(kWh);

节约碳排放:10 800 kWh×0.7×10^{-3} t/kWh=7 560(kg)。

设备节电合计:

(1)+(2)+(3)= 54 944(kWh);

节约碳排放38 460 kg。

(4) 节水

预制构件的吊装与装配,施工现场不需要混凝土固定泵和运送混凝土的搅拌车,固定泵和搅拌车冲洗用水不再发生。

6-05#预制混凝土量:122.86 m^3×15=1 842.9(m^3),

以搅拌车每车 8 m^3计算,共有 1 842.9/8≈230(车),

以清洗车用水 0.25 m^3/辆计,则

清洗节水:230×0.25=57.5 (m^3);

节约碳排放:57.5 m^3×0.194×10^{-3} t/m^3≈11.16(kg)。

混凝土养护以每 m^3用水 2 m^3计,则

节水:1 843×2=3 686(m^3);

节约碳排放:3 686 m^3×0.194×10^{-3} t/m^3≈715(kg)。

节水合计:57.5+3 686=3 743.5(m^3);

节约碳排放合计:726.16 kg。

(5) 脚手架、模板节约

PC结构采用盘扣式钢管支撑架,取消传统外脚手架施工技术,节省了周转材料,见表 3-11 所示。

表 3-11-1 内支撑系统(传统、工业化)周转材料的对比

分类	周转材料分类	单位	按照现浇结构进行计算 A		按照预制结构进行计算 B		A/B
			周转材料用量	备注	周转材料用量	备注	
内支撑系统	模板	m^2	0.46	木模	0.02	钢模	23.0
	木方	m^3	0.005 5	50 mm×100 mm	0.001 5	100 mm×100 mm	3.7
	内支架	kg	12.67	钢管	4.95	速接架	2.6
	内架扣件	只	140.91	—	0	—	—

资料来源:《装配式框架结构住宅建造技术研究与示范》;完成单位:南京万晖置业有限公司、南京长江都市建筑设计股份有限公司、中国建筑第二工程局有限公司、南京大地建设新型建筑材料有限公司。

表 3-11-2　外脚手架系统(传统、工业化)周转材料的对比

分类	周转材料分类	单位	按照现浇结构进行计算 A		按照预制结构进行计算 B		A/B
			周转材料用量	备注	周转材料用量	备注	
外脚手架系统	安全网	m^2	0.66	综合	0.25	综合	2.6
	竹笆	m^2	0.23		0		—
	外架钢管	kg	21.95	D50	1.33	D50	16.5
	外架扣件	只	468		0		—
	外挑架用工字钢	t	0.003 3	H200	0	—	—
	外挑架用钢丝绳	m	0.07	D60	0	—	—

资料来源:《装配式框架结构住宅建造技术研究与示范》;完成单位:南京万晖置业有限公司、南京长江都市建筑设计股份有限公司、中国建筑第二工程局有限公司、南京大地建设新型建筑材料有限公司。

该工程为全预制装配结构,PC 结构集成外模,外墙采用具有自保温功能的 NALC 板,取消了传统的抹灰、保温等施工工序,针对 PC 结构的特殊性,临边防护采用悬挑三脚架,取消传统的外脚手架,既安全又经济。此项技术与传统现浇外墙脚手架相比节约费用 274.75 万元。

换算成钢材:274.75 万元/4 000 元/t=690(t)。

节约碳排放:690 t×1.722 t/t=1 188.18(t)。

(6) 建筑废弃物减少

工业化预制混凝土构件,不采用湿作业和现浇混凝土浇捣,避免了垃圾源的产生,搅拌车、固定泵以及湿作业的操作工具清洗,大量废水和废浆污染源得到抑制。

建筑垃圾以 0.014 4 m^3/m^2 计,由于住宅工业化率没有国家标准来衡量,本书采用以混凝土作为建筑垃圾主要成分测算:

6-05#预制构件混凝土量:122.86 m^3×15=1 842.9 m^3,

现浇混凝土量:64.89 m^3×15=973(m^3),

混凝土总量 2 816 m^3,预制率为 65.44%,见表3-12。则建筑垃圾减少量为:

10 380.59 m^2×36.85%×0.014 4=55(m^3)(10 380.59m^2 为建筑面积)

按 150.14 kg CO_2/m^3 计算,该项实现 CO_2 减排 8 257.7 kg。

表 3-12　6-05#栋主体结构标准层预制率计算表　　(单位:m^3)

序号	使用部位	预制量	现场作业量	合计	预制率/%
1	混凝土结构	预制混凝土	现浇混凝土		
		122.86	64.89	187.75	65.44
2	围护墙体	ALC 板+陶粒板	砌体		
		159.4	0	159.4	100.00
3	总体	282.26	64.89	347.15	81.31

资料来源:《装配式框架结构住宅建造技术研究与示范》;完成单位:南京万晖置业有限公司、南京长江都市建筑设计股份有限公司、中国建筑第二工程局有限公司、南京大地建设新型建筑材料有限公司。

（7）预制构件工厂能源消耗

由于预制混凝土量相近，参考上海万科新里程项目，由工厂提供的能源消耗数据，共耗电 24 064 kWh；用水量 730 m^3。由于模板采用钢模具，单位立方米混凝土消耗模板量，还有待钢模具在后续预制装配式楼的构件摊销使用后，进一步分析与测算。

预制装配式施工与传统建筑施工对比分析，见表 3-13 和图 3-29。

表 3-13　南京上坊北侧经济适用房项目工业化建造方式减碳测算表

项目	人工节约	电节约	水节约	脚手架、模板节约	废弃物节约	总量
单位/kg/m^2	56.1	7.1	0.07	114	0.8	178
比例/%	31	4	0.03	64	0.4	100

资料来源：作者自绘。

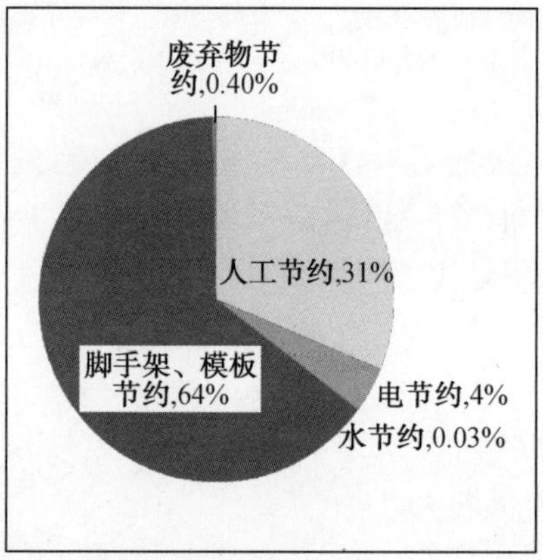

图 3-29　减碳测算分布图

资料来源：作者自绘。

① 人工节约：

节约 6 932 人工；

节碳 $\frac{582\ 237.6}{10\ 380.59}=56.1(kg/m^2)$。

② 电节约：

$$\frac{\text{工地节约用电量}-\text{工厂消耗电量}}{\text{建筑总面积}}=\frac{74\ 880+54\ 944-24\ 064}{10\ 380.59}=10.2(kWh/m^2)；$$

节碳 $\frac{52\ 416+38\ 460-16\ 845}{10\ 380.59}=7.1(kg/m^2)$。

③ 水节约：

$$\frac{\text{工地节约用水量}-\text{工厂消耗水量}}{\text{建筑总面积}}=\frac{3\ 743.5-730}{10\ 380.59}=0.3(t/m^2)；$$

节碳 $\frac{726.16}{10\ 380.59}=0.07(kg/m^2)$。

④ 脚手架、模板节约：

$$\frac{\text{脚手架节约资金}}{\text{建筑总面积}}=\frac{690}{10\ 380.59}=0.07(t/m^2)；$$

节碳 $\frac{1\ 188.18}{10\ 380.59}=114(kg/m^2)$。

⑤ 废弃物节约：

$$\frac{\text{废弃物节约量}}{\text{建筑总面积}}=\frac{55}{10\ 380.59}=0.005\ 3(m^3/m^2)；$$

节碳$\frac{8\ 257.7}{10\ 380.59}$=0.8(kg/m²)。

共节碳:56.1+7.1+0.07+114+0.8=178(kg/m²)。

五、不同结构类型的碳排放核算对比

本书以常州武进的两个项目:A. 空间被动式节能工业化示范屋(钢筋混凝土结构);B. 东南大学太阳能梦想居未来屋(轻钢结构)[33]为分析对象,建筑面积分别为 321 m²、216 m²,建设期为 60 天,房屋使用寿命为 50 年。两个项目均采用新型工业化建造施工方式,同时建筑全生命周期的碳排放计算是遵循上章节的核算原理所得。

数据来源:

A 项目(重型结构)主要建材:钢材、铝材、XPS 保温板、木材、玻璃、多晶硅。

B 项目(轻型结构)主要建材:钢筋混凝土、硅钙板、钢材、铝材、玻璃、多晶硅。

两个项目的建材量统计见表 3-14,建材碳排放系数取自《2006 年 IPCC 国家温室气体清单指南》[34]《省级温室气体清单编制指南》[35]。

表 3-14 主要建材用量及碳排放量统计

A 项目							
建材	钢筋混凝土	硅钙板	钢材	铝材	玻璃	多晶硅	总量
用量 Q_c/t	480.23	237.86	34.23	1.99	4.29	0.50	759.10
比例/%	63.26	31.33	4.51	0.26	0.57	0	100
碳排放量/t	52.82	166.50	58.86	4.72	6.01	16.40	305.31
比例/%	17.30	54.53	19.28	1.55	1.97	5.37	100
B 项目							
建材	钢材	铝材	XPS 保温板	木材	玻璃	多晶硅	总量
用量 Q_c/t	52.39	5.42	1.48	4.27	2.25	16.72	82.53
比例/%	63.48	6.57	1.79	5.17	2.73	20.26	100
碳排放量/t	90.12	12.84	1.78	0.85	3.15	136.00	244.74
比例/%	36.82	5.25	0.70	0	1.29	55.57	100

资料来源:作者自绘。

全生命周期各阶段碳排放比例关系及附图对比见表 3-15、表 3-16。

表 3-15 A 项目:全生命周期各阶段(30 年)——碳排放比例关系

生命周期	建材开采生产阶段 P_1	物流阶段 P_2	装配阶段 P_3	使用和维护阶段 P_4	拆卸和回收阶段 P_5	总量
碳排放量/t	305.31	58.70	2.65	432	55	853.66
比例/%	35.76	6.88	0.3	50.61	6.44	100

资料来源:作者自绘,附下图。

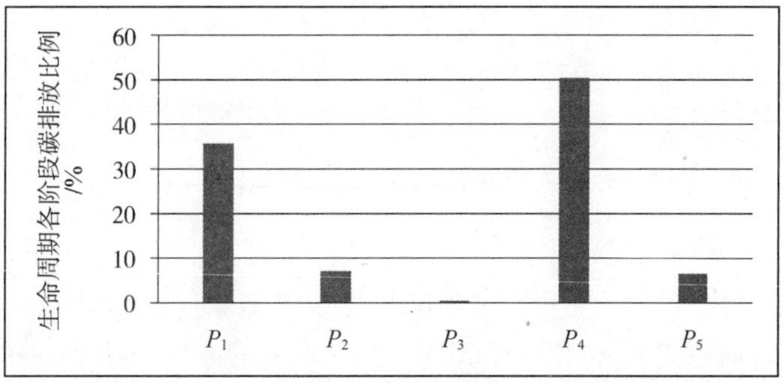

表 3-16　B 项目：全生命周期各阶段（30 年）——碳排放比例关系

生命周期	建材开采生产阶段 P_1	物流阶段 P_2	装配阶段 P_3	使用和维护阶段 P_4	拆卸和回收阶段 P_5	总量
碳排放量/t	244.74	5.60	2.00	83.00	6.84	342.18
比例/%	71.5	1.6	0.5	24.3	2.0	100

资料来源：作者自绘，附下图。

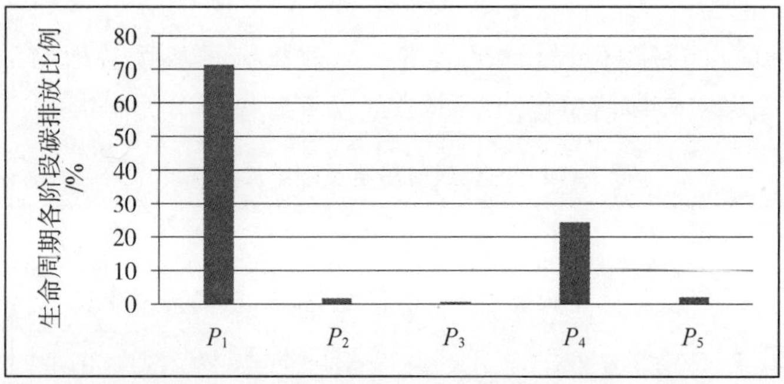

组成部分碳排放量及比例关系及附图对比见表 3-17、表 3-18。

表 3-17　A 项目：全生命周期各组成部分碳排放量

项目	建材开采生产阶段 P_1/t	物流阶段 P_2/t	装配阶段 P_3/t	拆卸和回收阶段 P_5/t	总量/t
A 结构体	85.00	46.83	0.90	42.96	175.69
B 外围护体	125.70	6.79	0.89	6.91	140.29
C 内分隔体	74.19	5.08	0.84	5.33	85.44
D 设备体	20.42	0.004	0.02	0.02	20.46
合计	305.31	58.70	2.65	55.22	421.88

资料来源：作者自绘，附下图。

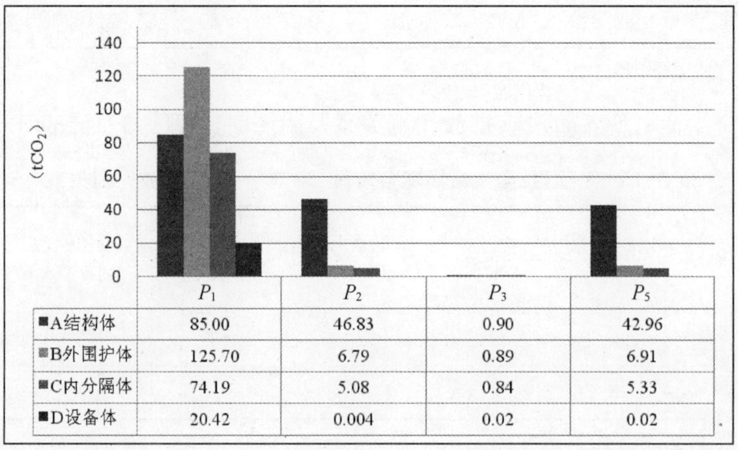

表 3-18　B 项目：全生命周期各组成部分碳排放量

项目	建材开采生产阶段 P_1/t	物流阶段 P_2/t	装配阶段 P_3/t	拆卸和回收阶段 P_5/t	总量 /t
A 结构体	90.12	2.84	1.42	3.83	98.21
B 围护体	18.62	0.28	0.18	0.41	19.49
C 设备体	136.00	2.48	0.40	2.59	141.47
合计	244.74	5.60	2.00	6.84	259.17

资料来源：作者自绘，附下图。

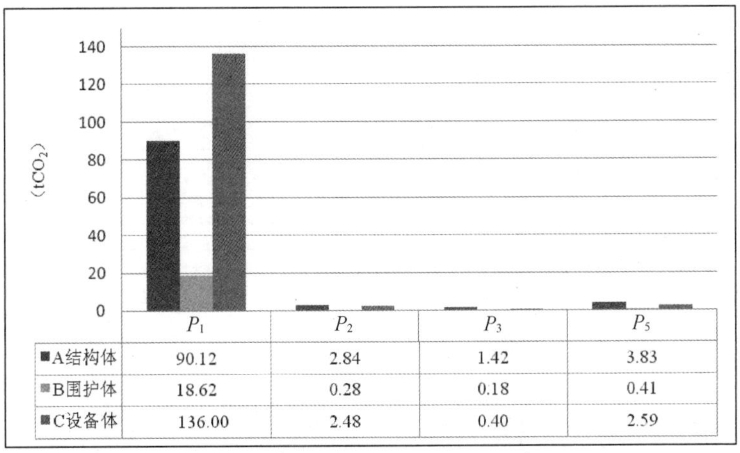

长寿命碳排放分析及附图对比。在 100 年评价期内，分析对比建筑寿命分别为 30 年、50 年、100 年的全生命周期的碳排放量，见表 3-19、表 3-20。

表 3-19　A 项目：全生命周期各阶段（30 年、50 年、100 年）——碳排放比例关系

生命周期	建材开采和生产阶段 P_1	物流阶段 P_2	装配阶段 P_3	使用和维护阶段 P_4	拆卸和回收阶段 P_5	总量 /t
30 年碳排放量/t	305.31	58.70	2.65	432.00	55.00	853.66
50 年碳排放量/t	305.31 +20.42	58.70 +0.004	2.65 +0.02	432.00×1.6	55.00	1 133.304
	50 年期间，设备体更换一次					
100 年碳排放量/t	305.31 +20.42×3	58.70 +0.004×3	2.65 +0.02×3	432.00×3.3	55.00	1 853.59
	100 年期间，设备体更换三次；围护体与结构体同寿命					

资料来源：作者自绘，附下图。

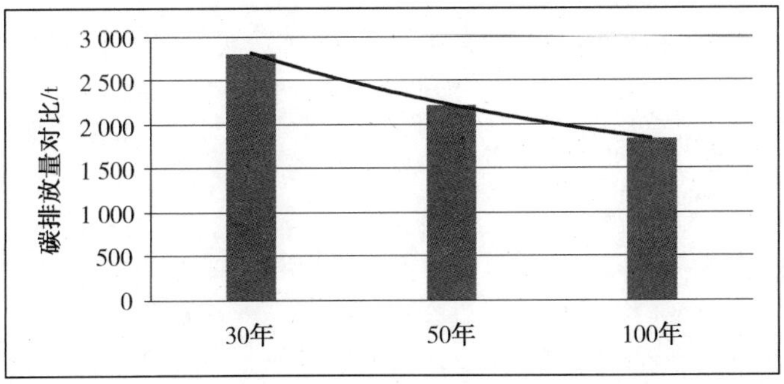

表 3-20　B 项目：全生命周期各阶段（30 年、50 年、100 年）——碳排放比例关系

<table>
<tr><th>生命周期</th><th>建材开采和生产阶段 P_1</th><th>物流阶段 P_2</th><th>装配阶段 P_3</th><th>使用和维护阶段 P_4</th><th>拆卸和回收阶段 P_5</th><th>总量/t</th></tr>
<tr><td>30 年碳排放量/t</td><td>244.74</td><td>5.60</td><td>2.00</td><td>83.00</td><td>6.84</td><td>342.18</td></tr>
<tr><td rowspan="2">50 年碳排放量/t</td><td>244.74
+136</td><td>5.60
+2.48</td><td>2.00
+0.40</td><td>83×1.6</td><td>6.84</td><td>524.02</td></tr>
<tr><td colspan="6">50 年期间，设备体更换一次</td></tr>
<tr><td rowspan="2">100 年碳排放量/t</td><td>244.74
+136×3</td><td>5.60
+2.48×3</td><td>2.00
+0.40×3</td><td>83×3.3</td><td>6.84</td><td>942.88</td></tr>
<tr><td colspan="6">100 年期间，设备体更换三次；围护体与结构体同寿命</td></tr>
</table>

资料来源：作者自绘，附下图。

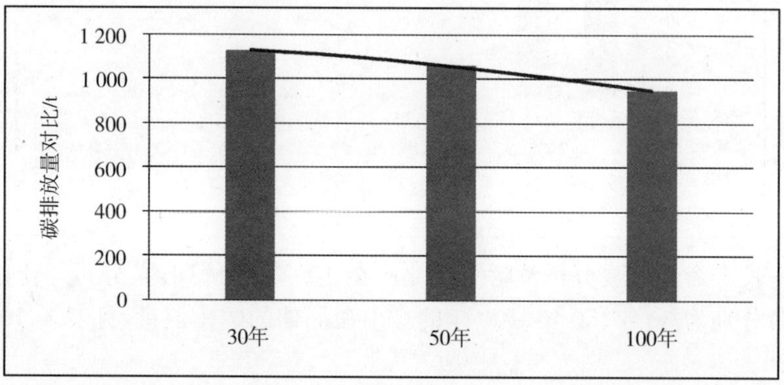

横向对比

A、B 两项目建筑规模不一，物化阶段材料和机械的使用量相差很大，将直接导致碳排放量差别较大；另外，运营维护阶段的持续时间几乎占了建筑生命周期的很大部分，即评价年限对评价结果的影响很大。因此，仅给出建筑的总碳排放量缺乏可比性，用每年单位建筑面积的碳排放作为评价指标可以有效消除由于建筑物规模、设计年限不同带来的影响，使得评价结果之间具有一致性和可比性，其计量单位为 kg/(m² · a)，见公式(3-23)。

$$BCE=\frac{E_{\text{man}}+e_{u+d}}{ST} \tag{3-23}$$

式中：

BCE——建筑生命周期碳排放评价值；

E_{man}——物化阶段碳排放；

e_{u+d}——运行使用和拆除回收阶段碳排放加权值（此阶段排放因为存在长时间延迟，因此要考虑加权，下面详述）；

S——总建筑面积；

T——为建筑寿命年限。

$$A_{BCE}=\frac{853.66\times10^3}{321\times30}=90[\text{kg}/(\text{m}^2\cdot\text{a})]$$

$$B_{BCE}=\frac{342.18\times10^3}{216\times30}=53[\text{kg}/(\text{m}^2\cdot\text{a})]$$

生命周期分阶段，A（重型结构）、B（轻型结构）的 *BCE* 对比见表 3-21、表 3-22 和图 3-30。

表 3-21　A（重型结构）分阶段 *BCE*

生命周期	建材开采和生产阶段 P_1	物流阶段 P_2	装配阶段 P_3	使用和维护阶段 P_4	拆卸和回收阶段 P_5	总量
碳排放量/t	305.31	58.70	2.65	432.00	55.00	853.66
BCE	32	6	0.2	45	6	90

资料来源：作者自绘。

表 3-22　B（轻型结构）分阶段 *BCE*

生命周期	建材开采生产阶段 P_1	物流阶段 P_2	装配阶段 P_3	使用和维护阶段 P_4	拆卸和回收阶段 P_5	总量
碳排放量/t	244.74	5.60	2.00	83.00	6.84	342.18
BCE	38	0.9	0.3	13	1	53

资料来源：作者自绘。

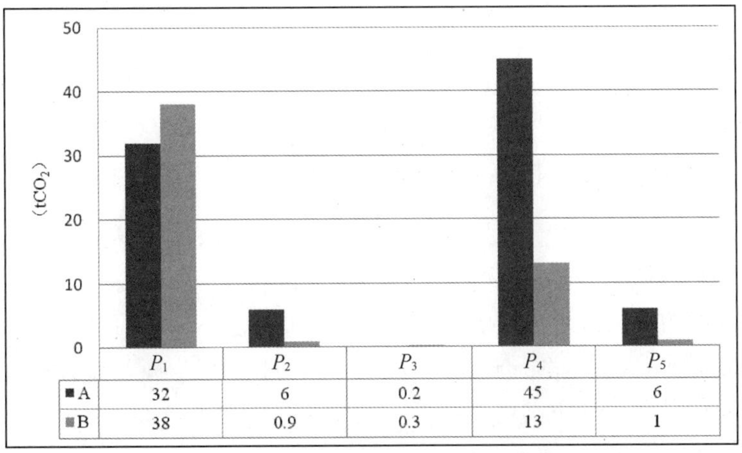

图 3-30　A、B 项目分阶段 *BCE* 对比图

资料来源：作者自绘。

A、B 两个项目，由于 B 项目使用了较多的新能源，使得在建材开采、生产端的排碳较大，而使用端因此大幅度降低，为了对比的公平性，将新能源使用均去除再比较两者，得：

$$A'_{BCE}=\frac{898.20\times10^3}{321\times30}=93[\mathrm{kg(m^2 \cdot a)}]$$

$$B'_{BCE}=\frac{445.71\times10^3}{216\times30}=69[\mathrm{kg(m^2 \cdot a)}]$$

分阶段 *BCE* 对比见表 3-23、表 3-24 和图 3-31。

表 3-23　A（重型结构）去除新能源的分阶段 *BCE*

生命周期	建材开采生产阶段 P_1	物流阶段 P_2	装配阶段 P_3	使用和维护阶段 P_4	拆卸和回收阶段 P_5	总量
碳排放量/t	305.31－20.42＝284.89	58.70－0.004＝58.70	2.65－0.02＝2.63	497	55－0.02＝54.98	898.20
BCE	30	6	0.2	52	5.7	93

资料来源：作者自绘。

表 3-24　B(轻型结构)去除新能源的分阶段 *BCE*

生命周期	建材开采生产阶段 P_1	物流阶段 P_2	装配阶段 P_3	使用和维护阶段 P_4	拆卸和回收阶段 P_5	总量
碳排放量/t	244.74－136＝108.74	5.60－2.48＝3.12	2.00－0.40＝1.60	328	6.84－2.59＝4.25	445.71
BCE	17	0.4	0.2	51	0.6	69

资料来源:作者自绘。

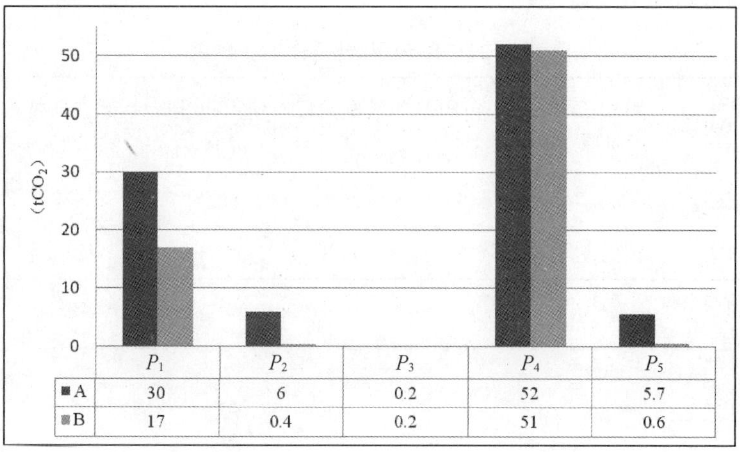

图 3-31　A、B 项目去除新能源的分阶段 *BCE* 对比

资料来源:作者自绘。

六、碳排放分析评估

根据“工业化预制装配建筑全生命周期碳排放核算模型”,就全生命周期的各个阶段,针对具体碳源及碳排放影响因子,如图 3-32 所示,从工业化建筑方案的设计方法出发,提出具体的减碳措施,从而对工业化预装配建筑做出全流程控制的、系统详尽的分析评估。下面将就全生命周期的各阶段展开详细的论述。

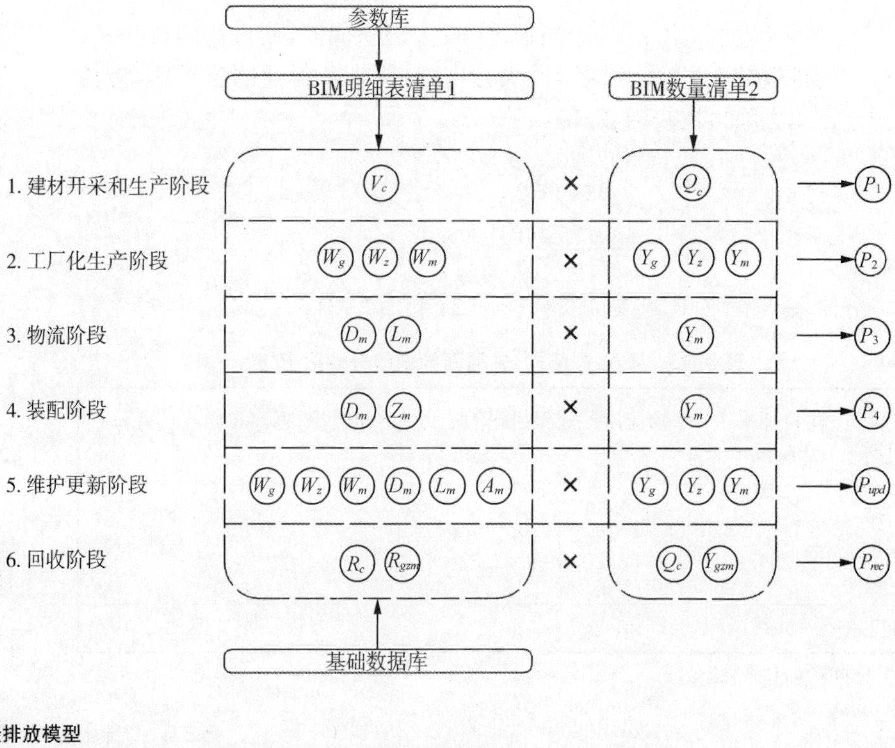

图 3-32　工业化建筑全生命周期碳排放影响因子

资料来源:作者自绘。

1. 建材开采和生产阶段

建材开采和生产阶段碳排放的计算见公式(3-2)：

$$P_1 = \sum_c (V_c \times Q_c) \tag{3-2}$$

该阶段减碳措施的关键碳排放影响因子“Q_c”“V_c”：

(1) 控制“Q_c”——即减少建材用量

本书从建筑布局与几何形体(平面标准化、模数化)、建筑材料(新型结构体系)、设备选型(物理整合与性能整合)等方面具体阐述。

途径一：平面标准化、模数化

建筑结构合理化是节约建筑能耗和碳排放的有效方法。有数据证明：在标准层建筑面积不变的情况下，住宅的碳排放量与外墙长度变化量 ΔL 及体形系数变化量 ΔS 分别成正比关系，比例系数分别与墙体构造以及建筑物总高度、总体积有关。住宅体形系数过大、外轮廓过于曲折、围护结构长度过长，耗材耗能，增大碳排放量[36]。为了降低建材的使用量，首先需要重视合理且经济的结构系统设计，即尽量使建筑物的跨度设计合理，具有均匀对称的平面、立面、剖面，减少不必要的造型结构负荷。这种设计重复性高，可减少生产过程中的构件种类，使结构体尺寸统一，从而简化组模时间与增加重复使用率以减少损耗，达到节材的目的。设计遵循模数协调原则，以减少加工废料量。

途径二：新型结构体系

如选用集轻钢结构、建筑节能保温、建筑防火、建筑隔声、新型建材的设计施工于一体的集成化技术。其优点除可以减少水泥、黏土砖、混凝土等建材的使用外，还能降低能源消耗量与碳排放量。在保证承载建筑物与抵抗外来风力与地震力的前提下，结构体自重越轻，材料使用量越少，碳排放量则越少。如采用金属幕墙、轻钢龙骨隔墙与钢结构楼地板自重平均为 0.7—0.9 t/m^2，而钢筋混凝土结构达到 1.0—1.2 t/m^2。另如采用无黏结预应力混凝土结构技术，可节约钢材约 25%，节约混凝土约 1/3，且减轻了结构自重[37]。

途径三：物理整合与性能整合

可采用物理整合与性能整合两种方式。物理整合是指设备空间的集中，将地板、天花、照明、管道等各系统整合，压缩物理空间。性能整合是指叠加、融合不同功能构件，以智能反应代替资源利用，从而改善舒适度，降低运营成本，减少设备占有，降低碳排放。

采用 S-I 分离技术，也就是将建筑结构本身和填充部分、设备管线和装修部分分离，因为建筑各部分的生命周期不一样，如设备管线达到生命周期需要更新的时候，还可以保留结构体部分，从而实现节材、减碳的目标。简化建筑与设备的接口，设计公用管道间，电气配管脱离主结构体。明管化设计解决了结构体与设备体耐久年限不一的问题，方便日后整修与更换[38]。

(2) 控制“V_c”——即选用碳排放系数低的建材

尽量采用绿色建材与 3R 建材，减少不可再生材料的使用率。绿色建材是指采用清洁生产技术、少用天然资源和能源、大量使用工业或城市固体废弃物生产的无毒害、无污染、无放射性、有利于环境保护和人体健康的建材。而 3R 建材是指 Recycle(再循环)、Reuse(再利用)、Reduce

(减量、节约、低消耗)。Recycle 材料是对无法进行再利用的材料通过改变物质形态,生成另一种材料,实现多次循环利用的材料。Reuse 材料是指在不改变所回收物质形态的前提下进行材料的直接再利用,或经过再组合、再修复后再利用的材料。Reduce 材料是指能不用的材料尽量不用,尽量减少废弃物的产生。

3R 建材最大限度地减少材料消耗,回收建筑施工和拆除产生的废弃物,合理利用可再利用材料与可再循环材料,实现材料资源的循环利用。通过使用 3R 建筑材料,可以大幅度减少建筑物拆除时产生的固体废弃物,从而减少碳排放。由此可见,3R 建材和绿色建材都属于低碳建材。

发展木制构件:木材具备再生性、再加工性、节省能源及安全舒适性等优点,还是一天然的碳储藏库(构成木材的元素中有 50% 为碳元素),若大量推广使用便可提高碳减排效果。

2. 工厂化生产阶段

工厂化生产阶段碳排放的计算公式(3-3)和公式(3-4):

$$P_2 = \sum\nolimits_g (W_g \times Y_g) + \sum\nolimits_c (W_z \times Y_z) + \sum\nolimits_m (W_m \times Y_m) \quad (3\text{-}3)$$

$$W_g、W_z、W_m = \sum\nolimits_d (T_d \times P_d \times E_e) \quad (3\text{-}4)$$

在某种程度上说,建筑工业化脱胎于工业和制造业,因此工业化建筑的设计和制造必须深刻理解制造业,这包括工业化建筑的设计、生产、装配、管理等各方面与制造业的结合和对先进制造业理念的理解,如与工业化建筑相关的:产品开发体系设计、精益生产(Lean Production,LP)、敏捷制造(Agile Manufacturing,AM)、大规模定制(Mass Customization,MC)、快速动态响应协同产品设计理论、面向大量定制的延迟制造理论、并行工程(Concurrent Engineering,CE)、虚拟制造(Virtual Manufacturing,VM),等等。而理解这些制造业先进理念的基础是"标准化"和"模块化"概念[39]。

该阶段减碳措施的关键碳排放影响因子"Y_g、Y_z、Y_m""W_g、W_z、W_m":

(1) 控制"Y_g、Y_z、Y_m"——即简化构件、组件、模块的种类,实现高效集成化

途径一:标准化、系列化

标准化:构件(或组件、模块)的标准化是通过建立综合反映工业化建筑的耐久性能、安全性能、环境性能等技术指标,和各工业化建筑构件(或组件、模块)之间的接口的规定,保证不同厂家生产的工业化建筑构件(或组件、模块)的互换性,实现品种简化等。

标准化是大规模生产与定制的结合点。标准化构件(或组件、模块)的种类、数量越多,越容易提高产品的多样性,从而可能使定制部分种类和数量减少。但种类过多的标准化部分会使成本大大增加,因此要将标准化构件(或组件、模块)的种类和数量控制在一个各方面都可以接受的范围内,在这个范围内,标准化部分的成本与定制产品的成本之和最小,同时使工厂化生产阶段的碳排放量最小。

标准化包括各类构件等的定义、适用条件与范围、系统构成、功能与性能要求,组成构件等的材料和制品的技术性能要求,组合性功能试验与

检验要求、检验方法，工程应用的可实施性要求，构件等的质量控制与保证，相关引用标准等方面的内容。

标准化问题包括：构件通用化、标准化接口、机具通用化、工艺标准化几个方面的内容。

构件通用化是指通过某些使用功能和尺寸相近的构件的标准化，使该构件在建筑的许多部位或纵、横系列产品间通用，实现跨系列产品间的模块的通用，从而减少构件种类和数目。模块接口部位的结构、尺寸和参数的标准化，容易实现模块间的互换，从而使模块满足更大数量的不同产品的需要。应使标准化的接口简便易用、容易区分并保证接口可靠。确定标准构件单元的划分基准是构件标准化的技术基础。对同一种构件，标准构件的种类越多，定制构件的种类和数量就越少，这就出现了一对矛盾，标准化的构件单元必须能够二者兼顾，寻求到一个划分标准单元的基准点[40]。

系列化：系列化的构件（或组件、模块）是指同一系列的产品，具有相同功能、相同原理方案、基本相同的加工工艺和不同尺寸特点的一组产品，系列化产品之间相应尺寸参数、性能指标应具有一定的相似性[41]。构件等的系列化是实现工业化建筑设计合理化的重要手段，由于构件等的系列化，方可实现设计更大的自由度，从同一标准的系列化产品中挑选用以集成工业化建筑，同时最大限度地实现生产阶段的低碳减排的产品。

系列化即产品变型系列化，变型产品一般有以下三类系列[42]：

纵系列产品：一组功能相同、原理相同、结构相同（相似），而尺寸、参数不同的产品，如载质量为 2.5 t、5 t 和 10 t 的载货汽车等。

横系列产品：是在基型产品的基础上扩展功能的变型产品。如在普通自行车基础上扩展的变速车、山地车、赛车等。横系列产品具有很强的针对性和市场竞争力。

跨系列产品：具有相近参数的不同类型的产品，它们采用相同的主要基础件或通用部件。如推土机、装载机、混凝土搅拌机等，其发动机和控制部件是通用的。

途径二：模块化

模块化是指运用标准化原理和科学方法，通过对某一类产品或系统的分析研究，把其中含有相同或相似的单元分离出来，进行统一、归并、简化，由分解得到的模块以通用单元的形式独立存在。模块化的目的就是通过标准化达到产品的多样化，是构件等优化的重要途径。模块化产品具有相对独立的完整功能，建筑师只需了解这些模块的功能原理及输入、输出接口，就可选用合适的模块合成产品或系统。

模块化技术是实现标准化与多样化的有机结合和多品种、小批量与高效率的有效统一的一种最有生命力的标准化方法，它是实现复杂产品及工程系统多样化的主要手段，同样是工业化预制装配建筑实现减碳的重要措施。

模块化设计方法可以解决标准化、系列化原则与工业化建筑功能多样化审美要求的矛盾。模块化的设计方法可以概括为：

新系统＝通用模块（不变部分）＋专用模块（变动部分）

一般有以下五种构成模式：

① 现有通用模块化构件加接口结构。

② 通用模块化构件加专用模块化构件。

③ 改型部分通用模块化构件加接口结构。

④ 通用模块化构件加新型模块化构件。

⑤ 改变与外观有关的模块化构件(形态、色彩、表面装饰等)。

就模块化设计而言,国外针对工业化的产品开发模式提出了六种模块化设计方法[43]。

① 共享构件模块化:指同一个构件被用于多个产品。

② 互换构件模块化:它是共享构件模块化的补充,只是共享程度不同,它强调不同的构件与相同的基本产品组合,形成与互换结构一样多的产品。

③ "量体裁衣"式模块:一般与共享构件模块化配合,主要针对现有产品系列在尺寸上有非连续递增的构件,一个或多个构件在预制或实际限制中不断变化的情况。

④ 混合模块化:它可以使用任何一种构件,并且相互组合在一起形成完全不同的产品。

⑤ 总线模块化:主要指在标准结构上可以增加各种不同类型的构件,强调增加构件的类型、数量和位置变化。

⑥ 可组合的模块化:强调只要存在标准接口,就允许任何数量的不同类型构件,按任何方式进行配置。

(2) 控制"W_g、W_z、W_m"——即改进加工工艺、简化加工工序

改进加工工艺、简化加工工序,即做到以下四点:

① 优化产品性能,改进工艺,提高产品合格率。

② 采用合理工艺,简化产品加工流程,尽量减少加工工序,谋求生产过程中的废料最少化。

③ 减少产品生产过程与使用过程的污染物排放,如减少切割液的使用或采用干切割加工技术。

④ 在构件等设计中,要考虑到产品废弃后的回收处理工艺方法,使产品报废后易于处理和处置,且不产生二次污染。

途径一:成组技术(Group Technology,GT)

成组技术源于制造业理念,在机械制造工程中,成组技术是计算机辅助制造的基础。成组技术的核心是成组工艺,它是把结构、材料、工艺相近似的零件组成一个零件族(组),按零件族制定工艺进行加工,从而扩大了批量、减少了品种、便于采用高效方法、提高了劳动生产率。近年来,成组技术已发展成为柔性制造系统和集成制造系统的基础。

途径二:大规模定制(Mass Customization,MC)

大规模定制的思想已逐渐成为信息时代制造业发展的主流模式。大规模定制的生产方式是根据每个客户的特殊需求以大批量生产的效率提供定制产品的一种生产模式,是解决工业化大规模生产与多样化、个性化矛盾的有效方法。大规模定制的基本思想是:将定制产品的生产问题通过产品重组和过程重组全部或部分转化为批量生产问题。大规模定制从产品和过程两个方面对制造系统及产品进行了优化。

产品优化的主要内容是：正确区分用户的共性和个性需求、产品结构中的共性和个性部分。将产品中的共性部分归并处理，减少产品中的定制部分。

过程优化的主要内容是：正确区分生产过程中的大批量生产过程环节和定制过程环节。减少定制生产环节，增加大批量生产过程环节。

3. 物流阶段

物流阶段碳排放的计算见公式(3-6)、公式(3-7)、公式(3-10)、公式(3-8)、公式(3-11)：

$$P_3 = P_{ver} + P_{lev} + P_{2ver} \tag{3-6}$$

$$P_{ver} = \sum_m (D_m \times Y_m) \tag{3-7}$$

$$D_m = \sum_v (GE_v \times P_v \times T_v / \rho_v \times E_v) \tag{3-10}$$

$$P_{lev} = \sum_m (L_m \times Y_m) \tag{3-8}$$

$$L_m = \sum_s (Q_m \times H_s \times L_s \times E_s / 100) \tag{3-11}$$

1) 一、二次垂直运输阶段减碳措施的关键碳排放影响因子是“D_m、Y_m”，而与“D_m”相关的碳排放影响因子是“GE_v、P_v、T_v”，其中“GE_v、P_v”均与垂直运输机械有关；因此该阶段的控制变量分别是“GE_v、P_v”“P_v”“Y_m”。

(1) 控制“GE_v、P_v”——即合理选择、安排垂直运输机械

“GE_v、P_v”是垂直运输机械的碳排放基本参数(比油耗、额定功率)，控制该两项参数，与垂直运输机械的规格选择有关，但并非简单地选择低比油耗、低功率的起重机械，这是一个综合性的问题。首先分属不同功能体系(结构体、围护体、设备体等)的构件或模块在质量、尺寸等各方面都存在很大差异，且构件种类繁多；由于起重机械的租赁成本较高，在租赁期还应考虑到起重机械单位时间使用效率的最大化，应按照构件等的规格条件选择合适吨位的起重机械，但机械的规格种类越多，租赁成本越高，需合理简化吊装车辆的种类，尽量兼顾不同质量、不同规格尺寸的构件或模块，在起重机械的规格种类与使用效率之间做出权衡，从而实现该阶段的低碳控制。

如何选择：起重机械的选择由房屋承包商与构配件生产厂商共同决定，在一个项目中，起重机械的选择需与预制构件体系相匹配。起重机械的一般规律是起吊能力与作业范围成反比，起重机械的选择取决于构件或模块的重量和作业范围。构件或模块的起吊对于起重机械的能力要求远高于传统的现场浇筑方式，传统现场建造方式下的起重机的额定起重通常低于 5 t，而用于模块起吊的起重机械通常需要有 40～75 t 的起吊能力。

起重机械的选择取决于起吊装载量、起吊高度、执行多重任务时起重机的可移动性(作业范围)、升降次数、起重机的可获得性等[44]。同时起重机械的起重臂长度同样决定负载能力。例如：一台 7.6～21.3 m 长起重臂的标准液压可伸缩性汽车吊可处理 22 t 货物；30.48 m 长起重臂的汽车吊可处理 33 t 货物，但是规格型号越大的吊车会越容易受到场地条件的制约。

卡车运输的货物重量上限约为 36 t，这意味着即便构件或模块被尽

可能的紧密压缩，使用 7.6 m 长起重臂需要 3 次升降，30.48 m 长起重臂需要 2 次升降。通常，选用成组的小型、可达性强的起重机吊装比多吊一到两次的大型起重机更为经济、低碳。

起重机械类型：起重机械类型主要有两种，移动式起重机和固定式起重机。移动式起重机包括汽车吊和履带式起重机，移动式起重机多用于轻型建造体系。最为常见的固定式起重机是塔式起重机，即塔吊，较移动式起重机可以承受更大荷载并达到更大的作业范围（包括高度和距离），多用于重型建造体系。下面介绍常用于预制构件起吊的通用起重机及各自特性。如图3-33 所示[45]。

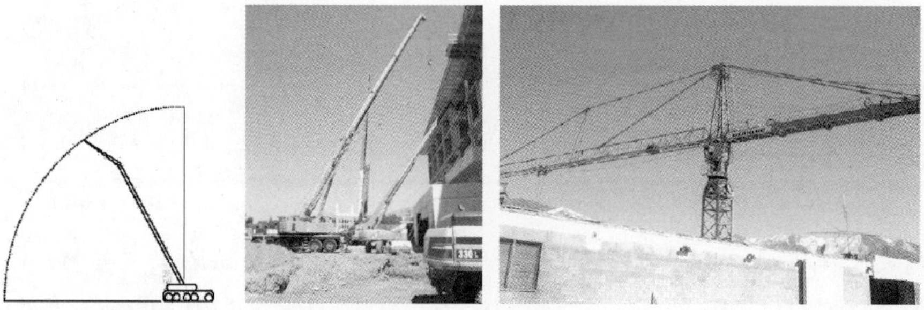

图 3-33　起重机械类型

资料来源：Smith R E. Prefab architecture：A guide to modular design and construction[M]. Hoboken，N. J.：John Wiley and Sons，2010：209.

图左、中：在中小型项目中，移动式起重机的工作范围可以到达场地的任何地方，实现距离可控，这些起重机的额定起重范围在 40～75 t，一般适用于约 55 m 高、49 m 宽以内的建筑预制构件的起吊。图右：塔式起重机是固定的，且成本高，但有更大的起吊能力和作业范围。

汽车吊：

- 适用于进入困难、未平整地形的场地。
- 只适用于高速公路的简易汽车吊，不适于困难地形。
- 全地形汽车吊，结合以上两个特点。
- 具备吊取和搬运性能。
- 40～75 t 自身重量。

履带式起重机：

- 具有更大的现场灵活性。
- 由 8 辆卡车拖运至现场。
- 40～3 500 t 自身重量。
- 需现场自行组装。

塔式起重机：

- 适用于空间富余型场地。
- 通常固定于基础上。
- 作业范围最广。

(2) 控制“T_v”——即缩短吊装时间

途径一：优化吊装安排

天气条件对起吊安排也有一定的影响。当风速超过 16.09 km/h（4.47 m/s），考虑到吊装安全，工作需暂停，因此对吊装工作的整体时间安排需做出详尽的规划，以保证吊装工作的顺利进行，并最大限度缩短该阶段的时间。同时在吊装过程中，需对构件或模块的所有连接点和暴露处覆盖防雨布避免雨水侵蚀，保证后续装配工作的顺利进行。

优化吊装安排还包括工厂阶段（一次垂直运输）和现场阶段（二次垂直运输）的构件、组件或模块的堆放，两阶段过程相逆，原理一致。宜按安装顺序和型号分类堆放，堆垛宜布置在起重机械工作范围内且不受其他工序施工作业影响的区域。垫木或垫块在构件下的位置宜与脱模、吊装时的起吊位置一致。重叠堆放构件时，每层构件间的垫木或垫块应在同一垂直线上。以便于下一步的装配施工。

途径二：优化吊具设计

优化吊具设计，即开发吊装专用的各类适用于不同类型预制件的吊运夹具；做到既快又安全地将构件或模块吊装至运输车辆上，从而达到提高吊装的工作效率、缩短吊装时间的目的。其中吊具设计包括：预制构件吊装限位器、预制构件垂直调节器、预制构件吊具等。

(3) 控制"Y_m"——即构件、组件、模块的集成化

加大构件、组件、模块的集成化，减少吊装次数，缩短起重机械的台班数。

2) 水平运输阶段

水平运输阶段减碳措施的关键碳排放影响因子是 L_m、Y_m，而与"L_m"相关的碳排放影响因子有 Q_m、H_s、L_s，其中"H_s" 与水平运输机械有关。该阶段的主要控制变量分别是"H_s""L_s""Y_m""Y_m"同上(3)，此处不再赘述。

(1) 控制"H_s"——即合理选择、安排水平运输机械

"H_s"即水平运输机械每运载 1 t 货物 100 km 耗油量[L/(t · 100 km)]，控制该项参数，与水平运输机械的规格选择有关，运输车辆需满足构件、组件或模块的尺寸和载重要求。同时在运输过程中应采取绑扎固定措施，防止构件移动或倾覆。

工业化预制装配建筑的水平运输方式主要有两种方式：集装箱运输和定制尺寸运输。集装箱运输：按照国际标准组织(ISO)，集装箱的尺寸、吊点(提升和定位的方法)、相邻单元间的连接方式均为标准化。定制尺寸运输：针对区别于 ISO 标准的非常规尺寸或定制尺寸，该运输方式适用于铁路、公路载货汽车、船只和航空，可运载过宽、过高、过长的构件、组件或模块。对于交通方式的选择，除了特殊情况(施工场地直接毗邻铁路线或港口，建筑构件可以通过火车或轮船直接装载和卸载；直升机只有在建造场地太偏远或可达性困难的场地使用)，公路运输最为经济、可行。

水平运输机械的类型有载货汽车和拖车，下面介绍其主要性能。

载货汽车：

关于载货汽车的参数包括：额定载重量(t)、功率(kW)、百公里油耗[L/(t · 100 km)]、车厢尺寸[长(m)×宽(m)×高(m)]。

重型汽车指汽车总质量在 12 t 以上，车长 6 m 以上；中型汽车指汽车总质量大于 4.5 t，小于 12 t，车长小于 6 m；轻型汽车指汽车总质量不大于 4.5 t，车长小于 6 m；微型汽车指汽车总质量小于 1.8 t，车长不大于 3.5 m。

拖车：

用于预制构件运输的拖车有下面两种类型：

一是集装箱拖车：标准的箱式集成拖车，用于运输构件、组件、模块等。通过叉式升降机将货物从拖车的背面装载，该类型的优点：在运输过程中保持干燥，并避免损坏。箱型结构的外形尺寸应考虑到运输规格。拖车有以下标准外观尺寸：宽 2.4 m 或 2.55 m；长 8.4 m、9.6 m、10.2 m、10.8 m、12 m、13.5 m、14.4 m 和 15.9 m，其中最后两种最为常见；拖车底盘以上高 2.5 m；最大负载 19.8 t。

二是平板拖车，即有平台可载货的卡车，有 1 轮轴、2 轮轴、3 轮轴，取决于运输货物的尺寸和重量。通常用于建材运输的平板拖车有以下三种

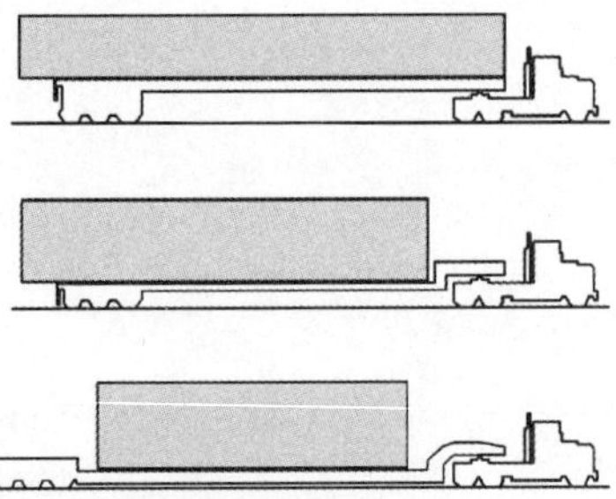

图 3-34 平板拖车类型

上：标准平板拖车，适合长货物；

中：单边下降平板；

下：双边下降平板，适合高货物。

一般来说，拖车的租赁成本由上到下依次增加。

资料来源：Smith R E. Prefab architecture：A guide to modular design and construction[M]. Hoboken，N. J.：John Wiley and Sons，2010：198.

类型(图 3-34)：

① 标准平板拖车：运输正常宽度和高度的货物，通常是双轴挂车，底盘宽 2.55 m、长 14.4 m，由于底盘离地面高，负载的高限为 2.55 m，货物长度的限值为平板长度外加规范允许的悬垂长度。如美国犹他州，14.63 m (48 英尺)长平板拖车可以容纳 16.46 m(54 英尺)长货物，最大负载约 22 t(48 000 磅)。

② 单边下降平板：通常是双轴或三轴挂车，用于运输许多相同类型货物，优点：无需额外许可，可以拖运更高负载。大多拖车长 14.4 m 或 15.9 m，标准的 14.4 m 拖车的上层长 3 m，预留载货区长 11.4 m。如美国犹他州，典型的单边下降平板拖车的货物高限 3.15 m，货物长度限值为 15 m(包括悬垂长度在内)。单边下降平板拖车相较于标准平板拖车更笨重，最大负载约 20 t(44 000～45 000 磅)。

③ 双边下降平板：由于平板中间的凹陷可拖运超高货物，但同时货物的长度相比较前两种受到限制，且货物较难装载。双边下降平板通常长 14.4 m，较低平板间高 0.5 m，货物允许的限高位 4.65 m，长度限值为 12 m。该拖车在牵引机与平板之间有可移动式鹅颈管，为装卸货提供更大的灵活性。

(2) 控制“L_s”——即合理安排运输路线

“L_s”即水平运输机械的运输距离(km)，合理安排运输路线包括两部分：

① 场内运输：宜设置循环路线，尽量缩短运输距离。

② “工厂——施工现场”场外运输：构件运输应合理选择路线，制定运输路线需要考虑道路、桥梁的荷重极限，及限高、限宽、转弯半径规定，还要考虑交通管理等方面的相关规定。其中由于不同体系的构件、组件或模块的质量、体积等各方面的差异，故限高、限宽值也有差异，这两点更需要增强重视。

4. 装配阶段

装配阶段碳排放的计算见公式(3-12)至公式(3-14)：

$$P_4 = \sum\nolimits_m (A_m \times Y_m) \tag{3-12}$$

$$A_m = D_m + Z_m \tag{3-13}$$

$$Z_m = \sum\nolimits_j (Q_j \times P_j \times T_j \times E_e) \tag{3-14}$$

吊装阶段：关键碳排放影响因子“D_m”，与之相关的变量控制同物流阶段的吊装环节，此处不再赘述，这里说明下装配阶段的吊装环节，预制构件或模块在运抵施工现场的堆放点后，经现场管理人员清点数目并核对编号，采用专用的吊具将构件或模块吊至安装位，施工人员在将构件初步就位后随即设置临时支撑系统与固定限位措施。

装配阶段：关键碳排放影响因子“Z_m”，与“Z_m”相关的碳排放控制变量分别是“Q_j、P_j、T_j”。

(1) 控制“Q_j”——减少连接节点个数，即模块化装配

模块集成度越高，就像汽车制造，高度预制后的模块在现场组装时可以减少连接节点的个数，缩小安装误差，节省大量的安装时间。构件—组件—模块，随着集成化程度的提高，安装对象越来越大，现场组装的工作量递减、步骤越来越简单，优化建造效率。

按构成要素来划分，工业化预制装配建筑可以分为结构、围护、基础、设备这四个主要模块。这些主要模块根据建造方式可以进一步细分，如围护体可以继续划分为外围护模块和内装模块，外围护体还可以分为屋顶、墙体模块等，如图 3-35 所示。

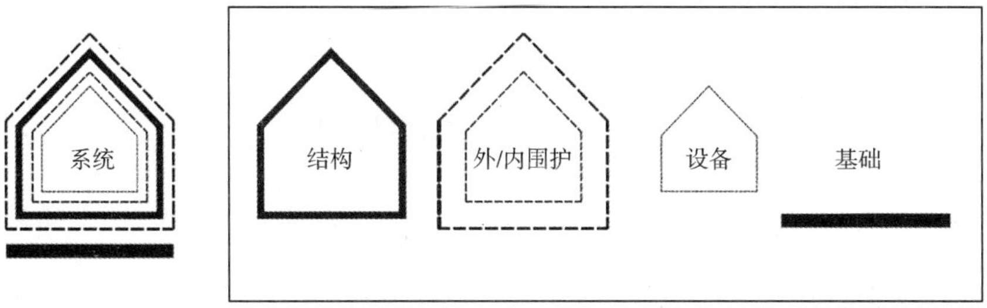

图 3-35　工业化建造系统四大模块

资料来源：Smith R E. Prefab architecture: A guide to modular design and construction[M]. Hoboken, N. J.: John Wiley and Sons, 2010:221. 作者编辑。

由于各种限制，无论是结构强度还是空间的灵活性需求，适用于模块化概念的大体量建筑类型是有限的，与模块化装配技术更为匹配的依然是轻型建造系统，从材料、结构形式的选择到模块的大小、模块之间的组合都大大超过在重型建造系统中的应用。

① 基础

对于模块化结构基础，可以是点式、线式或连续式。木材模块通常采用分布荷载，类似于承重墙结构；而钢结构模块通常是连续式或点式荷载而非分布荷载。基础安装构件通常用垫片来水平对齐，实现快速装配，如图 3-36 所示。

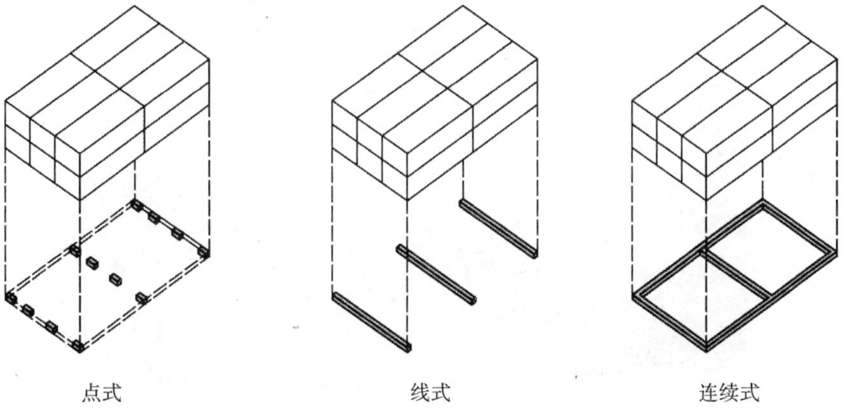

图 3-36　三种模块化基础类型

资料来源：Smith R E. Prefab architecture: A guide to modular design and construction[M]. Hoboken, N. J.: John Wiley and Sons, 2010:210.

② 结构、围护

在轻型建造系统中，"模块化"已经成为标准的设计方法和建造技术。木材和轻钢是现在单元模块制造的标准材料，相比较预制混凝土构件，单元模块的组装更快。木材通常以板材的方式在工厂组装成单元模块，钢材则被作为单元模块的骨架，然后在骨架上附加各种类型的墙板组成单元模块，如图 3-37 所示。单元模块在需要拼接形成大空间的面预先留空，同时考虑到建造过程中结构受力的不稳定，采用临时支撑构件加固，在整体安装过程结束后拆除。

屋顶作为围护体中功能最复杂的部分，过多的接缝会导致屋顶防水功能出现缺陷，预先安装好的屋顶尤其是坡屋顶在吊装过程中容易损坏，因此无论从设计角度还是装配角度，独立的屋顶模块设计都是必要的，如图 3-38 所示。

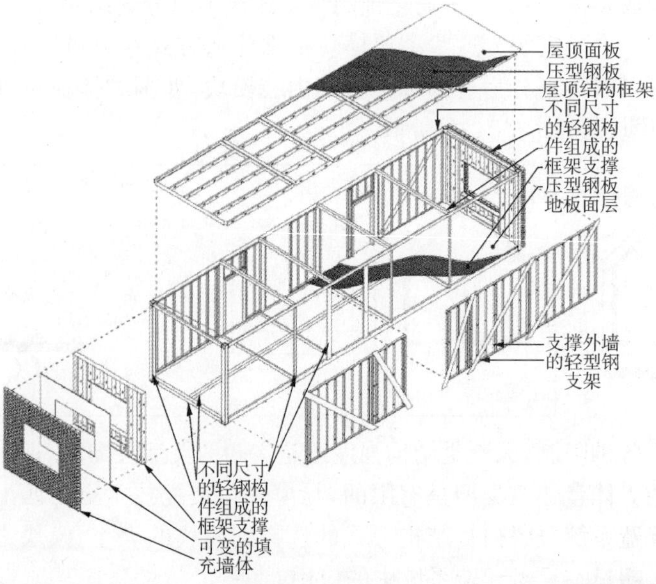

图 3-37　典型的轻钢单元模块（结构体与围护体）

资料来源：Smith R E. Prefab architecture: A guide to modular design and construction[M]. Hoboken, N. J.: John Wiley and Sons, 2010:171. 作者编辑。

图 3-38　独立屋顶模块

资料来源：www. flick. com

③ 设备

除了结构与围护体，设备模块（包括卫浴、厨房、空调设备等）的集成也很重要，这些设备会根据单元模块的尺寸，预先定制，可以在单元模块工厂预制的时候先安装在模块中，也可以单独组成设备模块，在现场总装的时候再整体安装，如图 3-39 所示。

（2）控制“T_j”——缩短单位节点的连接时间，即优化快速装配的预制连接件和装配工艺

途径一：优化快速装配的预制连接件

建筑构件、组件或模块之间的连接界面主要包括三种方式：

① 固定式装配：如住宅室内的围护部分、有特定技术要求的部位，如保温墙、隔音墙等，采用专用黏合剂安装固定连接的方式。

② 可拆装式装配：如划分室内空间的隔墙，可采用搭挂式金属连接，接缝用密封胶密封连接，表面不留痕迹，方便以后变更或更换表面装修材质。

（左上角：整体设备模块现场直接装配；其余三张：待现场组装后再装配）

图 3-39　设备模块

资料来源：Smith R E. Prefab architecture: A guide to modular design and construction[M]. Hoboken, N. J.: John Wiley and Sons, 2010:166,173.

③ 活动式装配：内部装修构件也可与结构构件进行活动式装配，在室内的特定区域内采用滑动式金属组件装配方式，形成可以随时变化的室内空间，并设置暗装式隔墙与家具插口，使内墙体与家具装配成为灵活的整体。又如整体橱柜，整个柜体可由不同功能的柜体单元拼接而成，方便功能升级时更换。

三种方式可以归结为两大类：固定式连接和可拆卸式连接，如表 3-25所示。

表 3-25　连接方式与材料的关系（固定式连接和活动式连接）

装配方式		材料类型								
		木材	竹材	砌体		砂浆		金属	玻璃	合金材料
				砖	石材	现浇	预制			
固定式连接	砂浆			●	●					
	浇筑					●	●			
	胶合	●			●				●	●
	焊接							●		
活动式连接	绑扎	●	●							
	螺钉	●	●					●		●
	螺栓	●	●				●	●	●	●
	卡扣				●			●		●
	夹固	●			●			●	●	●

资料来源：作者自绘。

固定式连接包括胶接、焊接、铆接等，砌筑或胶合是最常见的固定式连接，黏合剂为砂浆、强力胶等；焊接是随着金属材料技术的发展而产生的一种固定连接工艺，是通过电弧产生的热量熔化焊条和局部焊件，然后冷凝形成焊缝从而使焊件连接成一体的现场操作的连接技术。根据接合方式的不同，焊接可以分为对接、搭接和 T 形连接三种。如图 3-40 所示。

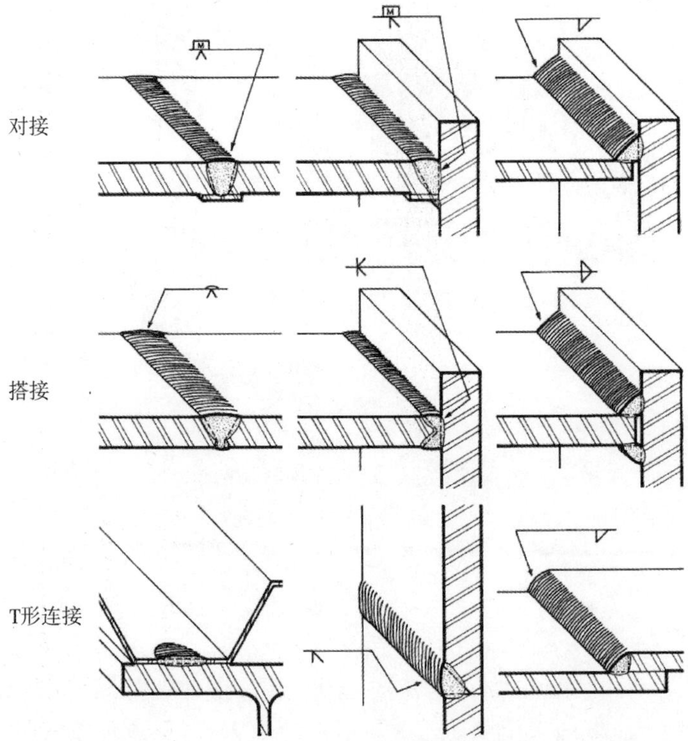

图 3-40　钢框架结构中典型的焊接类型

资料来源：Fundamentals of Building Construction：430.

可拆卸式连接包括螺栓、卡扣、滑轨等。可拆卸连接更符合工业化预制装配建筑的可持续发展要求，丰富多元、灵活可变、轻质高强的可拆卸连接在建筑构造工艺的发展中已经占据越来越重要的地位。可拆卸式连接的干作业方式是区别于依靠化学变化的湿作业的固定式连接的主要特征。丰富的金属构件加工工艺是可拆卸连接的基础，金属的加工方式可以分为冷加工、热加工和机械加工；具体的工艺又可以分为锻造、铸造、轧制、挤压、拉拔、扭转等，通过这些不同的工艺，产生了类型丰富的螺钉、螺栓、铆钉、销钉等连接构件，如图 3-41-1 所示；这些多样的可拆卸连接最终形成了金属型材与板材之间灵活的组合方式，如图 3-41-2 所示。设计人员依据装配方式对金属连接件进行设计，进而考虑连接件的制造成本，在装配和成本间达到平衡，以尽可能低成本易装配的产品结构作为最终方案，该过程用于优化快速装配预制连接件。

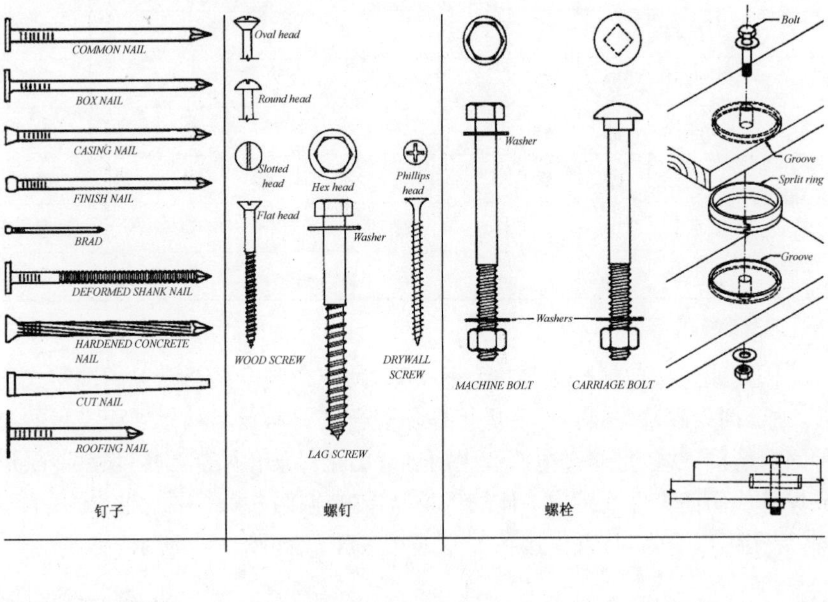

图 3-41-1　类型丰富的螺钉、螺栓等连接构件

资料来源：Fundamentals of Building Construction：123.

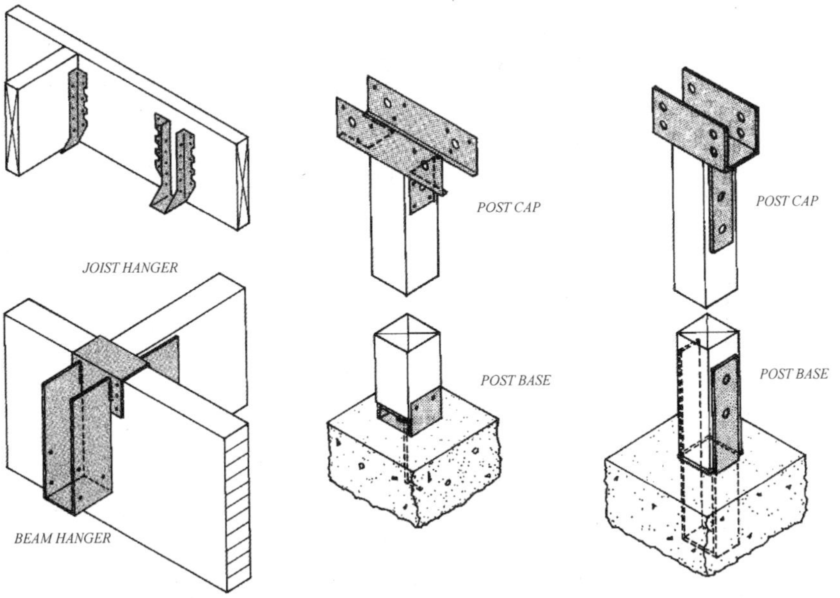

图 3-41-2 金属型材与板材之间灵活的组合方式

资料来源:Fundamentals of Building Construction:123.

卡扣也是一种高效的可拆卸的、可实现快速装配的构造连接方式,卡扣是定位件、锁紧件和增强件的集合体,最大可能地将多种功能集于一身,构件与构件之间的连接是借助定位功能件和锁紧功能件(约束件)共同完成的,这些功能件与被结合元件的其中一个是同源的,结合要求锁紧功能件(柔性的)在与配合件结合时向一侧运动,随后恢复到原来位置。其中定位功能件是非柔性的,在连接件中提供强度和稳定性,如图 3-42 所示[46]。

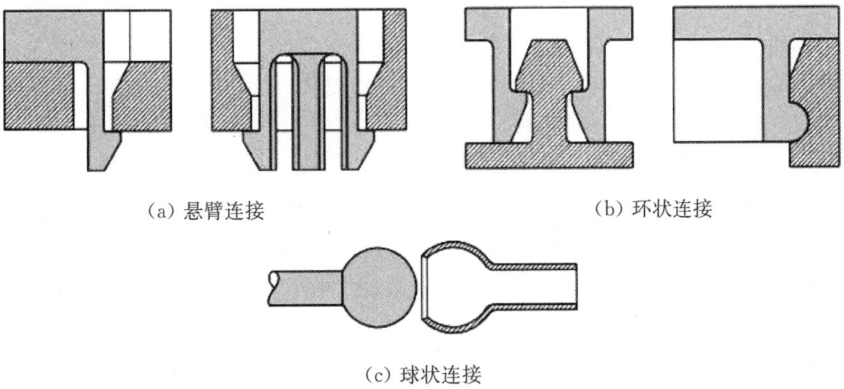

(a) 悬臂连接　　(b) 环状连接

(c) 球状连接

图 3-42 卡扣构造的基本形式

资料来源:姜蕾. 卡扣连接构造应用初探——应急建造及其连接构造问题研究[D]. 南京:东南大学,2012:18.

途径二:优化装配工艺

高质、高效的装配工艺应遵循下面几项原则[47-48]。

① 减少零配件数量。考虑去除每个零配件的可能性,如图 3-43(a)所示;把相邻、相似、对称的零配件合并成一个零件,如图 3-43(b)所示;合理选用零配件制造工艺,设计多功能的零配件,如图 3-43(c)所示。

② 减少紧固件数目和类型。因为多一个紧固件就要增加装配工序,延长连接单位节点的时间,同时紧固件容易产生应力集中而损坏;此外还要考虑到紧固件的标准化,以使用最少的装配工具。方法包括:使用同一类型的紧固件;使用卡扣等代替紧固件;避免分散的紧固件设计。

③ 使用基本件定位其他件。这一设计原则是鼓励使用一个简单的基本件,将其他件安装在此基本件上。基本件提供确定其他部件位置,是固定、运输、定位和支撑的基础,方法包括四周增加限位、使用定位柱等。

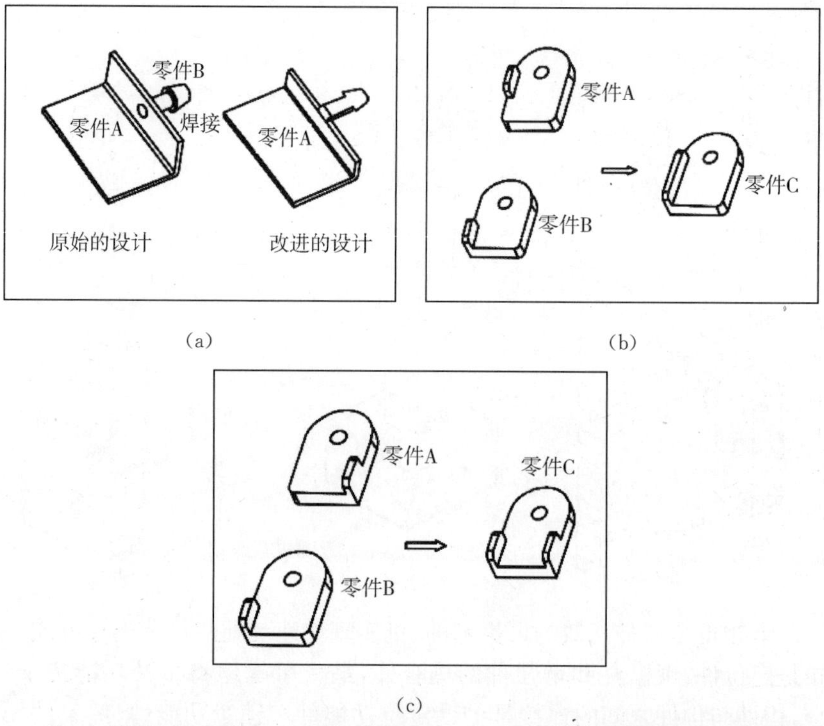

图 3-43　减少零配件数量的方法

资料来源：钟元. 面向制造和装配的产品设计指南[M]. 北京：机械工业出版社，2011：5.

④ 在装配中不需要二次定位基准。这一原则是指装配基准应与设计基准和加工基准一致。如预制混凝土结构建筑装配阶段，临时固定措施的主要功能是在装配式结构安装过程承受施工荷载的同时，保证构件一次定位。预制构件安装就位后应及时采取临时固定措施，并可通过临时支撑对构件的水平位置和垂直度进行微调。预制构件与吊具的分离应在校准定位及临时固定措施安装完成后进行。临时固定措施的拆除应在装配式结构能达到后续施工要求的承载力、刚度和稳定性要求后进行，并应分阶段进行。对拆除方法、时间及顺序，应事先制订方案。

⑤ 零配件对称设计。如果在装配中连接构件仅能以一种方式装入，那么连接件必须定好方向，这对于装配精度的要求会提高，而降低了装配效率。零配件的对称设计有两种：头尾对称（垂直与插入轴的轴对称）和与插入轴对称。头尾对称意味着在装配时，可以从零件的任何一端首先装入，如图 3-44(a)所示，只能由一个方向装入，若改为右侧图头尾对称结构，则也能从另一个方向装入；与插入轴对称即考虑旋转对称，如图 3-44(b)所示为考虑与插入轴对称的改进设计，左侧为非对称形状，改为右侧对称，若设计成圆形或球形，则可 360°旋转对称。

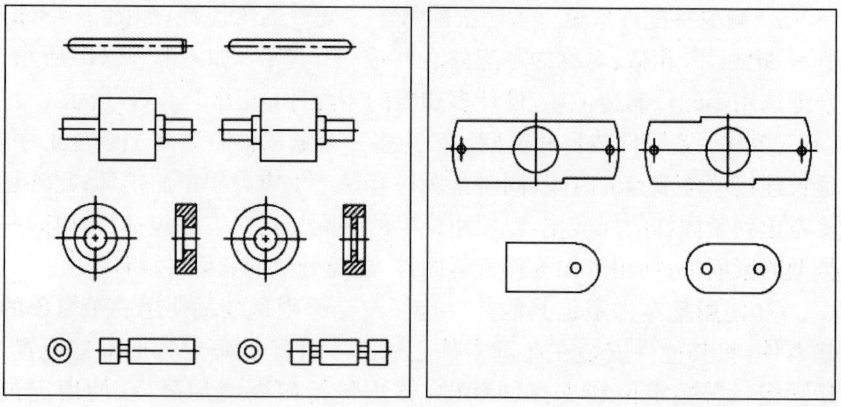

(a) 头尾对称　　(b) 与插入轴对称

图 3-44　零配件对称设计

资料来源：柴邦衡，黄费智. 现代产品设计指南[M]. 北京：机械工业出版社，2012：289.

⑥ 装配连接件与插入轴不对称时要将不对称性表达清楚，这一原则的目的是使连接件仅按规定的方式装入。

⑦ 零件通过直线式装配实现配合，从同一方向完成所有操作这一原则的目的是使装配运动最少，即装配时所有零件只需按一定顺序在同一方向移动。因此，装配过程不需要基准的再定位，也不需要考虑其他的装配运动。考虑到重力对装配过程的帮助，向下是最佳方向。如图 3-45 左侧原装配需三个运动，右侧为改进后装配只需向下的一个动作。

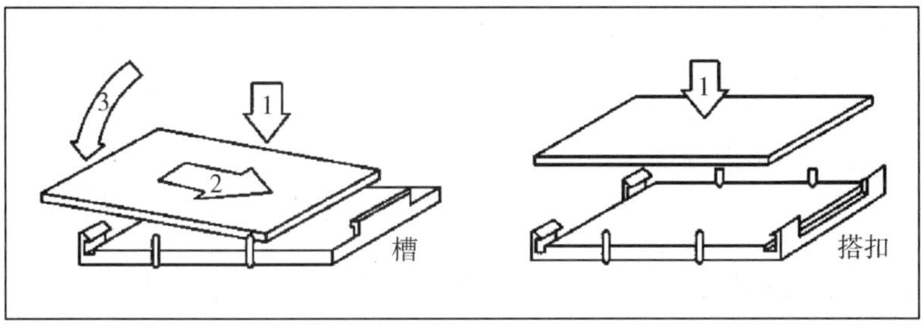

图 3-45 直线式装配（左侧：原始设计；右侧：改进设计）

资料来源：柴邦衡，黄费智. 现代产品设计指南[M]. 北京：机械工业出版社，2012：290.

⑧ 充分利用斜面、倒角和柔性实现插入和调整。利用倒角、圆角及导向部分，使装配容易，已为大家所熟知，如图 3-46 所示为利用柔性使装配容易的示例。

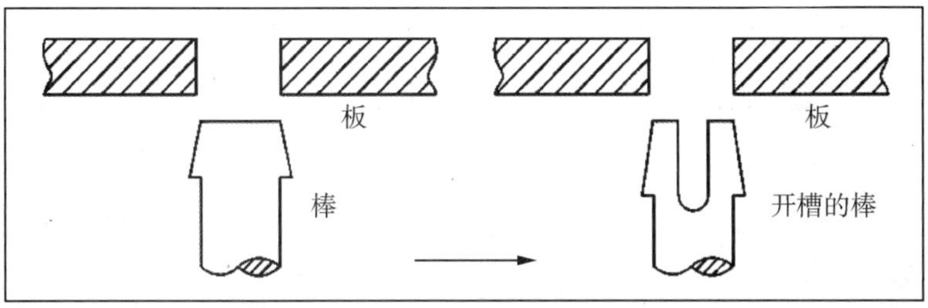

图 3-46 利用柔性插入装配

资料来源：柴邦衡，黄费智. 现代产品设计指南[M]. 北京：机械工业出版社，2012：290.

⑨ 零件的最大可接近性。无论装配还是维修都需要工具。要提高装配效率，为工具留出足够的空间是必要的。如果零件在不方便的情况下装入，装配效率也就相应下降，如图 3-47 所示，改进后加大了扳手活动范围，也就提高了装配效率。

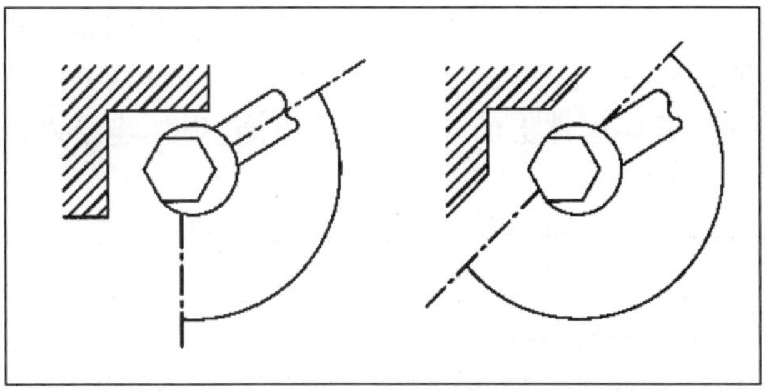

图 3-47 为装配工具操作预留空间

资料来源：柴邦衡，黄费智. 现代产品设计指南[M]. 北京：机械工业出版社，2012：290.

可按表 3-26 来评价可装配性设计 9 项原则的执行情况。

公差控制：除了以上提出的 9 项装配原则，优化装配工艺还包括合理的公差控制。人们常误认为严格要求零配件的公差就可以提高产品质量，事实上，严格的零件公差只能表示单个零件生产质量水平高，并不意味着整个产品的质量高，产品质量必须通过装配才能体现出来。零件公差越严格，制造成本越高，装配效率随之下降。因此装配节点设计中应避免提出过高的精度要求，并避免出现“双重配合”的设计。

表 3-26　可装配设计评价表

可装配设计 单独装配评估 实验 01　02　03　04　05					评估人________ 日期________ 审核人________ 日期________	
全部装配						评估
① 所有零配件数量最少化	○差	○合理	○好	○很好	○卓越	
② 独立紧固件最少化	○差	○合理	○好	○很好	○卓越	
③ 基础件有定位特性(定位面或点)	○差	○合理	○好	○很好	○卓越	
④ 装配过程中需要重新定位	○>2 次重新定位		○1 次	○没有重新定位		
零配件摆放						
⑤ 头尾对称的设计	○无	○很少	○一些	○许多	○全部	
⑥ 与插入轴对称的设计	○无	○很少	○一些	○许多	○全部	
⑦ 不必要对称处的明显不对称设计	○无	○很少	○一些	○许多	○全部	
零配件配合						
⑧ 直线式装配	○无	○很少	○一些	○许多	○全部	
⑨ 柔性等特征便于插入和自动调整	○无	○很少	○一些	○许多	○全部	
⑩ 零件可接近性的最大化	○无	○很少	○一些	○许多	○全部	
注意:评估值仅用于比较一个装配体与同样装配体的不同设计	□总数×0　□总数×2　□总数×4　□总数×6　□总数×8 总分					

资料来源:柴邦衡,黄费智.现代产品设计指南[M].北京:机械工业出版社,2012:290.作者编辑。

容许误差是公差控制的技术手段,是在生产、装配及使用中都要考虑到构件的误差和调误差的构造设计。在安装时出现的误差可能是线性的,也有可能是平面的、三维的。在设计阶段为生产和装配误差留有余地是非常必要的,譬如构件上的长孔、柔性垫圈、弹性连接以及预留接缝连接。

公差控制有以下五种方法,如图 3-48、表 3-27 所示[49]。

① 滑动配合:一个元素覆盖另一个并通过滑动来定位。一旦存在尺寸偏差,该差距由滑动元素填补。

② 可调适合:建筑元素必须准确定位,因此在设计过程中务必保证安装现场的可调整。超大洞口和水平或垂直开槽锚允许不同系统(譬如箱体面板与结构层)的相互连接。一旦出现同轴连接,通常采用焊接或栓接;相比较焊接和胶结,构件的拆卸分解更倾向于螺栓连接或滑动连接。

③ 预留:滑动覆盖是一种方法,尺寸预留也是一种方法;预留通常可产生光影画线以掩盖细节精度的缺失。系统、材料的转变或元素方向的改变,在带来视觉效果的同时也为容差预留提供可能和余地。

④ 对接:即斜面结合处相交元素的取舍。该节点处以抛光的 A 面覆盖垂直于 A 面的 B 面,同时隐藏有缺陷的细节,它的优点是规避由斜接带来的相接元素的破坏。

⑤ 边缘:元素的边缘在被暴露时需被特别保护,锐角部容易受到划痕、碰撞、凹陷等损伤。另一方面,边缘倒角不易破损且不伤人。在组装过程中,不同于其他元素,边缘需要塑造和加强。

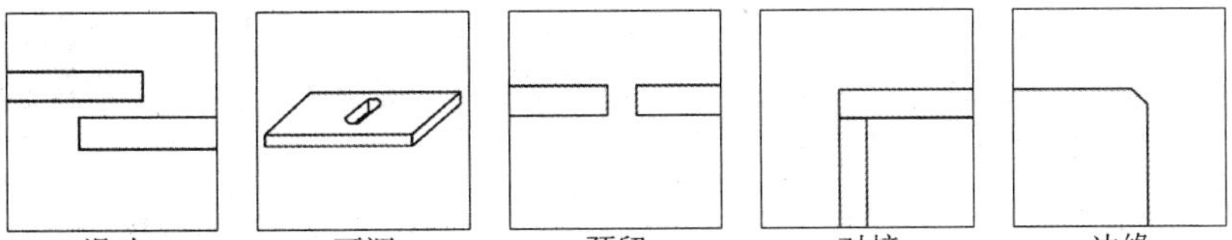

图 3-48 5 种装配公差

资料来源:Smith R E. Prefab architecture: A guide to modular design and construction[M]. Hoboken, N. J.: John Wiley and Sons, 2010:216.

表 3-27 附件:美国建筑的尺寸公差

混凝土	
基础尺寸	−1/2 英寸,+2 英寸
住宅基础的方正误差	1/2 英寸,20 英尺内
墙的垂直误差	±1/4 英寸,10 英尺内
墙厚变化	−1/4 英寸,+1/2 英寸
柱垂直误差	1/4 英寸,10 英尺内,总误差≤1 英寸
梁水平误差	±1/4 英寸,10 英尺内;总误差±3/4 英寸
钢结构	
柱垂直误差	1~3 英寸
梁长度	≤24 英尺高的梁,±3/8 英寸 >24 英尺高的梁,±1/2 英寸
木结构	
基础平坦度	±1/4 英寸,32 英寸内
墙垂直误差	±1/4 英寸,32 英寸内
外围护	
铝合金和玻璃幕墙	取决于生产厂商
建筑玻璃幕墙	取决于生产厂商
金属围护层(CNC)	±1/64 英寸,15 英尺内
内围护	
金属框架的垂直误差	±1/2 英寸,10 英尺内
吊顶的平整度	±1/8 英寸,10 英尺内
模块	
木模块	±1/4 英寸,32 英寸内
钢模块	单个模块任一方向,±1/8 英寸

注:上表是经验法则而非标准,每个独立的项目需要自身的特定的尺寸公差)

资料来源:Smith R E. Prefab architecture: A guide to modular design and construction[M]. Hoboken, N. J.: John Wiley and Sons, 2010:212.

(3) 控制"P_j"——即合理选择电动装配设备

大型机械的选用力求合理，尽可能采用能效比较高的设备，配置使用系数合理的耗电机具，简化机械设备的种类，减少机具空转频率，同时引入手持式电动设备方便工人现场的安装和拆卸作业。

5. *使用和维护更新阶段*

使用和维护更新阶段包括两部分：使用阶段、维护更新阶段。

针对使用阶段，通过 Energy Plus 性能模拟软件对使用阶段的能耗做出预估模拟，提前发现问题，为修正方案设计、提前解决问题提供依据，从而最大限度地降低能耗使用和碳排放。

维护更新阶段，相较于使用阶段，该阶段与工业化预制装配模式的关联更为密切，该部分碳排放的计算公式是与 P_2、P_3、P_4 合并考虑的，由此可见该部分与工厂化生产、物流、装配密切相关。

该部分的减碳措施包括：系列化、通用化、模块化。系列化是指同类归并，按最佳数列科学排列的大小分档、分级，以便有效地精简品种，防止盲目形成杂乱无序的标准化方法。通用化是同一类型不同规格或不同类型功能相同、结构相似的零部件，统一后彼此可以相互互换的标准化方法。不同部品的使用寿命不同，特别是随着居住水平提高，对住宅维修维护部品互换性尤其重要，模块化方法可较好解决此问题。国外住宅建筑工业化过程中，逐步把住宅产品的结构典型化同尺寸参数系列化联系起来，并且注重产品的通用化。丹麦建立较健全的模数标准并且强制执行，通用体系总产品目录由互换性部品构成；瑞典建筑部品规格纳入瑞典工业标准(SIS)，部品的尺寸、连接等标准化、系列化提高了部品的互换性，由于采用税收鼓励政策，80%以上新建住宅采用通用部件。日本在 20 世纪 70 年代开始推广以"住宅部件化"为中心的工业化住宅，1980 年开始的 CHS(Century Housing System)作为当时日本建设省提高居住功能开发项目的一个重要环节，探讨通过部件互换实现高度耐久性住宅设计。

模块化设计在维护更新阶段对低碳减排的作用意义[50]：

① 模块化设计能满足低碳要求开发的产品结构，是由便于装配、易于拆卸和维护、有利于回收及重复利用的模块单元组成，既简化产品结构，同时又能快速组合成市场所需的产品。

② 建筑中有永久性的结构和构件，有半永久性的构件也有临时性的构件等；有些材料的循环周期与建筑物寿命相同(50 年或 70 年)，有些材料的循环周期可能只有 25 年、10 年或者更少；如果材料寿命超出使用寿命是对材料的浪费，如果材料寿命达不到使用寿命也会造成其他材料的浪费；而模块化设计可将使用寿命相近的部分集成到同一相对独立的模块中，以便于拆卸和及时维护更换。

③ 模块化设计可根据低碳设计的不同目标要求进行设计，当考虑零部件寿命时，可将长寿命的零部件集成在相同模块中，以便产品维护和回收后的重用；当考虑可重用性时，应将具有相同可重用性的零部件集成在同一模块中。

模块化设计的途径：灵活性、适应性设计(长寿命设计)。Crowther 提出一些灵活性、适应性设计建议，如图 3-49 所示。

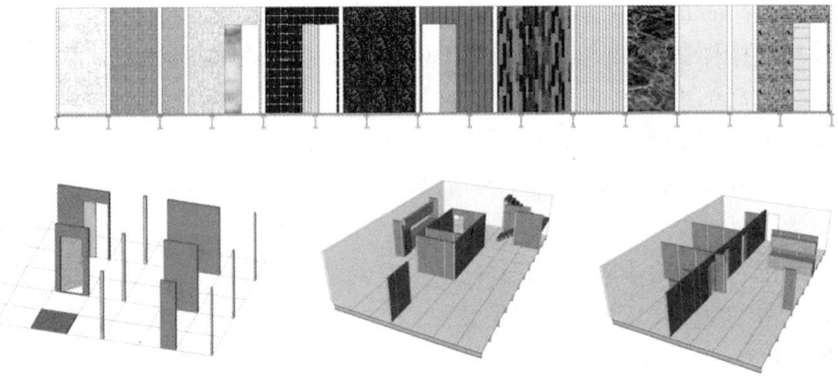

图 3-49　空间可变性设计

资料来源：Smith R E. Prefab architecture：A guide to modular design and construction[M]. Hoboken，N. J.：John Wiley and Sons，2010：230.

（这是一个预制内部隔断系统的住宅建筑案例，在网格上面板通过连接件与立柱固定，为内部空间的灵活处理提供可能。现在，大多户主平均 5 年会更新一次内部空间，上图提出的解决方法将在日常生活中最大限度地降低材料浪费并创造空间可变性）

① 不确定性设计：设计适应多样化功能的空间。

② 初始空间：设计一个特定框架和常规空间允许非过度设计的体系结构。

③ 剩余空间：有空间未被预先设定，允许使用者在稍后的时间赋予其功能，或是未完成空间以供使用者在需要时使用。

④ 添加：随着时间的推移提供添加的潜在可能。

⑤ 内部扩展：空间之间可连接成更大的空间，譬如可移动或可拆卸重新配置的墙壁。

⑥ 系统因素：包括需要改变的系统结构、围护体、设备和空间，以及如何改变。

⑦ 可移动部分：滑动、旋转和折叠设计。

住宅部品的适应性设计：

住宅部品对住宅的适应性体现在支撑结构（部品）不变的情况下自由选择内部部品、设备部品等配套部品上。住宅适应性设计（长寿命设计）的目标是满足目前及未来功能的需求，未来需求的实现依靠现阶段住宅的“不确定”部分的设计。

从技术上分，住宅建筑可分为结构部品、围护部品、厨卫部品、设备部品等。在这些部品中，只有结构部品是属于支撑体的层面，在住宅全寿命周期内是永久的、不变的，属于住宅建设中“确定”的部分。其他的所有部品都是属于不同层面的填充部分，是灵活可变的，是主要满足“不确定”功能的部分。

① “确定”部分部品的适应性

框架结构由于技术的保障，使得空间的灵活划分得以实现。由于结构上分为承重部分和非承重部分，为室内空间性质划分和设备安装可变性创造了条件，并可将住宅空间分为基本空间和服务空间，且从结构上分开，服务空间和设备集中布置，便于服务空间的整体拆装。同时住宅的内墙和分户墙也具有部分调整的可能性，尤其轻质高强材料的非承重内墙可获较大的可变性。

② “不确定”部分部品的适应性

“不确定”部分部品的使用寿命短于住宅全周期的寿命，其对于住宅的适应性通过部品的更换、改造来实现。住宅中的“不确定”部品包括围护部品、厨卫部品、设备部品。在支撑体固定不变的前提下，填充体与支撑体的连接越简洁，越有利于适应住宅功能的变化。例如采用轻质高强的非承重隔墙与家具隔断可以根据住宅不同时期功能需求来灵活划分室内空间，各种厨房卫生间设备管线的更新换代、各种智能控制系统逐步在住宅中的应用都是部分“不确定”部品的适应性。

住宅部品的适应性实现：

适应性的实现主要有以下几点：多样性，互换性，整体、大型组合型，接口设计。

首先，部品设计的多样性与互换性是部品适应性的前提。多样化的住宅部品是住宅功能的载体，不同社会环境、不同生活习惯、不同经济条件和年龄构成需要不同的住宅部品来满足。例如中、西厨房设备就是为满足不同家庭需求而设计与开发的产品。另外，一个住宅的寿命至少是50年，而住宅部品的使用年限则不尽相同，往往远小于住宅的寿命，所以就出现了住宅部品因为使用年限的互换性。除此之外，还有因为改变样式、增加功能等的互换。这些互换建立在产品开发的标准化生产上，是住宅功能在全生命周期内得以实现的重要保障。

其次，整体、大型组合型部品是适应性部品发展的必然趋势，大型组合性部品减少了住宅与部品之间的接口，部品的更换改造既可以在大型部品内部解决，也可以通过更换大型部品达到对住宅的适应，这也可以更好地保证住宅的整体性能。

最后，还应注意住宅部品的接口设计。部品的接口不仅要做到将住宅结合成一体化的融合、协调的产品，还应做到同一接口对不同部品的接入需求的满足。这些互换的产品在住宅建造时有可能并未生产，但是现有接口应尽可能做到满足未来产品的需求，例如将不同寿命的产品之间接口灵活化、弹性化，为样式或功能更新的部品预留出满足未来需要的空间等。

6. 拆卸和回收阶段

拆卸和回收阶段碳排放的计算见公式(3-19)至公式(3-22)所示：

$$P_6 = P_{dis} + P_{dis-lev} + P_{rec} \tag{3-19}$$

$$P_{dis} = P_4 \times 90\% \tag{3-20}$$

$$P_{dis-lev} = P_3 \times 90\% \tag{3-21}$$

$$P_{rec} = \sum_{c'} (R_{c'} \times Q_{c'}) + \sum_{g,z,m} [R_{(g,z,m)} \times Y_{(g,z,m)}] \tag{3-22}$$

该阶段的减碳措施，主要包括下面几点。

途径一：可拆卸设计

在产品设计中，可拆卸设计是一种使产品容易拆卸并能从材料回收和零件重新利用中获得最高利润的设计方法学。可拆卸设计是低碳设计的主要内容之一，是绿色设计中研究较早、较系统的一种方法。它研究如何设计产品，才能提高效率、低成本地进行零部件的拆卸及材料的分类拆卸，以便重新回收利用。它要求在产品设计的初期，就将可拆卸性作为结构设计的一个评价准则，使所设计的结构易于拆卸，并可在产品报废后，对可重用部分充分有效地回收和利用，以达到减碳的目的。

可拆卸设计的要求有：减少拆卸的工作量、易于拆卸、减少零件种类、产品结构的可预估性等。

可拆卸设计准则是为了将产品的拆卸性要求及回收约束，转换为具体的产品设计而确定的通用或专用准则，具体如下：

① 拆卸工作量最小准则：它包括两层意思：一是产品在满足功能要求和使用要求的前提下，应尽可能简化结构和外形，减少零件材料种类；二是简化维护及拆卸回收工作，降低对于维护与拆卸人员的技能要求。为此，必须做到：

• 明确所要拆卸的零部件。

• 功能集成。即将多个零件功能集中到一个零件上。

• 在满足使用要求的前提下，尽量简化功能。

• 在零件合并时要注意合并后的零件结构易于成形和制造，从而降低成本。

• 减少产品材料种类。

• 有害材料集成准则，在满足功能的前提下，尽量将有害材料零件集成在一起，便于以后拆卸和分类处理。

• 拆卸目标零件易于接近原则，即不必拆卸许多其他零件才拆下该零件。

② 与结构相关的准则：尽量采用简单的连接方式，尽量减少紧固件数量，统一紧固件类型，并使拆卸过程具有良好的可达性及具有简单的拆卸运动等。

③ 易于拆卸准则：即不仅拆卸动作要快，而且易于操作。这就要求在结构设计时，在拆卸零件上预留可供抓取的表面，且应避免产品中有非刚性零件存在。并将有害物质密封在同一单元结构内，以提高拆卸效率和防止环境污染。

④ 易于分离准则：即尽量避免零件表面的二次加工，如涂装、电镀、涂覆。同时，避免零件及材料本身损坏，并为拆卸与回收提供便于识别的标志。

⑤ 产品结构的可预估性准则：即应避免将易老化或易被腐蚀的材料与需要拆卸和回收的零件组合。要拆卸的零部件应防止被污染或被腐蚀等。

途径二：可回收再利用设计

可回收再利用设计的基本概念是指在产品设计初期，就应充分考虑其零件材料的回收可能性、回收价值的大小、回收处理方法、回收处理结构工艺性等与回收性有关的一系列问题，最终达到零件材料资源、能源的最大利用，并对环境污染最小的一种低碳设计思想和方法。可回收再利用设计的内容主要有：可回收材料及其标志；可回收性工艺及方法；可回收性经济评价及设计等，如表 3-28 所示。

表 3-28　回收利用措施

DO	DO NOT
使用循环再利用材料	使用全新材料
使用可循环材料	使用一次性材料
使用类型较少的材料和组件	使用类型多样的材料和组件
使用自然、无毒的材料	使用有毒、危险的材料
使用易降解材料	使用不可降解材料
使用天然装饰	使用不可降解的复合材料
使用永久辨识度的材料类型	使用在生命周期末期无辨识度的材料
使用机械连接	使用化学连接和黏合剂
使用多变的、适应性强的系统	使用固定不变的系统
使用模块、面板或组件	使用非标准尺寸或配置系统
使用标准的施工方法	使用高度专用系统
独立的建筑系统	精简系统(可提供多处可修改)
提供一种处理方式	设计过程中忽视建造序列
提供合适的公差	严格公差
使用较少连接	使用无限紧固件和连接件
设计耐用持久的连接件	设计一次性连接件
提供拆解的并行路径	详细的、线性的拆解路径
使用结构的/装配网格	使每个组件和连接完全独立
使用轻质材料和组件	使用重质材料和组件
永久标识拆卸	装配和拆卸模糊不清
提供备用配件	备用配件数量无剩余

资料来源：Smith R E. Prefab architecture：A guide to modular design and construction [M]. Hoboken，N. J.：John Wiley and Sons，2010：226.

工业化预制装配建筑的全生命周期中的回收利用包括：更新、元件再利用、材料再循环、材料再生等，如图 3-50 所示。

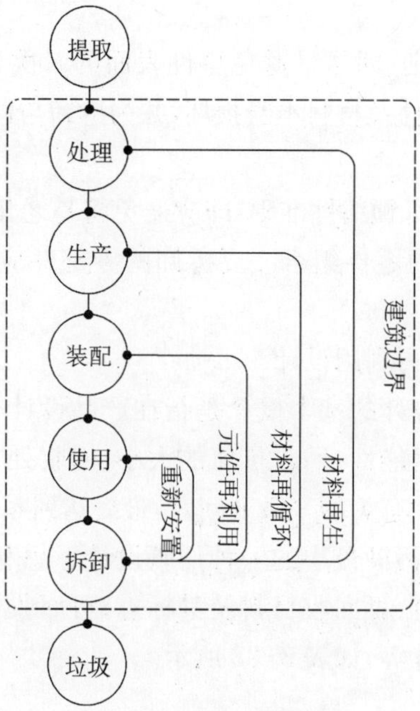

图 3-50　建筑全生命周期的回收利用
资料来源：Smith R E. Prefab architecture：A guide to modular design and construction[M]. Hoboken，N. J.：John Wiley and Sons，2010：225.

注释

[1] Smith R E. Prefab architecture : A guide to modular design and construction[M]. Hoboken, N. J.: John Wiley and Sons, 2010:128.

[2] ISO14040. Environmental Management—Life Cycle Assessment—Principles and Framework[S]. Switzerland: International Standard Organization, 1997.

[3] Sun Guobing, Yang Ming, Wang Da. Data quality evaluation process and methods of natural environment conceptual model in simulation systems[C]// IMACS Multi-conference on "Computational Engineering in Systems Applications" (CESA). 2006. Beijing: [s. n.], 2006:358-361.

[4] Mueller K G, Kimura F. Efficient LCI data exchange for approximate LCA in industry[C]//Proceedings of IEEE International Symposium on Electronics and the Environment. Denver, Colorado: IEEE, 2001:244-249.

[5] 鞠颖,陈易. 全生命周期理论下的建筑碳排放计算方法研究——基于 1997—2013 年间 CNKI 的国内文献统计分析[J]. 住宅科技,2014(5):36-41.

[6] Swiss Centre for Life Cycle Inventories. The Ecoinvent Database[DB/OL]. [2008-09-10]. http://www. ecoinvent. ch/.

[7] Industrial Environmental Informatics(IMI). The SPINE@CPM Database[DB/OL]. [2008-09-10]. http://databases. imi. chalmers. se/imiportal/.

[8] National Renewable Energy Laboratory (NREL). The USA Life Cycle Inventory Database[DB/OL]. [2008-09-10]. http://www. nrel. gov/lci/.

[9] European Commission-DG Joint Research Centre. The European LCI Database [DB/OL]. [2008-09-10]. http://lca. jrc. ec. europa. eu/lcainfohub/index. vm.

[10] 龚先政,张群,刘宇,等. 建材类生命周期清单网络数据库的研究与开发[J]. 北京工业大学学报,2009(7):139-143.

[11] 龚先政,张群,刘宇,等. 建材类生命周期清单网络数据库的研究与开发[J]. 北京工业大学学报,2009(7):139-143.

[12] 何关培. BIM 在建筑业的位置、评价体系及可能应用[J]. 土木建筑工程信息技术,2010,2(1):110-116.

[13] 清华大学软件学院 BIM 课题组. 中国建筑信息模型标准框架研究[J]. 土木建筑工程信息技术,2010,2(2):1-6.

[14] 齐聪,苏鸿根. 关于 Revit 平台工程量计算软件的若干问题的探索[J]. 计算机工程与设计,2008,29(14): 3760-3762.

[15] 王广斌,张洋,谭丹. 基于 BIM 的工程项目成本核算理论及实现方法研究[J]. 科技进步与对策,2009,26(21):47-49.

[16] 燕艳. 浙江省建筑全生命周期能耗和 CO_2 排放评价研究[D]. 杭州:浙江大学,2011.

[17] 刘君怡. 夏热冬冷地区低碳住宅技术策略的 CO_2 减排效用研究[D]. 武汉:华中科技大学,2010.

[18] 张又升. 建筑物生命周期二氧化碳减量评估[D]. 台南:成功大学,2002.

[19] 乔永锋. 基于生命周期评价法(LCA)的传统民居的能耗分析与评价[D]. 西安:西安建筑科技大学,2006.

[20] 仲平. 建筑生命周期能源消耗及其环境影响研究[D]. 成都:四川大学,2005.

[21] 张又升. 建筑物生命周期二氧化碳减量评估[D]. 台南:成功大学,2002.

[22] 李思堂,李惠强. 住宅建筑施工初始能耗定量计算[J]. 华中科技大学学报(城市科学版),2005,22(4):58-61.

[23] 蔡伟光. 中国建筑能耗影响因素分析模型与实证研究[D]. 重庆:重庆大学,2011.

[24] 朱嬿,陈莹. 住宅建筑生命周期能耗及环境排放案例[J]. 清华大学学报(自然科学版),2010,50 (3):3-7.

[25] 鞠颖,陈易. 全生命周期理论下的建筑碳排放计算方法研究——基于 1997—2013 年间 CNKI 的国内文献统计分析[J]. 住宅科技,2014(5):36-41.

[26] 可再利用建材是指基本不改变旧建材或制品的原貌,仅对其进行适当清洁或修整等简单工序后经过性能检测合格,直接回用于建筑工程的建筑材料。可再利用建材一般是指制品、部品或型材形式的建材。合理利用可再利用建材,可延长仍具有使用价值的建材的使用周期,减少新建材的使用量。

可再循环建材是指如果原貌形态的建材或制品不能直接回用在建筑工程中,但可经过破碎、回炉等专门工艺加工形成再生原材料,用于替代传统形式的原材料生产出的新材料。

充分利用可再利用和可再循环的建材可以减少生产加工新材料带来的资源、能源消耗和环境污染,充分发挥建材的循环利用价值,对于建筑的低碳减排具有非常重要的意义。

[27] 朱嬿,陈莹. 住宅建筑生命周期能耗及环境排放案例[J]. 清华大学学报(自然科学版),2010,50 (3):3-7.

[28] 仲平. 建筑生命周期能源消耗及其环境影响研究[D]. 成都:四川大学,2005.

[29] 以下数据成果来源:《装配式框架结构住宅建造技术研究与示范》;完成单位:南京万晖置业有限公司、南京长江都市建筑设计股份有限公司、中国建筑第二工程局有限公司、南京大地建设新型建筑材料有限公司。

[30] 陈冲. 基于 LCA 的建筑碳排放控制与预测研究[D]. 武汉: 华中科技大学,2013.

[31] 智静,高吉喜.生活能源消费及对碳排放的影响——以北京市为例[C]. Proceedings of 2010 International Conference on Remote Sensing (ICRS 2010),2010(3).
[32] 沈孝庭,朱家平.产业化住宅绿色施工节能降耗减排分析与测算[J].建筑施工,2007,29(12):83-85.
[33] 项目资料、数据等来源:"十二五"国家科技支撑计划课题:保障性住房新型工业化建造施工技术研发与应用示范(项目编号:2012BAJ16B03)。
[34] 《2006年IPCC国家温室气体清单指南》,政府间气候变化专门委员会(IPCC)发布,日本Hayama全球环境战略研究所(IGES)为IPCC出版。
[35] 《省级温室气体清单编制指南》,2011年5月,由国家发展改革委组织国家发展改革委能源研究所、清华大学、中科院大气所、中国农科院环发所等单位编写。
[36] 刘博宇.住宅节约化设计与碳减排研究——以上海地区典型住宅平面中的5个问题为例[D].上海:同济大学,2008.
[37] 罗智星,杨柳,刘加平,等.建筑材料 CO_2 排放计算方法及其减排策略研究[J].建筑科学,2011,27(4):2-3.
[38] 孙耀龙.基于生命周期的低碳建筑初探[D].上海:同济大学,2009.
[39] 郭戈.面向先进制造业的工业化住宅初探[J].住宅科技,2009,29(11):7-13.
[40] 郭戈.面向先进制造业的工业化住宅初探[J].住宅科技,2009,29(11):7-13.
[41] 胡向磊,王琳.工业化住宅中的模块技术应用[J].建筑科学,2012,28(9):75-78.
[42] 柴邦衡,黄费智.现代产品设计指南[M].北京:机械工业出版社,2012.
[43] 高颖.住宅产业化——住宅部品体系集成化技术及策略研究[D].上海:同济大学建筑系,2006.
[44] American Institute of Steel Construction. Teaching Tools—Cranes[DB/OL]. 2009-12. http://www.aisc.org.
[45] Smith R E. Prefab architecture: A guide to modular design and construction[M]. Hoboken, N. J.: John Wiley and Sons, 2010:209.
[46] [美]保罗 R.博登伯杰.塑料卡扣连接技术[M].冯连勋,译.北京:化学工业出版社,2004:7.
[47] 柴邦衡,黄费智.现代产品设计指南[M].北京:机械工业出版社,2012.
[48] 钟元.面向制造和装配的产品设计指南[M].北京:机械工业出版社,2011:5.
[49] Willer K. Industrielles Bauen 1. Grundlagen und Entwicklung des Industrielen[M]. Energie-und Rohstoffsparenden Bauens, 1986:96.
[50] 柴邦衡,黄费智.现代产品设计指南[M].北京:机械工业出版社,2012.

第四章　轻型可移动铝合金住宅的全生命周期碳排放评价

第一节　轻型可移动铝合金住宅

东南大学建筑学院技术系从 2011 年起，基于东南大学和苏黎世高等工业大学联合教学“紧急建造”课题，开始了以工业铝型材为结构、采用自主研发的工业化预制装配体系的系列建筑产品设计与建造研究。分阶段、分类型逐步完成了① 铝合金单元房；② 灵活组合的多功能铝合金建筑产品；③ 功能完善、性能突出的“微排屋”住宅产品。三代针对不同需求的系列产品研发，如图 4-1 所示。三代产品中的 2/3 或以上的构件均在工厂完成(包括墙板、柱、梁、地板、屋面板等)，并采用干式装配式工法施工完成。

图 4-1　三代可移动铝合金建筑产品(从左到右：第①、②、③ 代产品)
资料来源：作者自摄。

其中以第三代——可移动铝合金住宅产品最具代表性，以此作为工业化预制装配建筑的碳排放计算案例具有典型意义：① 体量小：建筑面积 40 m^2，两个主体模块的尺寸为(长×宽×高)：3 m×3 m×6 m，3 m×2 m×6 m。② 建造全程可控，数据获取便捷、准确：该住宅从设计绘图、材料准备、构件工厂生产、工厂装配到现场吊装，都采用 BIM 模型全过程控制的方式，有效提高设计、建造的精准度与可视化程度；建造全程仅用两周，其中建材准备 7 天，工厂生产 5 天，现场装配 2 天。基于模数化、标准化的组合设计，选用商品化的各类预制构件和部品，通过物流模式运到现场，采用专业设备进行机械化的现场装配，并采用标准化的工艺处理好连接部位，最后形成预定功能的住宅产品。③ 功能完善、性能突出：住宅采用铝制结构和复合保温体系，由基础、主体、太阳能三个独立的模块共同组成。其中主体部分由通用模块和功能模块两部分构成：功能模块集成整体厨房、整体卫浴及相关设备，通用模块与功能模块的相互独立为住宅产品的可变性提供技术支撑。

第二节　全生命周期碳排放评价

结合本书上面章节提出的工业化预制装配建筑全生命周期碳排放评价模型，以第三代“可移动铝合金住宅产品”为主要案例分析对象，分阶段进行碳排放核算、影响评价（LCIA）、减碳措施这三方面研究，构建轻型建造系统的碳排放评价体系。

其中碳排放核算，即确定目标和范围以及清单分析。影响评价（LCIA），即说明各工艺过程、活动或产品各个组成部分的碳排放影响，再对这些因素按照一定方法进行评估，本书从建造逻辑（构件、组件、模块）和工业化建筑的组成部分（结构体、外/内围护体、设备体）两个角度进行分析评估。减碳措施，即根据初始确定的研究目的和范围，将清单分析及影响评价过程中所发现的问题综合考虑进来，对生命周期影响评价的结果做出解释，形成最后的结论与建议，通过影响评价结果识别产品系统的较弱环节，寻找改进方法。本书结合第一、二、三代产品综合论述，下面将具体展开。

一、建材开采

1. 碳排放核算

下面是建材开采阶段碳排放核算计算步骤。

(1) 建立 BIM 明细表清单 1。以“结构体（体系）—基础（模块）—可调基脚（组件）”的建材开采生产为例具体说明，如图 4-2 所示。

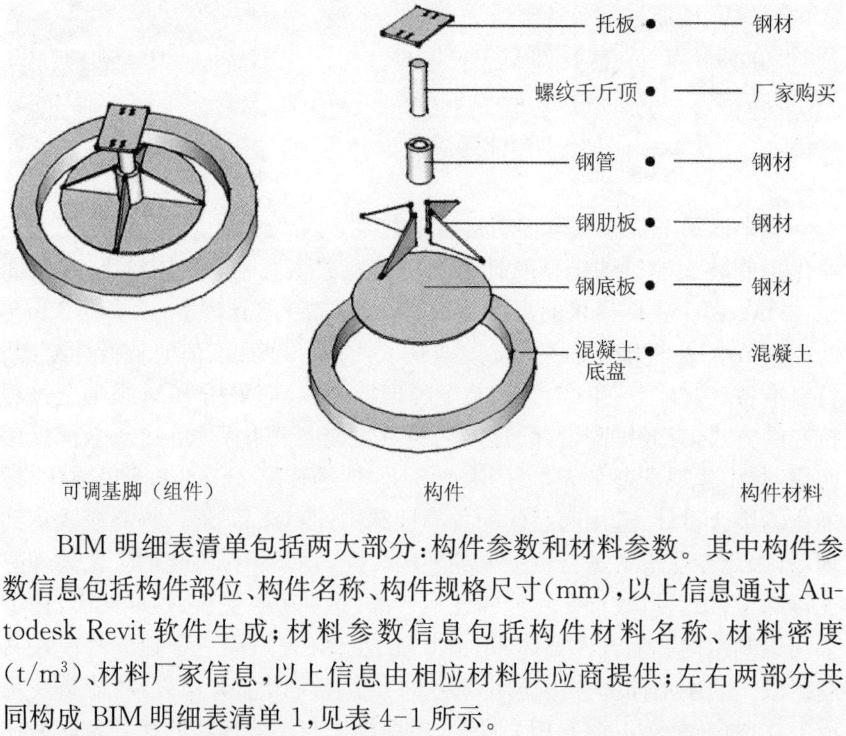

图 4-2　可调基脚（组件）的各构件组成

资料来源：作者自绘。

BIM 明细表清单包括两大部分：构件参数和材料参数。其中构件参数信息包括构件部位、构件名称、构件规格尺寸（mm），以上信息通过 Autodesk Revit 软件生成；材料参数信息包括构件材料名称、材料密度（t/m^3）、材料厂家信息，以上信息由相应材料供应商提供；左右两部分共同构成 BIM 明细表清单 1，见表 4-1 所示。

完整的“可移动铝合金住宅产品”的建材开采生产阶段的 BIM 明细表清单参见附录二。

表 4-1　建材开采和生产阶段——可调基脚(组件)的 BIM 明细表清单 1、数量清单 2

构件参数						材料参数			
构件部位			构件名称	构件规格、尺寸/mm	构件数量	构件材料名称	材料密度/(t/m³)	构件重量 Q_c/t	材料厂家信息
结构体	基础	可调基脚	钢底板	φ600,10 厚	14	钢材	7.85	0.31	南京浦口钢材市场
			钢肋板	250×150×10 厚,三角形	4×14	钢材	7.85	0.08	南京浦口钢材市场
			钢管	外 φ100,内 φ90,高 150	14	钢材	7.85	0.02	南京浦口钢材市场
			托板	160×240×10 厚	14	钢材	7.85	0.04	南京浦口钢材市场
			螺纹千斤顶	QL3D 起重量:3 t 起重高度:50 mm	14	—	—	—	南京润泰市场
			混凝土底盘	外 φ1 000,内 φ800,高 100	14	混凝土	2.50	0.99	南京宁新新迪混凝土有限公司
			碎石垫层	φ800,高 100 (0.05 m³)	14	碎石	堆积密度 0.001 45	0.70 m³	—

资料来源:作者自绘。

(2) 将 BIM 明细表清单 1 代入基础数据库,查询得出各种建材的碳排放系数 V_c,见表 4-2。

表 4-2　该案例所涉及建材的碳排放系数

建材名称	资源消耗量/(t/t)	能源消耗/(GJ/t)	碳排放系数 V_c/(t/t)
钢材	1.8	29.0	1.72*
铝材	0.90*	44.64*	2.37*
建筑玻璃	1.4	16.0	1.40
木材	0.1	1.8	0.20
建筑卫生陶瓷	1.3	15.4	1.40
混凝土砌块	1.2	1.2	0.11(0.25 t/m³)
岩棉	—	—	0.35
聚氨酯 PU	—	—	1.20
碎石	—	—	0.05(t/m³)

注:*[1]:该建材的碳排放系数考虑了可回收利用因素。

资料来源:参考赵平,同继锋,马眷荣. 建筑材料环境负荷指标及评价体系的研究[J]. 中国建材科技,2004,13(6):4-10;罗智星,杨柳,刘加平,等. 建筑材料 CO_2 排放计算方法及其减排策略研究[J]. 建筑科学,2011,27(4):2-3;李云霞. 基于 BIM 的建筑材料碳足迹的计算模型[D]. 武汉:华中科技大学,2012:26 等汇总编辑。

(3) 通过 Autodesk Revit 软件得到构件数量,结合构件尺寸和构件材料密度计算得到构件重量 Q_c(t),由此得到关于建材数量的 BIM 数量清单 2,见上表 4-1。

(4) 得到 V_c、Q_c，通过公式

$$P_1 = \sum_c (V_c \times Q_c)$$

计算得出“可调基脚”建材生产开采阶段的碳排放量

$P_1 = (0.31+0.08+0.02+0.04)\times 1.72+0.99\times 0.11+0.70\times 0.05$
$=0.92(\mathrm{t})$

2. 影响评价(LCIA)

首先，在对“可移动铝合金住宅产品”的建材开采生产阶段进行碳排放计算的基础上进行数据汇总，见表 4-3。其次，从“主要建材碳排放比例”和“组成部分碳排放比例”两个角度，通过数据分析，确定耗碳量较大的建材种类和建筑组成部分，对需要减少碳排放量的对象进行更加准确的定位。

表 4-3　建材开采生产阶段的碳排放数据汇总

构件部位			构件名称	构件材料名称	构件重量 Q_c/t	建材的碳排放系数 V_c(t/t)	碳排放量/t
结构体	基础	可调基脚	钢底板	钢材	0.31	1.72	0.53
			钢肋板	钢材	0.08	1.72	0.14
			钢管	钢材	0.02	1.72	0.03
			托板	钢材	0.04	1.72	0.07
			混凝土底盘	混凝土	0.99	0.11	0.11
			碎石垫层	碎石	0.70(m^3)	0.05(t/m^3)	0.04
		基础框架	铝型材	铝合金	0.51	2.37	1.21
		基座滑轨	槽钢连接件	钢材	0.02	1.72	0.03
	主体结构		铝型材	铝合金	1.29	2.37	3.06
	交通体		木工板	木材	0.36	0.20	0.07
围护体	外围护	外墙	铝板	铝	0.29	2.37	0.69
			聚氨酯保温板	聚氨酯	0.04	1.20	0.05
		地面	铝板	铝	0.27	2.37	0.64
			玻化微珠无机保温砂浆	玻化微珠无机保温砂浆	0.42	1.20	0.50
		屋面	铝板	铝	0.28	2.37	0.66
		门窗	铝合金中空玻璃门窗	玻璃	0.31	1.40	0.43
		外墙装饰	百叶	木材	0.02	0.20	0.01
	内装	内保温板	木工板	木材	2.06	0.20	0.41
			回收岩棉夹层	回收岩棉	0.80	0.35	0.28
		家具	木工板	木材	1.10	0.20	0.22
设备	结构框架		铝型材	铝合金	1.23	2.37	2.92
	新能源系统		太阳能光电板	多晶硅	16 560 kWh	0.7 kg/kWh	11.60
合计					10.44	—	23.30

资料来源：作者自绘。

(1) 主要建材碳排放比例

主要建材用量及碳排放量统计及比例关系，见表 4-4，图 4-3，图 4-4 所示。

表 4-4　主要建材用量及碳排放量统计

建材	钢材	铝材	混凝土	碎石	木材	聚氨酯	玻璃	回收岩棉	光电板	总量
用量 Q_c/t	0.47	3.87	0.99	0.001	3.54	0.04	0.31	0.80	0.25	10.27
比例/%	4.58	37.68	9.64	0	34.47	0.39	3.02	7.79	2.43	100
碳排放量/t	0.80	9.18	0.11	0.04	0.71	0.05	0.43	0.28	11.20	23.30
比例/%	3.43	39.40	0.47	0.17	3.05	0.21	1.85	1.20	48.07	100

资料来源：作者自绘。

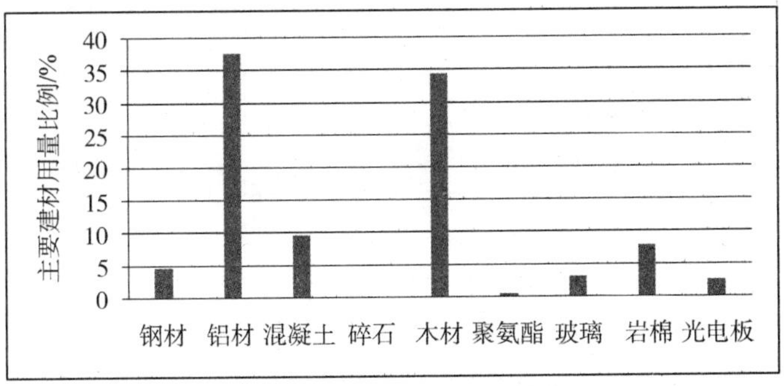

图 4-3　主要建材用量比例

资料来源：作者自绘。

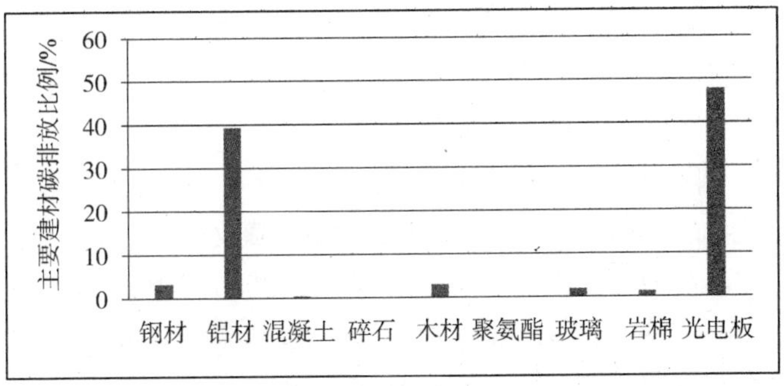

图 4-4　主要建材碳排放量比例

资料来源：作者自绘。

由表 4-4、图 4-3、图 4-4 得：

① 主要建材中，铝材和木材的用量最大，两者之和占统计总量的 70%。

② 建材碳排放量比例中，铝材和光电板最大，两者之和占统计总量的近 90%。

③ 由①、②得出：建材的碳排放量与建材用量不成正比关系。

(2) 组成部分碳排放比例

按住宅各组成部分(包括结构体、外围护体、内装体、设备体)分别统计其碳排放量及比例关系，见表 4-5，图 4-5，图 4-6。

表 4-5　组成部分碳排放量及比例关系统计

	结构体				外围护体						内装			设备		
	基础	主体结构	交通体	总量	外墙	地面	屋面	门窗	外墙装饰	总量	内保温板	家具	总量	结构框架	新能源系统	总量
碳排放量/t	2.16	3.06	0.07	5.29	0.74	1.14	0.66	0.43	0.01	2.98	0.69	0.22	0.91	2.92	11.20	14.12
比例/%	9.27	13.13	0.30	22.70	3.18	4.89	2.83	1.85	0	12.79	2.96	0.94	3.91	12.53	48.07	60.60

资料来源：作者自绘。

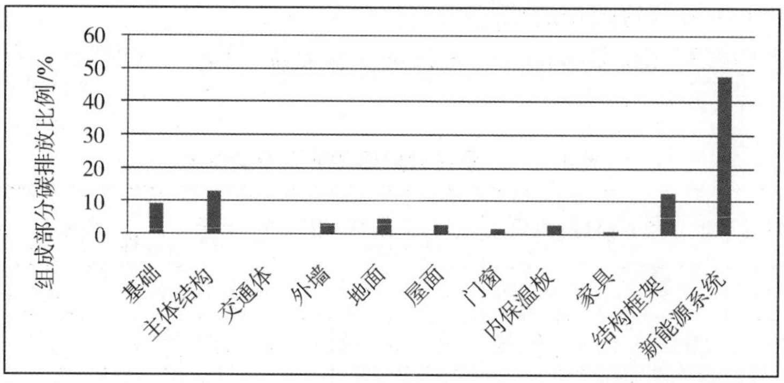

图 4-5　组成部分碳排放比例 1

资料来源：作者自绘。

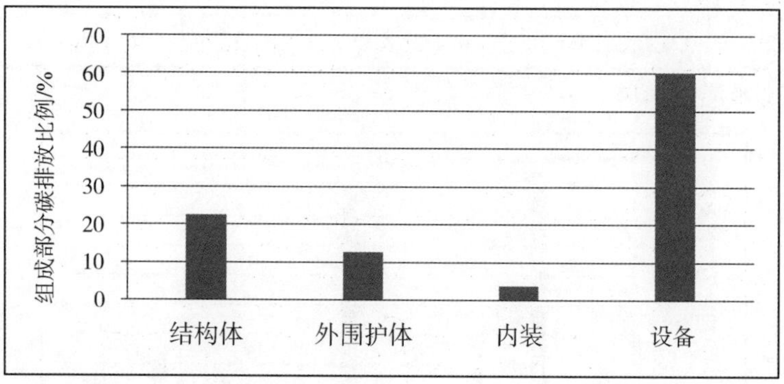

图 4-6　组成部分碳排放比例 2

资料来源：作者自绘。

由表 4-5，图 4-5，图 4-6 得：

四大组成部分的碳排放量按从大到小顺序：

设备体＞结构体＞外围护体＞内装体。

3. 低碳设计

(1) 控制“Q_c”——即减少建材用量

途径一：平面标准化、模数化

第二代、第三代产品的平面遵循标准化、模数协调原则，结构体尺寸统一，如图 4-7、图 4-8 所示。尤其是第二代产品运用了 12 个规格一致的 2 820 mm×5 920 mm 的箱体单元模块，从而简化组模时间、增加重复使用率以减少材料损耗，达到节材降碳的目的。

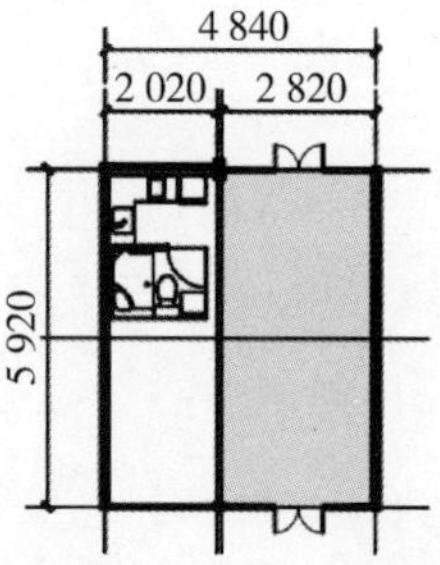

图 4-7　第三代产品——可移动铝合金住宅平面

资料来源：作者自绘。

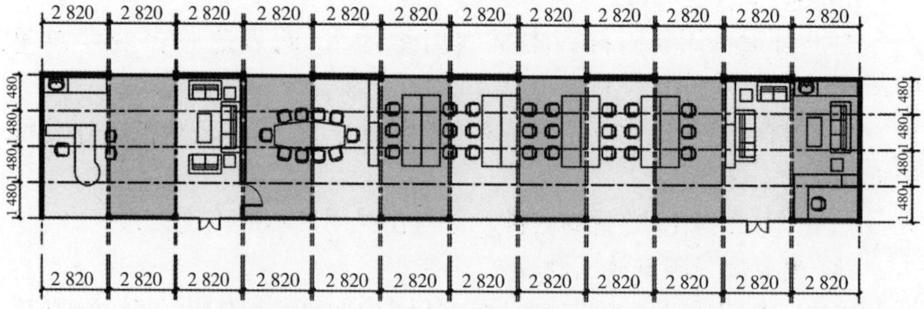

图 4-8　第二代产品——可移动铝合金办公建筑平面

途径二：新型结构体系

考虑到住宅、办公空间的灵活使用性，在 6 m 长的单元模块跨度内没有增加额外的结构柱，因此主梁和四角的支撑柱采用了加强型的铝合金结构构件。其中支撑柱采用 APS-8-80120 型材，而主梁则采用两根 APS-8-8080W 型材叠合的组合梁构造，即通过在叠合梁构件凹槽内相同的位置预先打孔，用特制的长螺栓将两根梁紧密地栓接在一起，这种方式可有效弥补铝合金在绝对强度上与钢材的差异。除了主要的梁柱构件，单元模块还采用了次梁、斜撑等加强构造措施。

在第三代“可移动铝合金住宅”中，选用轻型铝合金结构、双层木板复合岩棉保温墙板（内保温板）、铝合金复合聚氨酯板（外围护板）体系，该体系集轻型铝合金结构、建筑节能保温、建筑防火、建筑隔声的设计施工于一体的集成化技术，减少了水泥、黏土砖、混凝土等高碳材料的使用，同时在保证承载建筑物与抵抗外来风力的前提下，结构体自重越轻，材料使用量越少，碳排放则越少。如图 4-9 所示。

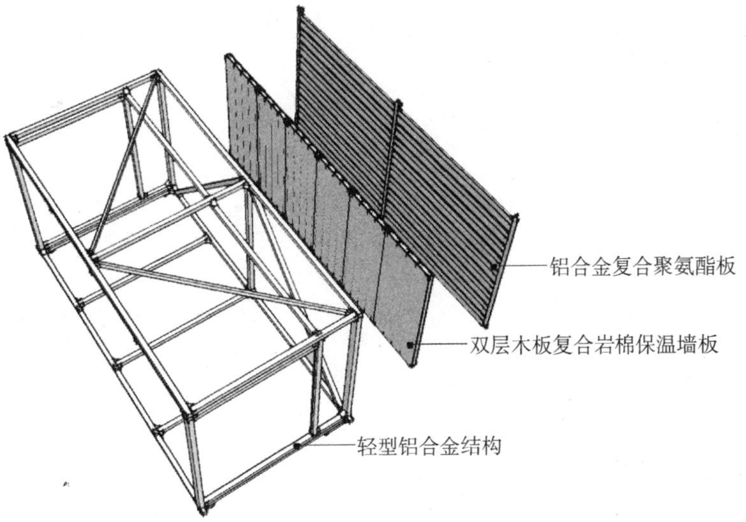

图 4-9 “可移动铝合金住宅”新型结构体系
资料来源：作者自绘。

途径三：物理整合与性能整合

第一、二、三代可移动铝合金产品均采用分离技术，将建筑结构本身和填充部分、设备管线和装修部分分离，同时设备管道、电气配管脱离主结构体，采用明管化设计，解决结构体与设备体耐久年限不一致的问题，方便日后更新维护，且节材降碳。如图 4-10 所示。

图 4-10 设备管道、电气配管脱离主结构体，明管化设计
资料来源：作者自摄。

（2）控制“V_c”——即选用碳排放系数低的建材

可移动铝合金系列产品在结构材料上之所以采用铝合金型材框架，相较于传统集装箱式钢结构，铝合金结构具有自重轻、连接方便、精度高、耐腐蚀、易拆卸、易回收利用等主要特点。根据 LCA 生命周期评价方法，铝材符合减少原料（reduce）、重新利用（reuse）和物品回收（recycle）的 3R 原则，作为耐久性环保建材具有良好的环境特性。同时在围护体的材质选择上运用木材、回收岩棉、聚氨酯等碳排放系数低的建材。

二、工厂化生产

1. 碳排放核算

下面是工厂化生产阶段碳排放核算计算步骤。

(1) 建立 BIM 明细表清单 1。以“结构体—基础—可调基脚”的工厂化生产为例具体说明,如图 4-11 所示。

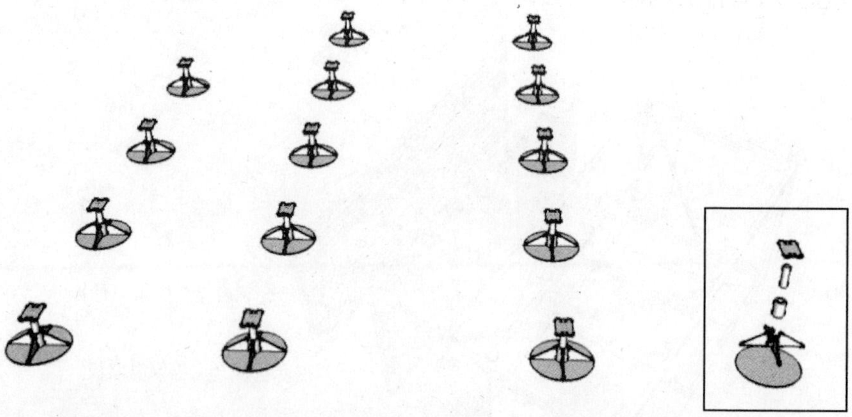

图 4-11　14 个可调基脚的工厂化生产

资料来源:作者自绘。

BIM 明细表清单包括加工工艺流程、加工机械参数(名称、型号、功率或是单位时间耗能量)、加工时间、耗能种类等,以上信息由构件生产厂商即南京鑫霸铝业有限公司提供,如表 4-6 所示。

完整的“可移动铝合金住宅产品”的工厂化生产阶段的 BIM 明细表清单参见附录三。

表 4-6　工厂化生产阶段——可调基脚的 BIM 明细表清单 1、数量清单 2

构件部位			加工工艺流程	加工机械参数			加工时间 T_d/T_y /h	耗能种类	数量 Y_g、Y_z、Y_m
				名称	型号	功率 P_d(kW) /单位时间耗能 P_y/(t/h)			
结构体	基础	可调基脚	千斤顶上托盘切割开孔	火焰切割机	G01-30	P_y:0.82×10^{-3}	T_y:1/60	乙炔	14
				开式可倾压力机	J23-40	P_d:3	55次/min T_d:1/60	电能	
			千斤顶下托盘肋板切割焊接	火焰切割机	G01-30	P_y:0.82×10^{-3}	T_y:5/60	乙炔	
							T_d: 5/60	电能	
				交直流铝焊机	WSE315P	P_d:0.09	T_d: 10/60	电能	
			基脚拼接焊接	交直流铝焊机	WSE315P	P_d:0.09			

资料来源:作者自绘。

施工工艺的耗能量$=\sum_{d}(T_d \times P_d)$ 单位:(kWh)

或 施工工艺的耗能量$=\sum_{y}(T_y \times P_y)$ 单位:(t)

式中:

(前一公式适用于耗电机械加工,后一公式适用于其他能源机械加工)

T_d——第 d 种施工工艺,第 g,z,m 种(构件、组件、模块)的加工时间,h;

P_d——第 d 种施工工艺所使用机械的额定功率,kW;

T_y——第 y 种施工工艺,第 g,z,m 种(构件、组件、模块)的加工时间,h;

P_y——第 y 种施工工艺单位时间的能源消耗量,t/h。

代入以上公式:

单个"可调基脚"工厂化生产阶段的耗能量

$=0.082\times10^{-3}$ t$+0.0725$ kWh。

(2) BIM 明细表清单 1 的能耗种类信息代入基础能源数据库查询对应能耗的单位碳排放量,与明细表清单 1 中的施工工艺的耗能量相乘,得到 W_g、W_z、W_m,见公式(3-4)、公式(3-5):

$$W_g、W_z、W_m=\sum_{d}(T_d \times P_d \times E_e) \tag{3-4}$$

或
$$W_g,W_Z,W_m=\sum_{y}(T_y \times P_y \times E_y) \tag{3-5}$$

代入以上公式:

单个"可调基脚"工厂化生产阶段的碳排放量

$=0.082\times10^{-3}$ t$\times3.38$ t/t$+0.0725$ kWh$\times0.7\times10^{-3}$ t/kWh

$=0.28\times10^{-3}$ t$+0.05\times10^{-3}$ t

$=0.33\times10^{-3}$(t CO_2)

注:乙炔的碳排放系数为 3.38 t/t;电能的碳排放系数 0.7×10^{-3} t/kWh。

(3) 通过 Autodesk Revit 软件得到第 g 种构件、第 z 种组件、第 m 种模块的数量 Y_g、Y_z、Y_m,由此生成 BIM 数量清单 2;见表 4-6。

(4) 得到 W_g、W_z、W_m、Y_g、Y_z、Y_m,通过公式(3-3)计算出 P_2:

$$P_2=\sum_{g}(W_g \times Y_g)+\sum_{z}(W_z+Y_z)+\sum_{m}(W_m \times Y_m) \tag{3-3}$$

代入以上公式,14 个"可调基脚"工厂化生产阶段的碳排放量如下:

碳排放量$=0.33\times10^{-3}$ t$\times14=4.62\times10^{-3}$(t CO_2)

2. 影响评价(LCIA)

首先,在对"可移动铝合金住宅产品"的工厂化生产阶段进行碳排放计算的基础上进行数据汇总,见表 4-7。其次,从"组成部分碳排放比例(模块—组件—构件)"的角度,通过数据分析,确定工厂化生产阶段耗碳量较大的组成部分。

表 4-7　工厂化生产阶段碳排放数据汇总

构件部位			耗能量/t,/kWh	耗能种类	能耗的碳排放系数/(t/t),/(t/kWh)	单位耗碳量 W_g、W_z、W_m/t	数量 Y_g、Y_z、Y_m	碳排放量/(t) $P_2=\sum_g(W_g\times Y_g)+\sum_z(W_z\times Y_z)+\sum_m(W_m\times Y_m)$
结构体	基础	可调基脚	0.082×10^{-3} t	乙炔	3.38 t/t	0.33×10^{-3}	14	4.63×10^{-3}
结构体	基础	可调基脚	0.072 5	电能	0.7×10^{-3}			
结构体	基础	基座滑轨	0.67×10^{-3}	电能	0.7×10^{-3}	$0.000\,5\times10^{-3}$	8	0.004×10^{-3}
结构体	主体结构（大模块）		0.05	电能	0.7×10^{-3}	0.035×10^{-3}	1	0.035×10^{-3}
结构体	主体结构（小模块）		0.04	电能	0.7×10^{-3}	0.028×10^{-3}	1	0.028×10^{-3}
结构体	交通体	木平台	0.014	电能	0.7×10^{-3}	$0.009\,8\times10^{-3}$	3	0.029×10^{-3}
结构体	交通体	栏杆	0.375	电能	0.7×10^{-3}	0.26×10^{-3}	5	1.57×10^{-3}
围护体	外围护	外墙	1.925	电能	0.7×10^{-3}	1.35×10^{-3}	5	6.75×10^{-3}
围护体	外围护	地面	3.75	电能	0.7×10^{-3}	2.62×10^{-3}	2	5.25×10^{-3}
围护体	外围护	屋面	3.75	电能	0.7×10^{-3}	2.62×10^{-3}	2	5.25×10^{-3}
围护体	外围护	门窗	0.004	电能	0.7×10^{-3}	0.003×10^{-3}	3	0.01×10^{-3}
围护体	外围护	外墙装饰	0.006	电能	0.7×10^{-3}	0.004×10^{-3}	2	0.008×10^{-3}
围护体	内装	内保温板	0.375	电能	0.7×10^{-3}	0.26×10^{-3}	40	10.50×10^{-3}
设备	太阳能框架		2.17	电能	0.7×10^{-3}	1.50×10^{-3}	2	3.00×10^{-3}
设备	设备箱框架		0.08	电能	0.7×10^{-3}	0.06×10^{-3}	1	0.06×10^{-3}
—			能耗合计：12.539 kWh	—				碳量合计：37.12×10^{-3}

资料来源：作者自绘。

对组成部分碳排放比例（模块—组件—构件）进行数据分析，按住宅各组成部分（包括结构体、外围护体、内装体、设备体）分别统计其碳排放量及比例关系，见表 4-8，图 4-12，图 4-13。

表 4-8　组成部分碳排放量及比例关系统计

	结构体				外围护体						内装		设备		
	基础	主体结构	交通体	总量	外墙	地面	屋面	门窗	外墙装饰	总量	内保温板	总量	太阳能框架	设备箱框架	总量
碳排放量($\times10^{-3}$ t)	4.63	0.06	1.6	6.29	6.75	5.25	5.25	0.01	0.008	17.27	10.50	10.50	3.00	0.06	3.06
比例/%	12.47	0.16	4.31	16.95	18.18	14.14	14.14	0	0	46.52	28.29	28.29	8.08	0.16	8.24

资料来源:作者自绘。

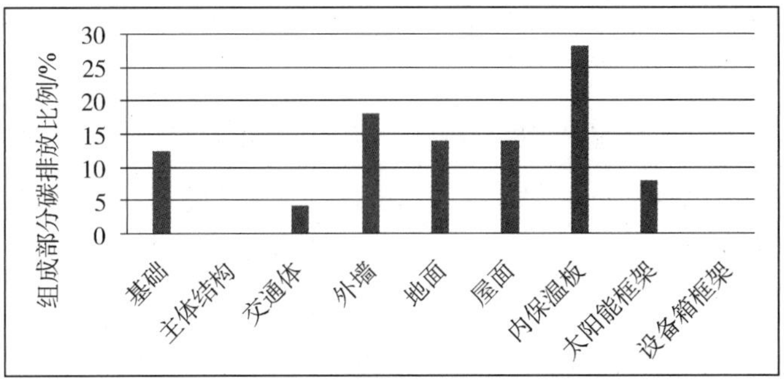

表 4-12　组成部分碳排放比例 1

资料来源:作者自绘。

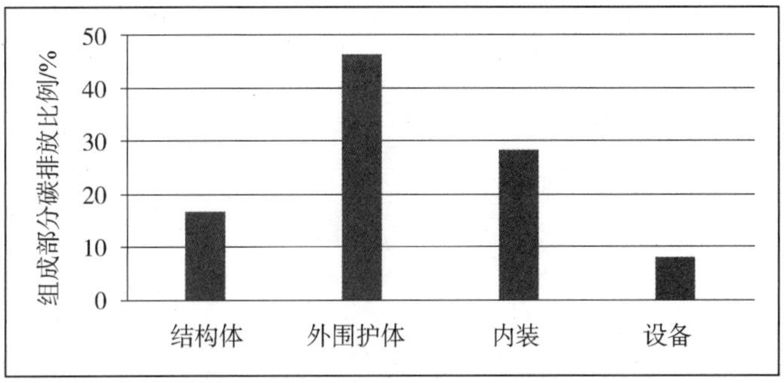

表 4-13　组成部分碳排放比例 2

资料来源:作者自绘。

由表 4-8,图 4-12,图 4-13 得:

四大组成部分的碳排放量按从大到小排序:

外围护体>内装>结构体>设备。

3. 低碳设计

控制“Y_g、Y_z、Y_m”——即简化构件、组件、模块的品种,实现高效集成化

途径一:标准化、系列化

① 标准化

标准化包括构件标准化、标准化接口、机具通用化、工艺标准化几方面。

构件标准化:构件通用化是指将某些使用功能和尺寸相近的构件标准化,从而减少构件种类和数目,达到节材降碳的目的。在“可移动铝合金系列产品”中,运用到的工业铝型材种类丰富,在对比多家铝型材企业之后,设计团队确定了上海比迪 APS 工业铝型材配件有限公司作为结构型材的供应商。该企业工业铝型材规格齐全,从 15 系列到 100 系列,有着十几类近百种不同系列的标准型材可以用于不同空间跨度的承重结构和辅助结构构件;同时,齐全的螺栓、螺母、各种角度的连接件(90°、45°以及各种非标准角度)、塑料封条、异性材等配件为型材的快速连接以及与其他产品的连接提供有力的支持。经过结构工程师的计算和优化,在 6 m 的极限跨度中确定了合理的结构组合形式:主要的承重结构构件柱和梁采用 80 系列的工业铝型材,具体包括:APS-8-8080、APS-8-8080W,

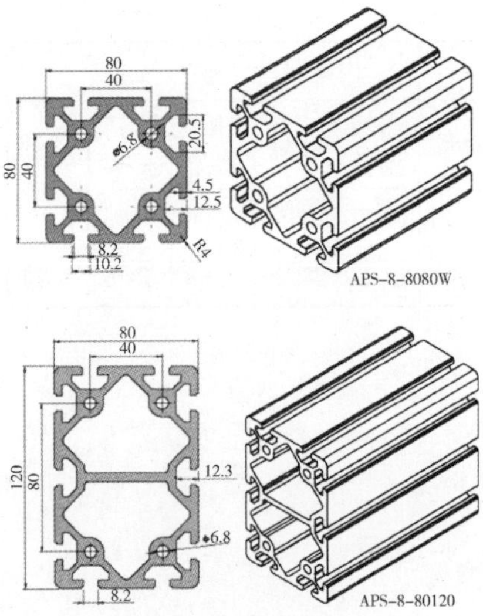

图 4-14　80 系列的工业铝型材

资料来源:《APS 工业铝型材》,上海比迪工业铝型材配件有限公司提供。

APS-8-80120,如图 4-14 所示,APS-8-8080W 是 APS-8-8080 的加强版,其通过增加型材的截面厚度增强抗压强度,是可移动铝合金产品的结构系统中最基本的标准结构构件,在跨度不大的情况下,所有的柱梁都采用 APS-8-8080W 铝型材。

工艺标准化:以“外围护:铝制墙板”构件为例,南京某铝业的标准生产加工流程为“销售部下单→技术部制图→采购→来料入库→领料剪板→冲床→折弯→焊接→组装→打磨→检验→包装→检验→成品入库→成品出库→发货→信息回馈”;其中与碳排放直接相关的工艺流程见表4-9、图 4-15,包括加工流程、加工区域、施工机械及相关型号、功率和其他参数信息。

表 4-9　“外围护:铝制墙板”构件——工厂加工流程及施工机械相关参数

加工流程		加工区域	施工机械	型号	功率/kW	其他参数	
1	开卷	开卷区	开卷机	HD-TQ44K-6×2000	55—400	机组最高线速度/(m/min)	25
2	剪板	剪板区	数控液压摆式剪板机	QC12K-4×4000	7.5	剪切次数/(次/min)	20
3	雕刻	雕刻区	福洛德 2035 铝板切割机	SN09091821	—	雕刻速度/(m/min)	1.5—3
4	冲床	冲床区	开式可倾压力机	J23-40	3	滑块行程/(次/min)	55
				J23-25			70
				J23-16t			140
5	折弯	折弯区	数控液压板料折弯机	WC67K-160T-6000	15	行程次数/(m/min)	7
				WC67K-100T-3200	7.5		3.5
6	焊接	焊接区	交直流铝焊机	WSE315P	0.085	脉冲频率/Hz	0.5—300
7	组装	—	—	—	—	—	

资料来源:作者自绘。

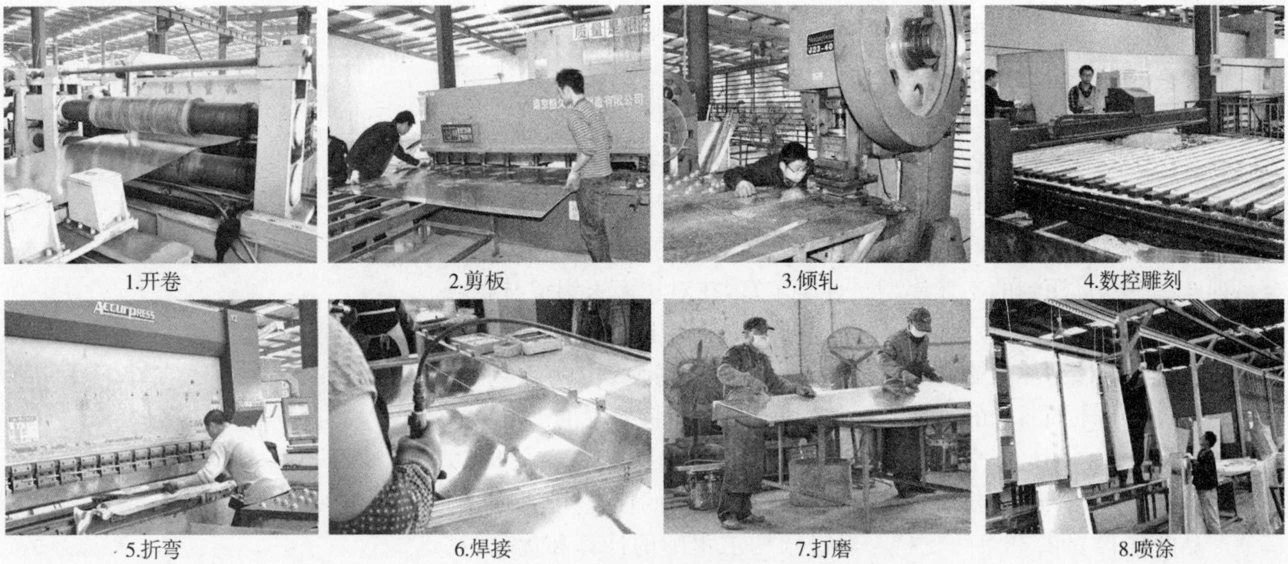

图 4-15　铝板的加工工艺流程

资料来源:作者自摄。

② 系列化

“可移动铝合金产品”系列：从 2011 年至 2014 年，东南大学建筑技术系团队分阶段从简单的集装箱单元铝合金房到可灵活组合的多功能铝合金房，再到功能完善、性能突出的可移动铝合金住宅产品，完成了针对不同需求的可移动产品系列化设计与建造实验。

2012 年的铝合金居住产品、2013 年的铝合金多功能建筑产品和功能更为完善的铝合金住宅产品，均是在 2011 年的铝合金集装箱单元房产品原型基础上扩展功能（居住、办公、展览等）后的变型系列化产品，如图 4-16 所示。

铝合金集装箱单元房产品原型，2011

“微排屋”：铝合金可移动太阳能住宅产品原型，2013

铝合金太阳能居住产品建造实验，2012

铝合金多功能办公建筑产品，2013

图 4-16　可移动铝合金系列化产品

资料来源：作者自摄。

“围护体产品”系列：考虑到不同类型的产品和使用工况，围护体设计团队在两年间先后设计了三种不同类型、配合铝合金结构体系的围护体系列产品，其中两种是铝板复合保温材料的装饰一体化产品，另一种是木板复合保温材料产品，具体如下：

铝板复合泡沫混凝土保温装饰一体化产品：考虑到建筑的防火性能，选用无机保温材料，在对诸多无机保温材料的性能和工艺比较后选用泡沫混凝土为绝缘材料，泡沫混凝土具有轻质高强、抗震性强、整体性好、耐久性高、防水性好的特点；在此基础上研发铝板复合泡沫混凝土保温装饰一体化产品工艺：利用现有的铝板生产技术将墙板、地面板、屋面板在工厂内加工成带肋的特定形式，然后将泡沫混凝土灌入预制的铝板中，再覆以抗裂网格布，等泡沫混凝土凝结后再附上铝箔形成最终产品组件，如图 4-17(a)所示。

铝板复合聚氨酯保温装饰一体化产品：相比较前者，聚氨酯质轻，更适于快速安装，且铝板制作工艺简化，适用于对热工性能要求相对较低的可移动建筑产品，如图 4-17(b)所示。

双层木板复合岩棉保温墙板：鉴于以上两种围护体的冷桥问题，将保温层与装饰层分开处理，在内保温材料上选择热阻性较好的木工板，在双层木板的空腔内复合回收岩棉增强绝缘性，如图 4-17(c)所示。

(a) (b) (c)

图 4-17　围护板材的系列产品

资料来源:作者自摄。

途径二:模块化

工厂化生产阶段的模块化,包括箱体单元模块、基础模块、交通模块、外部设备模块,其中箱体单元模块包括结构模块、外围护模块、内装模块和内部设备模块;如图 4-18 所示。

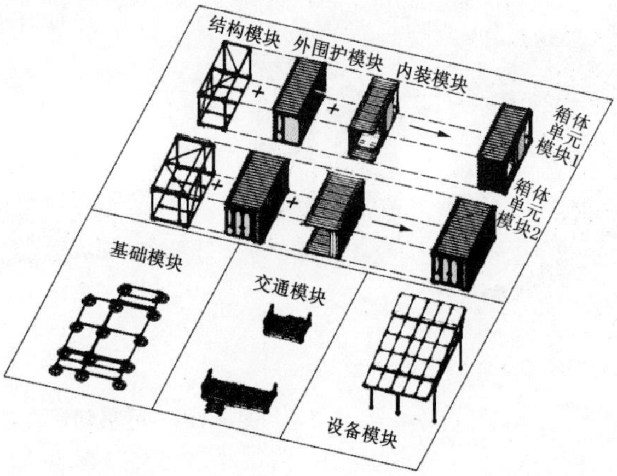

图 4-18　工厂化生产阶段的模块化

资料来源:作者自绘。

可移动铝合金系列产品的模块化设计,贯穿于建筑全生命周期的各个阶段,包括工厂化生产阶段、物流阶段、现场装配阶段,如图 4-19 所示。

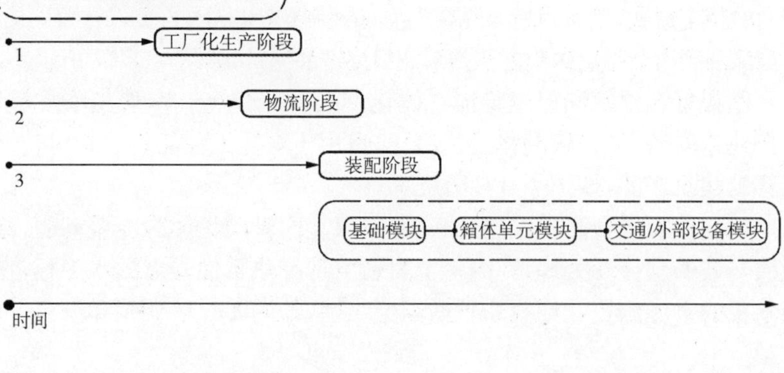

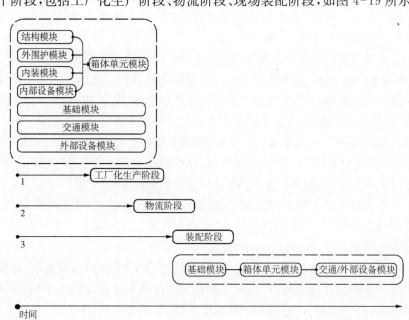

图 4-19　可移动铝合金系列产品的全过程模块化设计

资料来源:作者自绘。

三、物流

1. *碳排放核算*

下面是物流阶段碳排放核算计算步骤。

(1) 建立 BIM 明细表清单 1。以“主体大模块”的物流阶段为例具体说明，如图 4-20 所示。

图 4-20 “主体大模块”的物流

资料来源：作者自摄。

BIM 明细表清单包括两个阶段：吊装阶段和运输阶段。

吊装阶段：包括两部分，构件参数和吊装参数；其中构件参数信息包括模块部位、模块名称、模块参数（重量、尺寸），以上信息通过 Autodesk Revit 软件生成；吊装参数信息包括吊装流程、吊装机械参数（名称、型号、额定起重、额定功率、比油耗）、吊装时间、耗能名称，以上信息通过相应吊装商提供，见表 4-10。

运输阶段：包括两部分，构件参数和运输参数；其中构件参数信息包括模块部位、模块名称、模块参数（重量、尺寸），以上信息通过 Autodesk Revit 软件生成；运输参数信息包括运输流程、运输机械参数（名称、型号、额定载重、货箱尺寸、百公里耗油量）、运输距离、耗能名称，以上信息通过相应运输商提供，见表 4-10。

完整的“可移动铝合金住宅产品”的物流阶段的 BIM 明细表清单参见附录四。

表 4-10 物流阶段——“主体大模块”的 BIM 明细表清单 1、数量清单 2

吊装阶段												
构件参数					吊装参数							
模块部位	模块名称	模块参数		数量 Y_m	吊装流程	吊装机械参数					吊装时间 T_v/h	耗能名称
		重量/t	尺寸/m			名称	型号	额定起重/t	额定功率 P_v(kW)	比油耗 GE_v/g/kWh		
结构围护	主体大模块	4.15	6×3×3	1	工厂—运输车	龙工叉车 2	LG70DT	7	81	231	1/4	柴油
运输阶段												
构件参数					运输参数							
模块部位	模块名称	模块参数		数量 Y_m	运输流程	运输机械参数					运输距离 L_s/km	耗能名称
		重量/t	尺寸/m			名称	型号	额定载重/t	货箱尺寸/m	百公里耗油量 H_s/[L/(t·100 km)]		
结构围护	主体大模块	4.15	6×3×3	1	工厂—现场	凯马货车	骏驰 4800	10	6.2×2.3×0.5	28.6	43*	柴油

注：* 该“可移动住宅产品”实例中的运输距离为东南大学到南京江宁鑫霸铝业有限公司。

资料来源：作者自绘。

计算模块物流阶段耗能量：

吊装耗能量 $=\sum_{v}(GE_v \times P_v \times T_v)$　单位：(g)

式中：

GE_v——第 v 种吊装机械的比油耗，g/kWh；

P_v——第 v 种吊装机械的额定功率，kW；

T_v——第 v 种吊装机械，第 m 种模块的吊装时间，h。

运输耗能量 $=\sum_{s}(Q_m \times H_s \times L_s/100)$　单位：(L)

式中：

Q_m——第 m 种模块的质量，t；

H_s——第 s 种水平运输机械，每运载 1 t 货物 100 km 耗油量，L/(t·100 km)；

L_s——第 s 种水平运输机械的运输距离，km。

代入以上公式：

"主体大模块"物流阶段的耗能量

=231×81×1/4×2(吊装)+4.15×28.6×43/100(运输)=9 356 g+51 L

(2) 将 BIM 明细表清单 1 的能耗种类信息，代入基础能源数据库查询对应能耗的密度及单位碳排放量，与上式中的吊装、运输的耗能量相乘，得到 D_m、L_m，见公式(3-10)、公式(3-11)(具体公式的解释见第三章第三节)：

$$D_m=\sum_{v}(GE_v \times P_v \times T_v/\rho_v \times E_v) \tag{3-10}$$

$$L_m=\sum_{s}(Q_m \times H_s \times L_s \times E_s/100) \tag{3-11}$$

代入以上公式：

"主体大模块"物流阶段的碳排放量

$=\frac{9\,356(g)}{850(g/L)}\times 3.13\times 10^{-3}(t/L)$(吊装)$+51\ L\times 3.13\times 10^{-3}\ t/L$(运输)

$=0.034+0.160=0.194(t\ CO_2)$；

注：柴油密度：850 g/L；柴油的碳排放系数：3.13×10^{-3} t/L。

(3) 通过 Autodesk Revit 软件得到第 m 种模块的数量 Y_m，由此生成 BIM 数量清单 2，见表 4-10。

(4) 得到 D_m、L_m、Y_m，通过公式(3-6)至公式(3-9)计算出 P_3；

$$P_3=\sum_{m}(D_m+L_m)\times Y_m$$

代入以上公式：

1 个"主体大模块"物流阶段的碳排放量 $=0.194(t\ CO_2)$

2. 影响评价(LCIA)

首先，在对"可移动铝合金住宅产品"的物流阶段进行碳排放计算的基础上进行数据汇总，见表 4-11。其次，从"分阶段碳排放比例(吊装—运输)"和"组成部分碳排放比例"两个角度，通过数据分析，确定物流阶段耗碳量较大的组成部分。

对分阶段碳排放比例(吊装—运输)进行数据分析。由于该住宅实例的模块高度集成，运输车辆将模块运至装配现场后无需将模块吊至装配现场(即二次垂直运输)，而是由运输车辆直接吊装就位，因此该案例没有二次垂直运输阶段，第一、二阶段的碳排放量比例关系，见表 4-12，图4-21。

表 4-11 物流阶段碳排放数据汇总

吊装阶段								
模块部位	模块名称	耗能量/g	耗能种类	能耗密度/(g/L)	能耗的碳排放系数/(t/L)	单位耗碳量 D_m/t	数量 Y_m	碳排放量/t
结构围护	主体大模块	4 678	柴油	850	3.13×10^{-3}	0.017	1	0.034
	主体小模块	3 822	柴油	850	3.13×10^{-3}	0.017	1	0.034
设备	太阳能框架大模块	1 750	柴油	850	3.13×10^{-3}	0.006	1	0.006
	太阳能框架小模块	1 750	柴油	850	3.13×10^{-3}	0.006	1	0.006
—		能耗合计 12 kg (14 L)	—					碳量合计：0.08

运输阶段							
模块部位	模块名称	耗能量/L	耗能种类	能耗的碳排放系数/(t/L)	单位耗碳量 L_m/t	数量 Y_m	碳排放量/t
结构围护	基础	83	柴油	3.13×10^{-3}	0.26	1	0.26
	主体大模块	51	柴油	3.13×10^{-3}	0.16	1	0.16
	主体小模块	41	柴油	3.13×10^{-3}	0.13	1	0.13
设备	太阳能框架大模块	15	柴油	3.13×10^{-3}	0.05	1	0.05
	太阳能框架小模块	13	柴油	3.13×10^{-3}	0.04	1	0.04
	设备	22	柴油	3.13×10^{-3}	0.07	1	0.07
—		能耗合计 225 L	—			C 量合计：0.71	

资料来源：作者自绘。

表 4-12 垂直运输、水平运输碳排放量及比例关系统计

物流阶段	吊装阶段	运输阶段	总量/t
碳排放量/t	0.08	0.71	0.79
比例/%	10.13	89.87	100

资料来源：作者自绘。

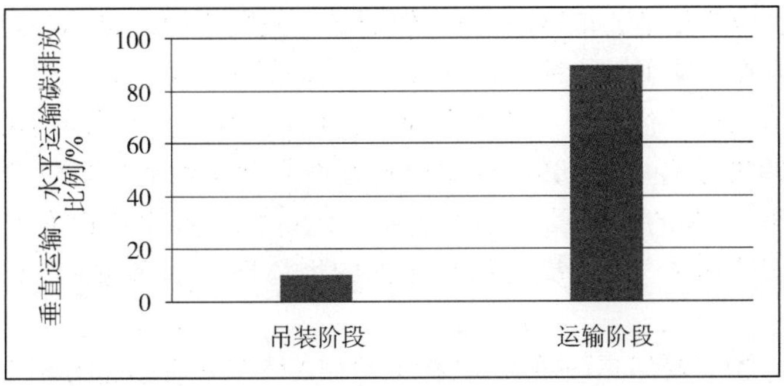

图 4-21 垂直运输、水平运输碳排放比例关系

资料来源：作者自绘。

由表 4-12,图 4-21 得:

两个阶段的碳排放量:水平运输阶段>垂直运输阶段。

对组成部分碳排放比例(模块)进行数据分析。按住宅各组成部分(包括结构体、围护体、设备体)分别统计其碳排放量及比例关系,见表 4-13,图 4-22,图 4-23。

表 4-13 模块物流阶段碳排放量及比例关系统计

模块	结构、围护			设备			总量
	基础	主体大模块	主体小模块	大模块	小模块	其他	
碳排放量/t	0.26	0.19	0.16	0.06	0.05	0.07	0.79
	0.61			0.18			
比例/%	34.91	24.05	20.25	7.59	6.33	8.86	100
	80			20			

资料来源:作者自绘。

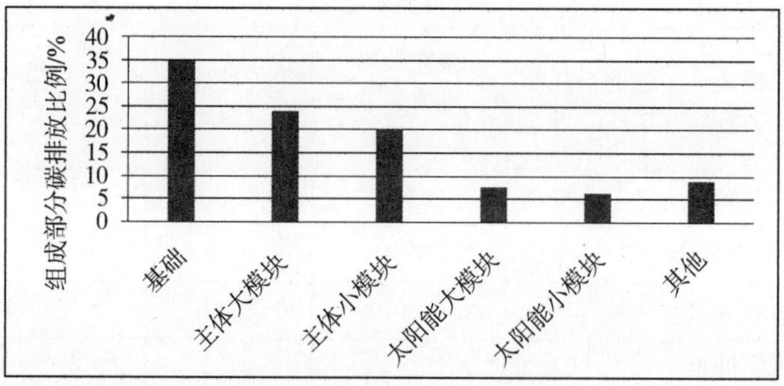

图 4-22 组成部分碳排放比例 1
资料来源:作者自绘。

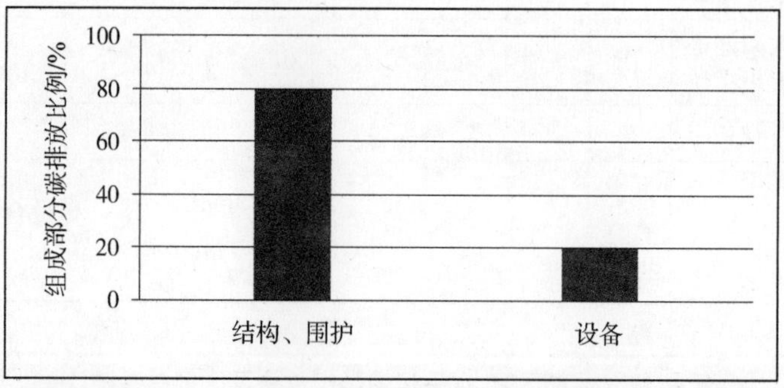

图 4-23 组成部分碳排放比例 2
资料来源:作者自绘。

3. 低碳设计

(1) 控制"GE_v""P_v""H_s"——即合理选择、安排垂直、水平运输机械

吊车的选择是一个综合性问题,不同体系的不同模块在质量、尺寸规格上有着很大的差异,且构件种类繁多,考虑到吊装车辆单位时间的使用效率的最大化,应按照构件或模块的规格需要选择合适吨位的吊装车辆,但同时也应简化吊装车辆的种类,做到尽量兼顾不同质量、规格的构件,因此需要在吊装车辆的种类和使用效率之间做出权衡。

吊车的选择包括以下几个方面:① 吊车型号,型号不同的吊车的最大工作幅度是有所区别的,根据回转幅度和起重性能选择适合场地操作的吊车;吊车的几何尺寸主要包括外形尺寸、支腿横向跨距和主臂长度。② 租用价格:价格决定吊车选择的经济性。③ 重量:最大额定起重量。

权衡之后选择的吊车车型为:柳工 QY8A 汽车吊,最大起重量 8 500 kg,

(基本臂＋副臂)最大起升高度 24.8 m,发动机功率 105 kW,整车长 9 930 mm,整车宽 2 420 mm,正车高 3 300 mm。

水平运输机械选用凯马货车,型号骏驰 4800,额定载重 10 t,货箱尺寸 6.2 m×2.3 m×0.5 m。

(2) 控制“T_v”“L_s”——即缩短吊装时间、运输路程

途径一:优化吊装安排、合理安排运输路线

此处以第二代产品——“南京陶吴镇台创园的可移动铝合金办公建筑”为对象说明,12 个相同规格尺寸的箱体单元模块的吊装、运输对于减碳更具有典型意义。

首先是现场的吊装环节,为保证装配的精准度和速度,节约装配时间,12 个模块的吊装次序采用由中间至两侧依次展开的顺序,如图 4-24 所示。

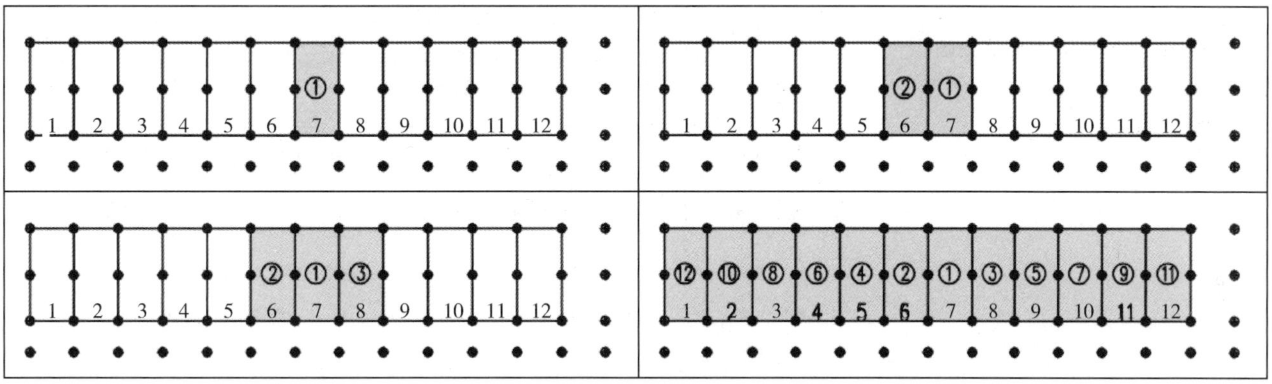

图 4-24　12 个箱体单元模块现场装配顺序

(1、2……为模块的原始编号;① ② ……为现场装配的模块序列号)

资料来源:作者自绘。

其次,由现场的装配顺序决定工厂场地内 12 个模块的摆放位置及吊装次序,工厂场地 12 个模块的吊装运输顺序需与现场装配的模块序列相匹配,即依次是:(7、6、8、5、9、4、10、3、11、2、12、1)号模块;在此基础上考虑设置场内循环路线,尽量缩短运输距离,同时为节约吊装时间,减少吊臂调节次数,对初步方案中的模块摆放次序作出进一步的调整,如图 4-25 所示。

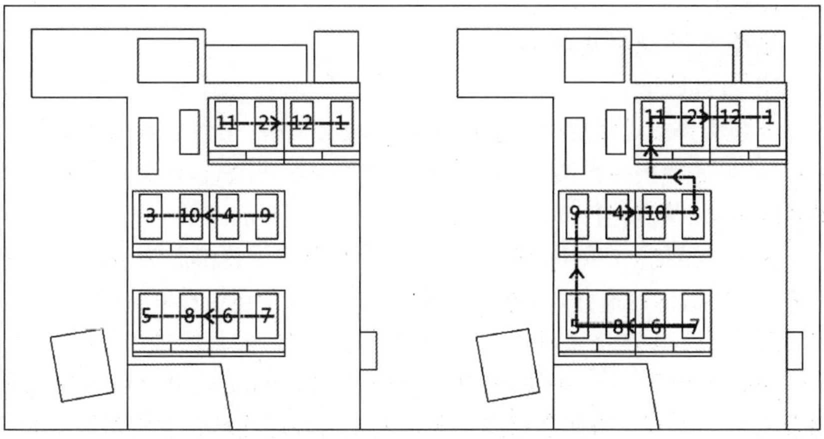

左:原先　　右:优化

图 4-25　工厂场地内 12 个箱体单元模块的摆放及吊装组织顺序

资料来源:作者自绘。

最后统筹安排现场货车及吊车的组织线路,确定起吊点和运行路线,如图 4-26,图 4-27 所示。

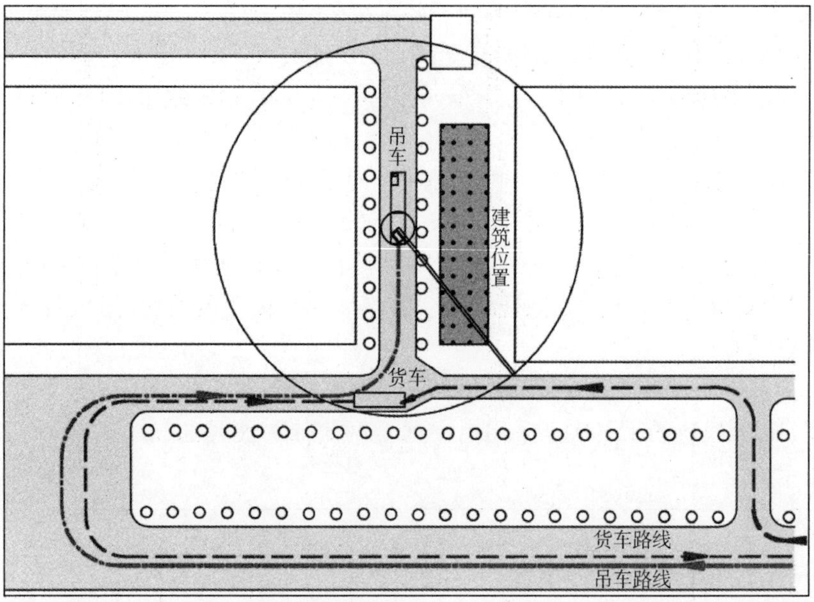

图 4-26 现场货车、吊车路线组织图(一)

资料来源:作者自绘。

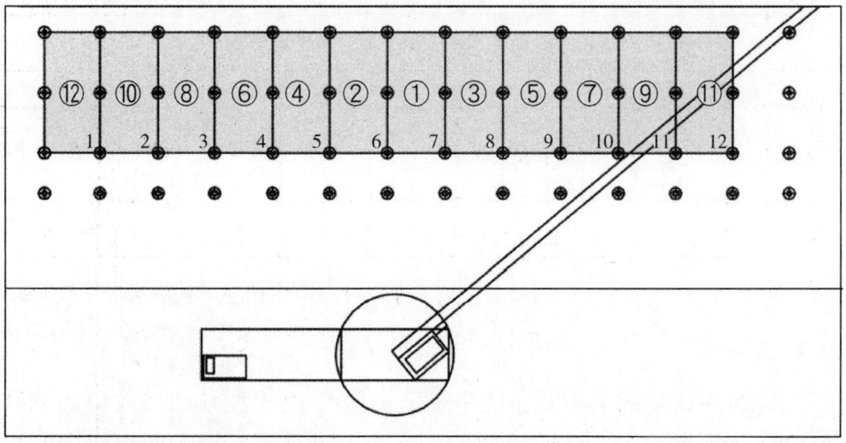

图 4-27 现场货车、吊车路线组织图(二)

资料来源:作者自绘。

据统计吊装运输作业从 2013 年 1 月 3 号持续到 1 月 4 号,依次完成了(7、6、8、5、9、4)(10、3、11、2、12、1)号模块,由于 12 个模块尺寸规格相近,因此也选用了同样型号的汽车吊及货车,共吊装 25 钩,运输货车来回 26 趟,共计作业时间 539 min,平均每个箱体单元模块完成时间(包括吊装+运输)约 45 min;见表 4-14 所示。

途径二:优化吊具设计

① 吊具设计

吊装机具的设计应做到既快又安全地将构件、组件或模块吊装至装配点,从而达到提高吊装工作效率的目的。吊装机具设计包括:预制构件吊装限位器、预制构件垂直调节器、预制构件吊具等。

大量工厂化生产的构件在现场组装作业中对吊装稳定性、吊装效率要求更高。传统的建造方式中吊装作业的对象仅限于建筑材料、预制构件等。本案例(可移动铝合金住宅产品)的吊装对象是大模块 6 000 mm×2 900 mm×3 000 mm、小模块 6 000 mm×2 100 mm×3 000 mm,重量分别为 4.15 t、3.35 t 的两个箱体单元。因此对特定的吊装对象需要重新研究设计全新的吊具,针对具体的箱体尺寸规格,吊具设计的基本原则是结构简洁、吊装高效,在吊装过程中方便找到吊件的结构重心,使吊件在起吊状态下保持平衡。

表 4-14　吊装运输组织安排记录

2014 年 1 月 3 号			
工厂阶段			
吊装对象	开始时间	结束时间	耗时/min
7#	10:14	11:06	52
6#	12:35	13:12	37
8#	13:46	14:05	19
5#	15:31	15:47	16
9#	16:18	16:29	11
4#	17:07	17:32	25
平均每个模块 27 min，合计 160 min			
现场阶段			
7#	11:15	11:48	33
6#	13:22	13:40	18
8#	14:13	14:38	25
5#	15:54	16:12	18
9#	16:37	17:00	23
4#	17:38	17:55	17
平均每个模块 22 min，合计 134 min			
2014 年 1 月 4 号			
工厂阶段			
吊装对象	开始时间	结束时间	耗时/min
10#	10:06	10:22	16
3#	11:02	11:31	29
11#	12:40	12:59	19
2#	13:54	14:02	8
12#	14:34	14:49	15
1#	15:28	15:40	12
平均每个模块 17 min，合计 99 min			
现场阶段			
10#	10:29	10:57	28
3#	11:38	11:55	17
11#	13:06	13:47	41
2#	14:10	14:27	17
12#	14:56	15:22	26
1#	15:48	16:05	17
平均每个模块 24 min，合计 146 min			
平均每个模块 45 min，12 个模块合计 539 min			

注：运输路线：南京鑫霸铝业有限公司——南京陶吴镇台创园，1.5 km；随着对吊装流程、运输路线的逐渐熟悉，每个模块的完成时间呈下降的趋势。

资料来源：作者自绘。

初次的吊具设计中，采用主次、正交工字钢结构，在侧向工字钢上分别采用两股吊装带捆绑箱体，然而在多次的工厂试吊环节中均不成功，分析存在问题：操作过程过于复杂，步骤繁琐，影响吊装进度；难以保证箱体的结构重心与吊具的矢量重心保持一致，吊件容易受力不均而出现倾斜；吊装带在起吊过程中易发生移位。解决方案：卸掉次向工字钢梁，将间接传力改为直接传力；吊装带不再通过次梁而直接捆绑箱体。经过在工厂阶段的反复试验结果证明该方案可行，易于安装，操作简单，节约因捆扎次梁耗费的时间，如图 4-28 所示。

同时工厂和现场吊具各设一套，并增加临时周转斜撑数量，以减少周转时间和工厂吊装等待时间。

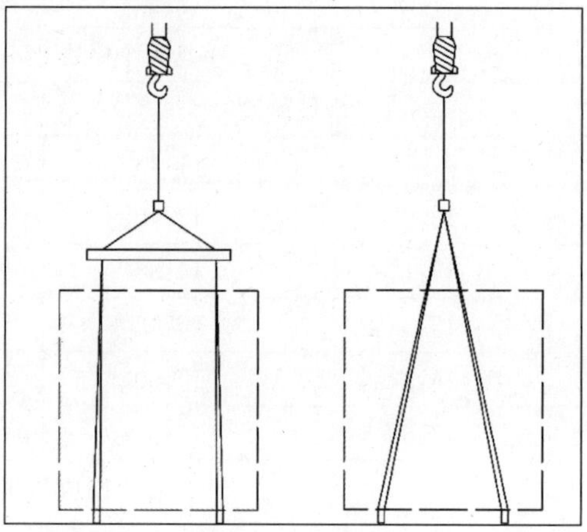

(左：原设计；右：深化设计)

图 4-28　原先吊具设计与深化设计

资料来源：作者自绘。

② 吊装辅助件设计

在传统的吊装作业中在吊具与吊件脱离环节上尚缺考虑，导致在实际吊装过程中需要通过高空作业来完成分离环节。在该住宅产品设计研发中，在每个箱体单元模块底部的 4 个吊装点附近安装 4 根可拆卸的 8080 W铝型材，伸出箱体侧边界 500 mm，同时在每段铝型材顶端安装 4 个 8080 强力角件，用以固定吊装带。该吊装辅助件的优点为避免高空作用下的分离环节，同时方便起吊结束后吊装带的拆卸；吊装辅助件的安装增强了起吊过程中的稳定性，避免受拉状况下由于箱体重力导致的结构变形。如图 4-29 所示。

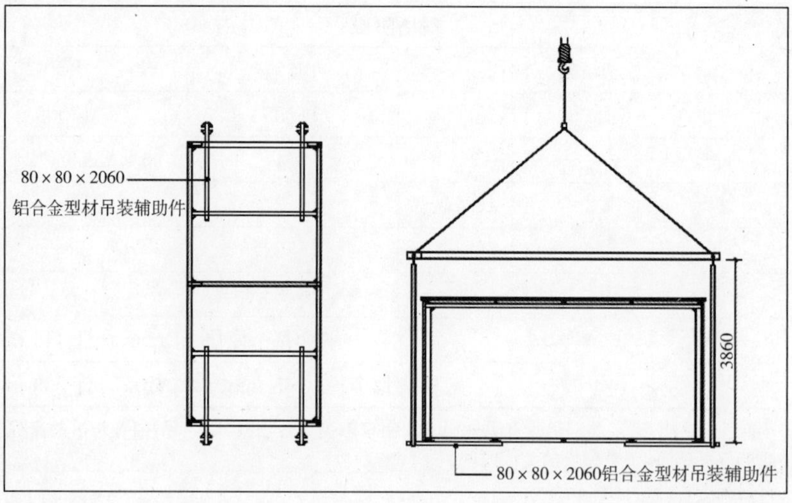

图 4-29　吊装辅助件

资料来源：作者自绘。

四、装配

1. 碳排放核算

下面是装配阶段碳排放核算计算步骤：

(1) 建立 BIM 明细表清单 1。以“结构体—基础”的现场装配为例具体说明，如图 4-30 所示。

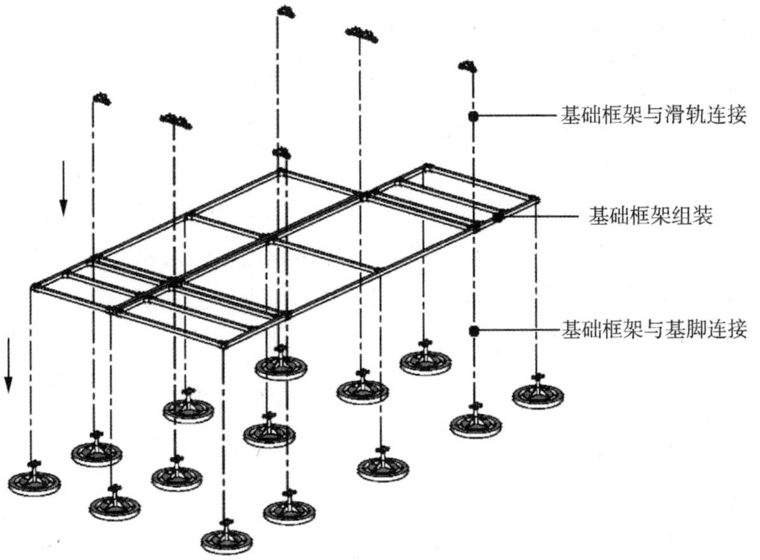

图 4-30　“基础”的现场装配

资料来源：作者自绘。

BIM 明细表清单包括两个阶段：吊装阶段和装配连接阶段。

吊装阶段：内容同上阶段的吊装阶段。

装配连接阶段：包括构件参数和装配参数；其中构件参数信息包括模块部位、模块名称，以上信息通过 Autodesk Revit 软件生成；装配参数信息包括装配流程、装配机械参数(名称、型号、额定功率)、连接单位节点的时间、连接节点的个数、耗能名称，以上信息通过相应装配商提供；见表4-15。

表 4-15　装配阶段——“基础”的 BIM 明细表清单 1、数量清单 2

(装配连接阶段)

构件参数			装配参数						
模块部位	模块名称	数量 Y_m	装配流程	装配机械参数			连接单位节点的时间 T_j/h	连接节点的个数 Q_j	耗能名称
				名称	型号	额定功率 P_j/(kW)			
结构围护	基础	2	基础框架连接	电动扳手	P18-FF-12	0.3	2/3 600	32×4	电能
			基础框架与基脚连接	电动扳手	P18-FF-12	0.3	2/3 600	7×4	电能
			基础框架与滑轨连接	电动扳手	P18-FF-12	0.3	2/3 600	3×4	电能

资料来源：作者自绘。

完整的“可移动铝合金住宅产品”装配阶段的 BIM 明细表清单参见附录五。

计算模块装配阶段的耗能量：

吊装耗能量 $= \sum_{v}(GE_v \times P_v \times T_v)$ 单位：(g)

装配连接耗能量 $= \sum_{j}(Q_j \times P_j \times T_j)$ 单位：(kWh)

式中：

Q_j——第 j 种连接方式，连接节点的个数；

P_j——第 j 种连接方式，装配机械的额定功率，kW；

T_j——第 j 种连接方式，连接单位节点的时间，h。

代入以上公式：

“基础”装配阶段的耗能量＝128×0.3×2/3 600＝0.021 (kWh)

(2) 将 BIM 明细表清单 1 的能耗种类信息，代入基础能源数据库查询对应能耗的单位碳排放量，与上式中的吊装、装配的耗能量相乘，得到 D_m、Z_m，见公式(3-10)，公式(3-14)：

$$D_m = \sum_{v}(GE_v \times P_v \times T_v/\rho_v \times E_v) \tag{3-10}$$

$$Z_m = \sum_{j}(Q_j \times P_j \times T_j \times E_e) \tag{3-14}$$

代入以上公式：

“基础”装配阶段的碳排放量

$=0.021\ \text{kWh} \times 0.7 \times 10^{-3}\ \text{t/kWh} = 0.02 \times 10^{-3}(\text{t}\ CO_2)$

注：电能的碳排放系数 0.7×10^{-3} t/kWh。

(3) 通过 Autodesk Revit 软件得到第 m 种模块的数量 Y_m，由此生成 BIM 数量清单 2；见表 4-15。

(4) 得到 A_m、Y_m，通过公式(3-12)，公式(3-13)计算出 P_4：

$$P_4 = \sum_{m}(A_m \times Y_m) \tag{3-12}$$

$$A_m = D_m + Z_m \tag{3-13}$$

代入以上公式：

2 个“基础”装配阶段的碳排放量＝$0.04 \times 10^{-3}(\text{t}\ CO_2)$

2. 影响评价(LCIA)

首先，在对“可移动铝合金住宅产品”的装配阶段进行碳排放计算的基础上进行数据汇总，见表 4-16。其次，从“分阶段碳排放比例(吊装—装配连接)”和“组成部分碳排放比例”两个角度，通过数据分析，确定装配阶段耗碳量较大的阶段和建筑组成部分，对需要减碳的对象进行精准的定位。

对分阶段碳排放比例(吊装—装配连接)进行数据分析，按装配阶段的两部分(吊装和装配连接)分别统计其碳排放量及比例关系，见表4-17，图 4-31。

由表 4-17、图 4-31 得：

相比较吊装部分，装配连接部分的碳排放可以忽略不计。

表 4-16　装配阶段碳排放数据汇总

吊装阶段								
模块部位	模块名称	耗能量/g	耗能种类	能耗密度/(g/L)	能耗的碳排放系数/(t/L)	单位耗碳量 D_m/t	数量 Y_m	碳排放量/t
结构围护	主体大模块	10 500	柴油	850	3.13×10^{-3}	0.039	1	0.039
	主体小模块	7 000	柴油	850	3.13×10^{-3}	0.026	1	0.026
设备	框架大模块	7 000	柴油	850	3.13×10^{-3}	0.026	1	0.026
	框架小模块	7 000	柴油	850	3.13×10^{-3}	0.026	1	0.026
	设备箱	3 500	柴油	850	3.13×10^{-3}	0.013	1	0.013
—		能耗合计 35 kg (41 L)	—				碳量合计：0.13	

装配连接阶段							
模块部位	模块名称	耗能量/kWh	耗能种类	能耗的碳排放系数/t/kWh	单位耗碳量 Z_m/t	数量 Y_m	碳排放量/t
结构围护	基础	0.028	电能	0.7×10^{-3}	0.02×10^{-3}	2	0.04×10^{-3}
	交通体	0.010	电能	0.7×10^{-3}	0.007×10^{-3}	3	0.02×10^{-3}
	主体大模块	0.007	电能	0.7×10^{-3}	0.005×10^{-3}	1	0.005×10^{-3}
	主体小模块	0.007	电能	0.7×10^{-3}	0.005×10^{-3}	1	0.005×10^{-3}
	主体大小模块	0.062	电能	0.7×10^{-3}	0.04×10^{-3}	1	0.04×10^{-3}
设备	框架大小模块	0.016	电能	0.7×10^{-3}	0.01×10^{-3}	1	0.01×10^{-3}
	设备箱	0.001	电能	0.7×10^{-3}	0.0009×10^{-3}	1	0.0009×10^{-3}
—		能耗合计 0.13 kWh	—				碳量合计：0.12×10^{-3}

资料来源：作者自绘。

表 4-17　吊装、装配连接碳排放比例关系统计

物流阶段	吊装	装配连接	总量/t
碳排放量/t	0.13	0.12×10^{-3}	0.13
比例/%	100	0	100

资料来源：作者自绘。

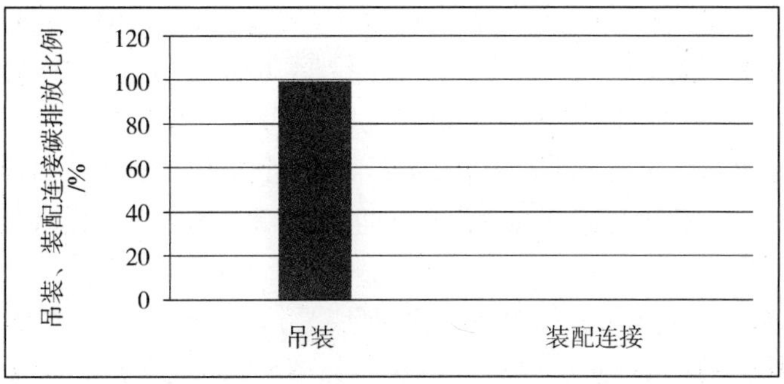

图 4-31　吊装、装配连接碳排放比例关系

资料来源：作者自绘。

对组成部分碳排放比例(模块)进行数据分析,按住宅各组成部分(包括结构体、外围护体、内装体、设备体)分别统计其碳排放量及比例关系,如表 4-18,图 4-32,图 4-33 所示。

表 4-18　模块装配阶段碳排放量及比例关系统计

模块	结构、围护			设备			总量/t
	基础	主体大模块	主体小模块	大模块	小模块	其他	
碳排放量/t	0.04×10^{-3}	0.039	0.026	0.026	0.026	0.013	0.13
	0.065			0.065			
比例/%	0	30	20	20	20	10	100
	50			50			

资料来源:作者自绘。

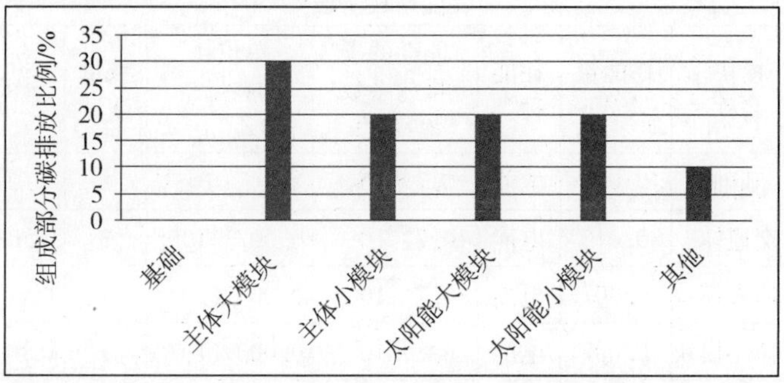

图 4-32　组成部分碳排放比例 1
资料来源:作者自绘。

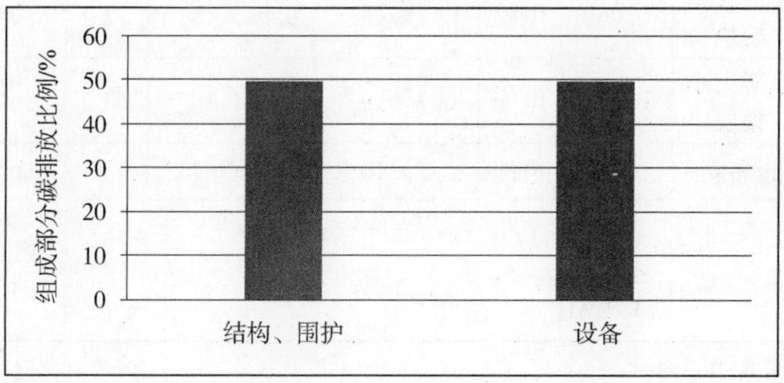

图 4-33　组成部分碳排放比例 2
资料来源:作者自绘。

3. 低碳设计

(1) 控制"Q_i"——减少连接节点个数,即模块化装配

可移动铝合金住宅产品的模块设计,包括基础模块、主体模块(结构、围护)和设备模块。

① 基础模块

尽管大部分的集装箱单元产品并未设计独立基础,但考虑以下两点因素,完善的基础系统对于可移动建筑产品是相当重要的:一是,通常场地都是不平整的,找平工作不仅耗时耗力并对环境造成一定的影响;二是,在多个模块组合的多功能建筑产品中,可快速搭建的安装平台是保证模块精确快速组合的重要前提。因此,将基础作为一个独立的模块进行设计,在对环境影响最少的前提下,快速搭建用于安装单元模块的平台非常必要。

可移动铝合金住宅产品的基础模块采用点式荷载,选用螺纹千斤顶作为基脚的核心构造,同时对其进行改进设计:在千斤顶的上部增加与基础框架平台连接的节点板；中部增加钢管以提高基础的高度；在底部增加扩大的底盘，用以增加基脚与地面的接触面积，提高基础的稳定性。

由可调基脚和基础框架组成的基础模块不仅实现了单元主体模块的快速高效装配，也使得建筑模块的组合更加自由、灵活，是可移动铝合金产品多样化的重要前提；从可移动铝合金办公建筑到住宅产品，均采用相同的基础模块。如图 4-34 所示。

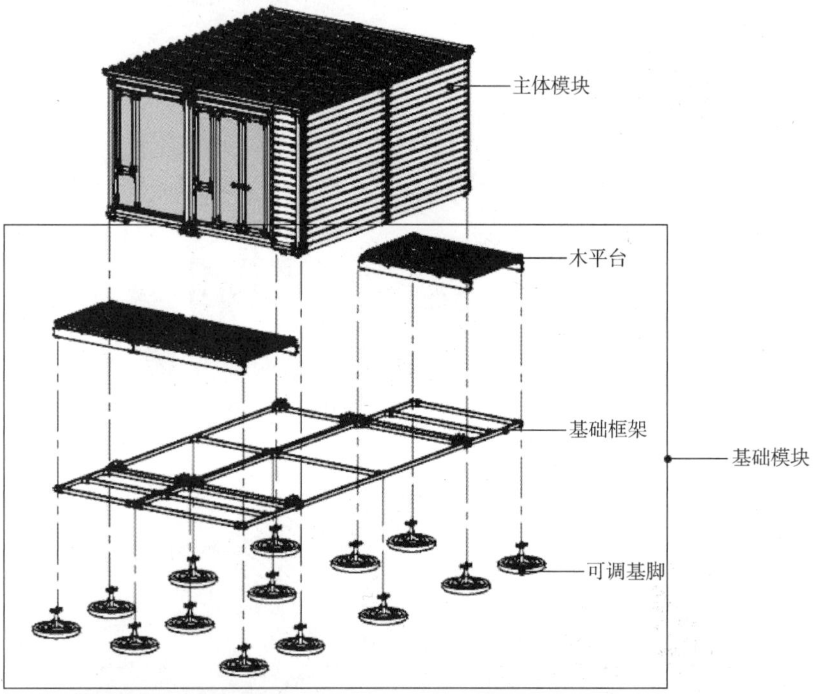

图 4-34　可移动铝合金住宅产品——基础模块

资料来源：作者自绘和自摄。

② 主体模块——即（结构、围护）模块

30 m^2 的主体模块，包括大小两个模块，单元模块最重要的是尺寸控制，作为可移动建筑产品，既需要考虑使用者的舒适体验，还需要考虑运输尺寸，同时兼顾铝合金的型材规格。参考集装箱标准尺寸（6 058mm×2 438 mm×2 896 mm），综合各项因素，最终设计的单元模块的结构框架尺寸为大模块：6 000 mm×2 900 mm×3 000 mm，如图 4-35 所示。小模块6 000 mm×2 100 mm×3 000 mm，如图 4-36 所示。其中小模块中集成了厨房、整体卫浴及其相关设备，大小模块独立设计也为以后的模块系列化提供了技术支持，相同的大模块可搭配不同功能的小模块形成不同系列的产品。

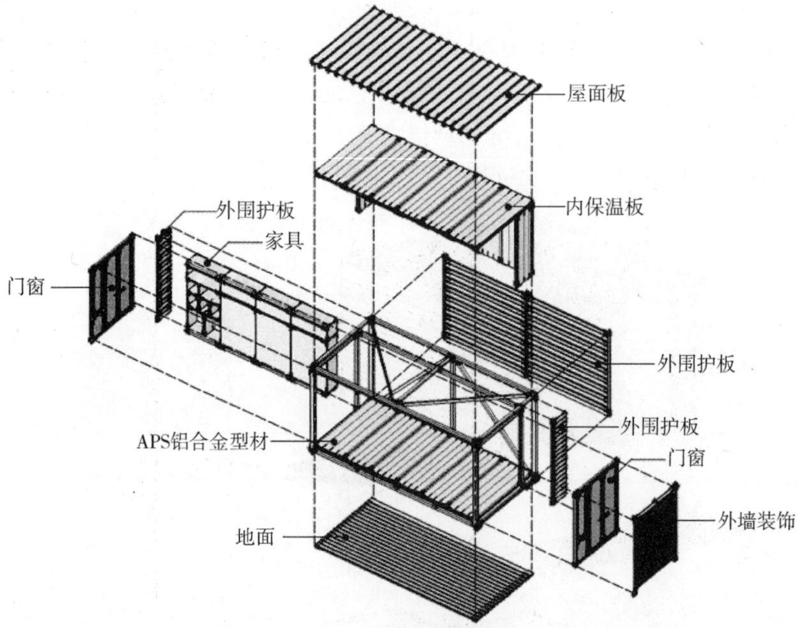

图 4-35　可移动铝合金住宅产品——主体大模块

（6 000 mm×2 900 mm×3 000 mm）

资料来源：作者自绘。

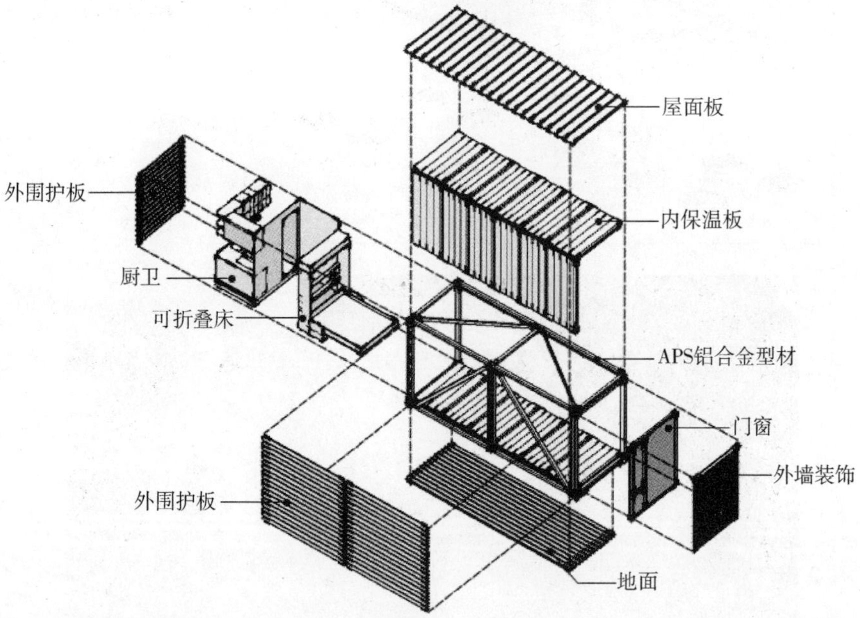

图 4-36　可移动铝合金住宅产品——主体小模块

（6 000 mm×2 100 mm×3 000 mm）

资料来源：作者自绘。

③ 设备模块

设备本身是由不同的厂家提供的（如太阳能光电光热系统、厨卫设备及相关电气、给排水系统等），但设备安装的空间、管道的走线、接口设计等都必须由整体设计决定，这需要在设备模块设计中综合考虑合理的设备安置空间、特定的设备组装构造、管道走线的布置以及在墙板等围护体组件上预留孔洞。

设备是一个随着使用功能的需求变化而变化的模块，该住宅产品的设备模块包括了功能使用（厨卫）、设备管线系统、建筑能源供给（太阳能光热、光电）。

厨卫：厨房（统一设计、统一加工制造，厨房设备、设施选型以工业化的方式对灶具、排风、上下水系统、橱柜及厨房电器设备进行一体化集成和整合);整体卫浴;厨卫部分与主体小模块集成,在现场总装时随主体整体安装,如图 4-37 所示。

设备管线系统:设备管线与内装部分分离,明管化设计,如图 4-38 所示。

太阳能相关设备,包括两部分:太阳能光热、光电板通过铝合金桁架系统安置于主体模块之上;太阳能相关附属设备,包括太阳能水箱、逆变器、控制器、蓄电池,以及空调室外机,该住宅产品将其统一置于特制设备箱中,并与主体模块脱离自成一体,如图 4-39 所示。

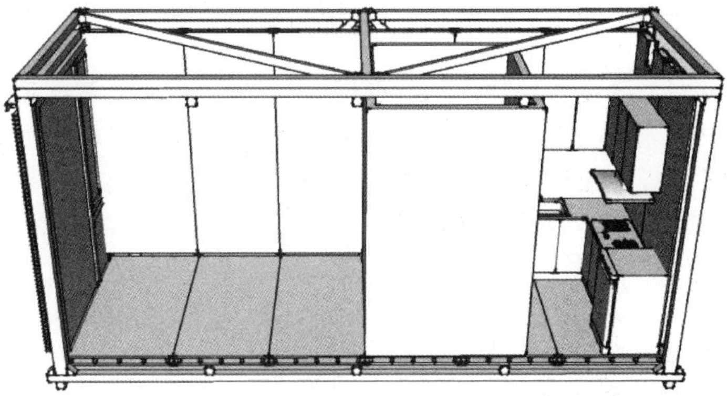

图 4-37　集成于小模块中的厨房和整体卫浴
资料来源:作者自绘。

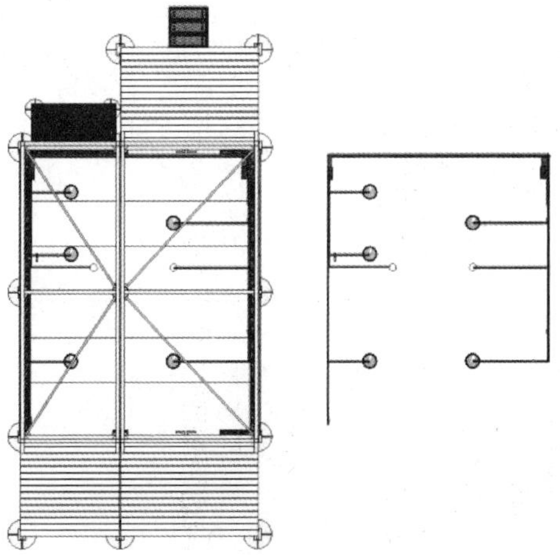

图 4-38　明管化设计
资料来源:作者自绘。

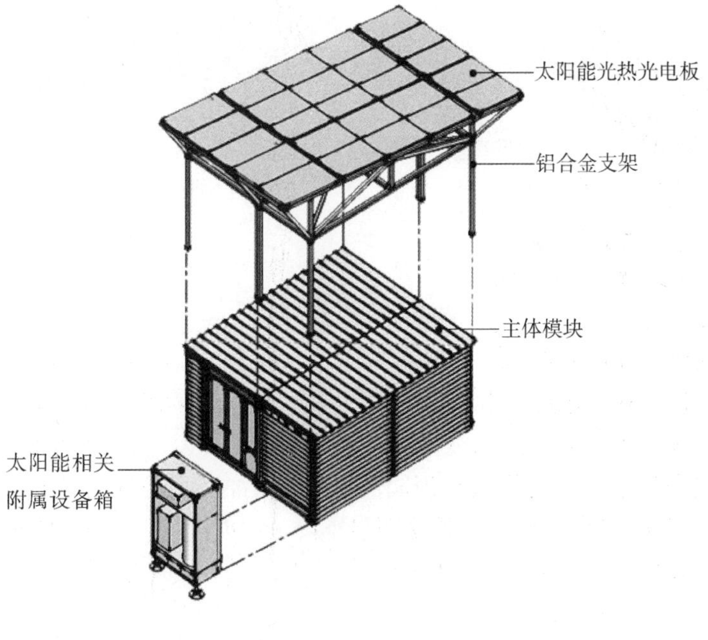

图 4-39　独立的太阳能设备系统
资料来源:作者自绘。

(2) 控制“T_j”——缩短单位节点的连接时间,即优化快速装配的预制连接件和装配工艺

途径一:优化快速装配的预制连接件

装配构件设计(活动式连接)有栓接、关扣和滑动等。

① 栓接

整个可移动产品系列都是围绕铝合金产品展开的,尤其是铝合金型材。因此,构件、组件、模块的连接件设计都与铝合金型材的连接方式有着紧密的关系。通过型材四周精密的凹槽,工业铝型材可以在任意位置用螺栓或过渡连接件与其他结构体及围护体相连接,因此栓接是整套装配连接的核心。

栓接具有强度高、装配高效、可拆卸等优点,由于所有的铝合金型材的凹槽尺寸都是统一的(8 mm),因此螺栓和螺母的尺寸也是标准的:M8T 型螺栓和螺母,减少了零部件的种类,同时为过渡构件的开洞尺寸提供了基本参数,所有构件与铝型材连接面的开洞均采用 9 mm 的长圆孔,既保证构件生产工艺的标准性,也考虑了安装公差,如图 4-40 所示。

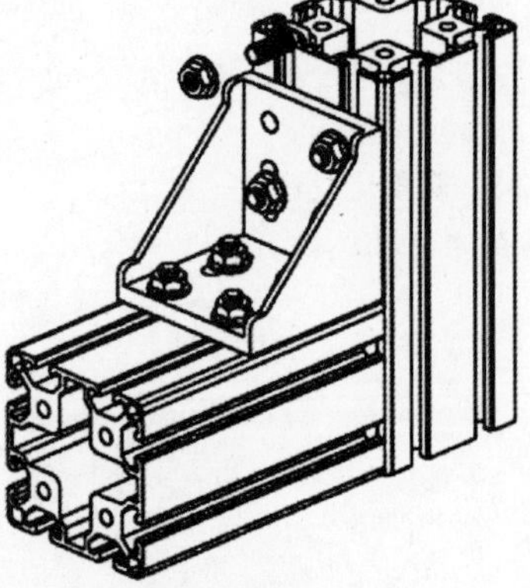

标准的型材连接,直角连接件与栓接构造

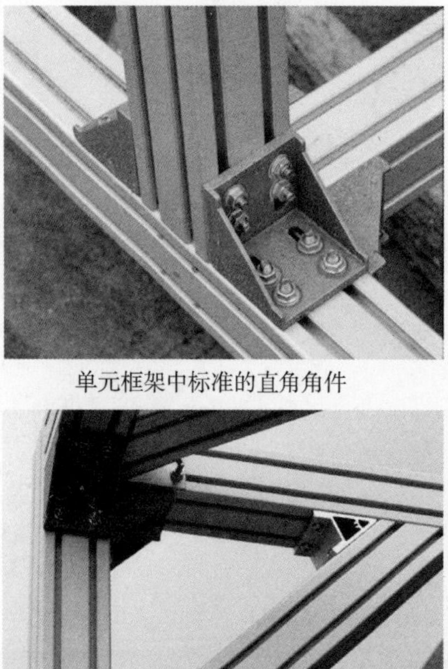

单元框架中标准的直角角件

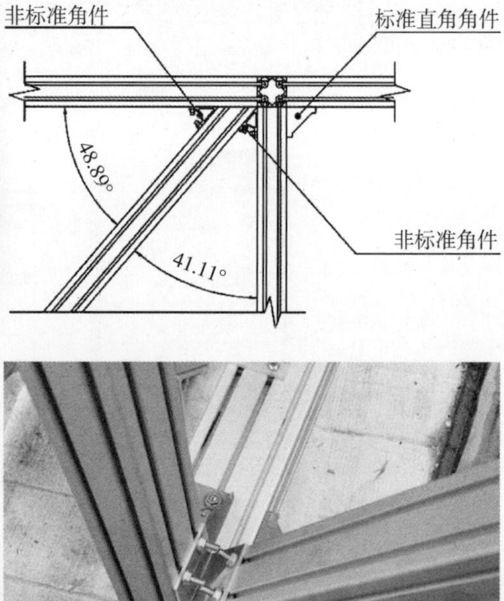

单元框架中标准的45度角件

单元框架中非标准的角件

图 4-40　栓接

资料来源:作者自摄和编辑。

② 卡扣

在可移动产品系列中,铝板复合泡沫混凝土保温装饰板与铝合金型材的连接方式中运用到卡扣连接,卡扣构件的强度由墙板的质量决定,由于墙板采用铝板复合泡沫混凝土的工艺,重量较大,因此卡扣构件采用 2 mm 厚铝板(南京陶吴镇台创园的可移动铝合金办公建筑中采用铝合金复合聚氨酯保温板工艺,重量明显下降,卡扣构件厚度采用 1 mm);墙板的安装方式决定了卡扣构件的定位以及运动方向的限制,同时为了更

好地引导卡扣的装配运动，卡口进行了斜角放大处理，起到导向增强作用，提高装配协调性；同时卡缝尺寸略大于卡扣构件，留有装配公差，如图4-41 所示。

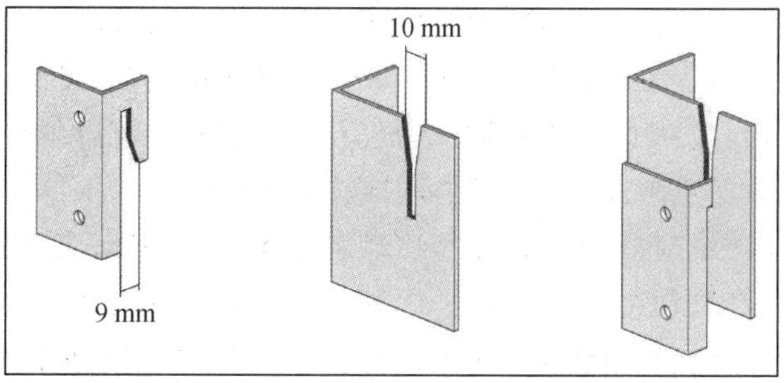

图 4-41　卡扣
资料来源：作者自绘。

在设计中尽量多地使用栓接和卡扣连接组件和模块，可以最大限度地提高现场装配的效率，并实现建筑构件的反复拆卸与安装。

③ 滑动

在南京陶吴镇台创园的可移动铝合金办公建筑中，12 个模块的快速装配设计中首次运用了“滑动”装配工艺，这是一个集单元模块快速就位、填缝一体化的连接方式。“滑动”装配工艺的基本设计策略是在中间单元模块基本就位的基础上通过滑动进行精确定位，然后其余的模块从两侧依次分别安装，通过相同的方式就位，在滑动就位的过程中挤压安装在单元模块四周的柔性材料完成填缝的工序，如图 4-42 所示。

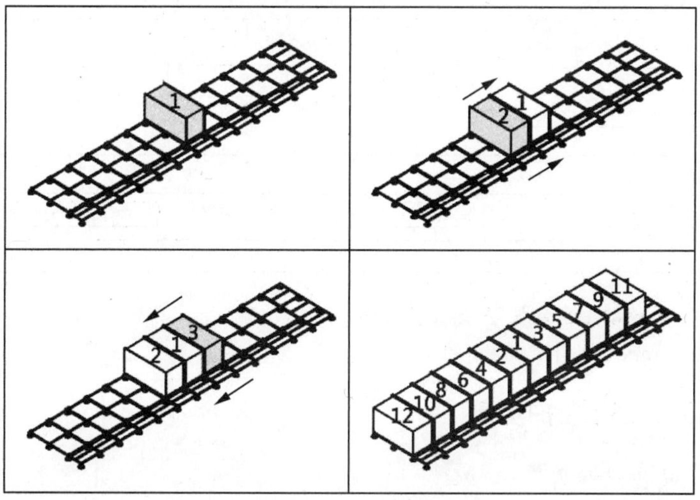

图 4-42　12 个模块装配工序
资料来源：作者自绘。

滑轨系统：首先在基础模块的平台框架的相接角点处安装 950 mm 长的导轨及滑块，同时在滑块的顶面用沉头螺栓连接 160 mm 长、100 mm 宽的槽钢，槽钢两侧面做开槽处理。在单元模块与基础模块的装配连接中，吊装单元模块至其四角的铝型材垫块与预定就位的槽钢嵌入、吻合，定位后用螺栓固定达到快速装配的目的，如图 4-43 所示[2]。

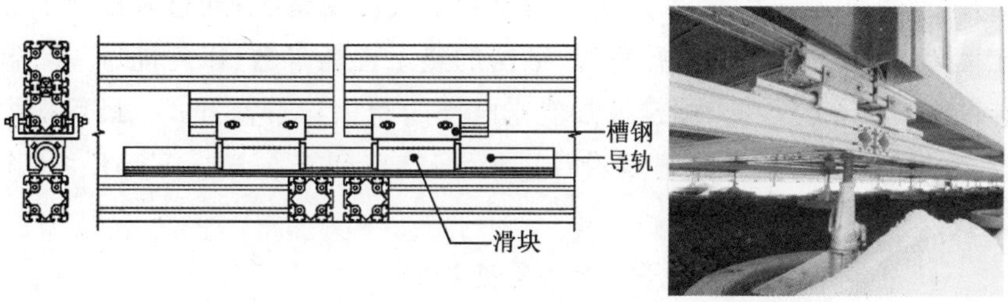

图 4-43　滑动连接
资料来源：作者自摄和编辑。

途径二：优化装配工艺和流程

由于装配构件来自于不同的上游供应商，因此不同体系的不同构件（组件、模块）在何时以及如何恰当、高效地组织到整体装配流程中，需要由建筑师担任项目总工程师，对装配研发流程各个阶段的重要节点做出决策，并对全流程实施监控与管理。团队全体成员（包括建筑设计方、制造企业方和供应商等多方面的相关成员）在项目总工程师的整合组织协调下，在研发的各阶段协同并行共同推进项目完成。

不同于传统建造方式，轻型可移动铝合金住宅在现场装配阶段，主要采用整体吊装和预制模块拼装方式，相继完成基座安装、箱体单元之间、箱体单元与基座、太阳能新能源系统安装等步骤。现场装配以干作业、机械化施工为主，施工工序简洁，在运用较少人工和电动装配设备的基础上，建造得以高质高效快速完成。如图 4-44 所示。

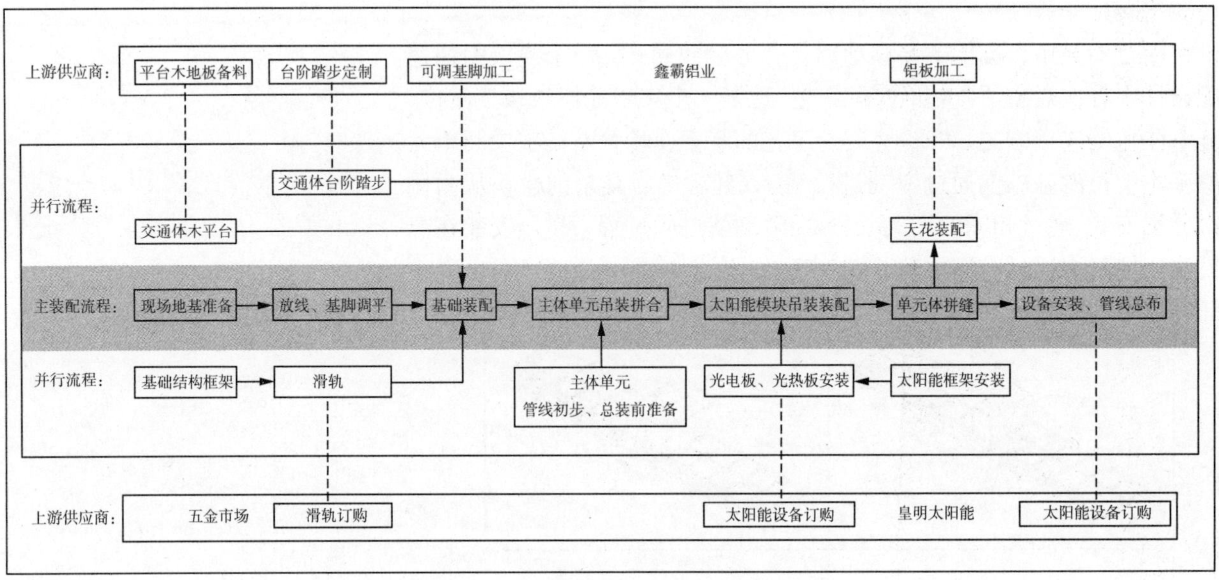

图 4-44 “可移动铝合金住宅”装配流程图

资料来源：作者自绘。

五、使用维护更新

1. 碳排放核算

下面是使用维护更新阶段碳排放核算计算步骤。

在“可移动铝合金住宅产品”的方案设计阶段，通过 Sketch-Up 建模软件得到简易模型，由插件导入 Energy-Plus 性能分析软件，对建筑性能进行精细化控制和量化分析，通过改变耗能、产能、蓄能三方面的参数，优化设计建筑的各个系统，包括三个部分：输入变量，包括可控的变量和非可控变量，如天气参数、室内电气设备功率及使用情况；通过软件计算确定墙体、地面、屋顶及门窗等围护结构的热工性能参数；以耗能、产能、蓄能的基本平衡为前提，确定太阳能光电板的面积和布置方式。最后根据模拟结果协同推进建筑方案设计进程，最终得到 E_{CY}、E_{HY}、E_{IY}、E_{EY} 4 个参数。

① 基本参数设定，见表 4-19 至表 4-21。

表 4-19　基础参数

基础参数	地点设定	南京(纬度:32°、经度:118.8°)
	气象数据	引用“Energy Plus Energy Simulation Software—Weather Data—Nanjing_Jiangsu_CHN Design_Conditions”
	实验时间段	1/1—12/31
	时间步长	4 次/h
内部负荷	人员	4 人
	照明	8 W/m^2
	电器设备功率	16 W/m^2
	换气	6 次/h 即新风量按 30 m^3/(h·人)
供能	光伏电板面积	30 m^2(暂定)
	光伏电板倾斜角度	7.5°
	光电转化效率	18%
	发电功率	4 140 W(18×230 W)按 230 W/块计算

资料来源:作者自绘。

表 4-20　室内用电设备参数

电器	空调	LED 吸顶灯	LED 液晶电视	洗衣机
型号	格力变频空调大 1.5P KFR-35GW /(35571)FNBh-1	欧普照明-直径 35 cm	TCL L37E4500 A-3D 37 寸	三洋 XQB 30-Mini
功率	865 W	28W	80W	150—200 W
备注	能效比=制冷量/用电量=3.5 一级能效	光通量 Φ=1 995 lm	—	—
电器	冰箱	煤气灶	吸顶抽油烟机	—
型号	美的 BCD-86cm(E)	帅康 QAS-98-S	美的 CXW-200-DT103	
功率	90 W	—	200 W	
备注	耗电量(kWh/24h):0.4—0.6	—	排风量:14—16 (m^3/min)	

资料来源:作者自绘。

表 4-21　Schedule:Compact

	Obj1	Obj2	Obj3	Obj4
分类	电视	通风	人员逐时在室率	照明
使用情况	19:00—22:00	7:00—8:00 11:00—12:00 17:00—18:00	18:00—24:00 24:00—8:00	18:00—22:00
	Obj5	Obj6	Obj7	Obj8
分类	人体散热量	夏季室内设定温度	冬季室内设定温度	太阳能板
使用情况	120 W	26 ℃	20 ℃	全部工作

资料来源:作者自绘。

② 围护结构的热工性能参数

将墙体、地面、屋顶及门窗等围护结构均设定为虚拟层，以“聚氨酯”为虚拟对象计算围护结构的热阻。在确定基础参数后，通过改变聚氨酯的厚度，实例住宅的冷热负荷随之发生变化，如图 4-45 所示。当厚度达到120 mm 后冷热负荷随温度变化的趋势明显变弱，因此从节能的角度分析，以聚氨酯为虚拟保温层的围护体厚度的最佳值为 120 mm。聚氨酯的导热系数 $\lambda=0.024$ W/(m·K)，确定厚度 $L=0.12$ m，得传热系数 $K=\lambda/L=0.2$ W /(m²·K)，热阻 $R=1/K=5$ (m²·K)/W。

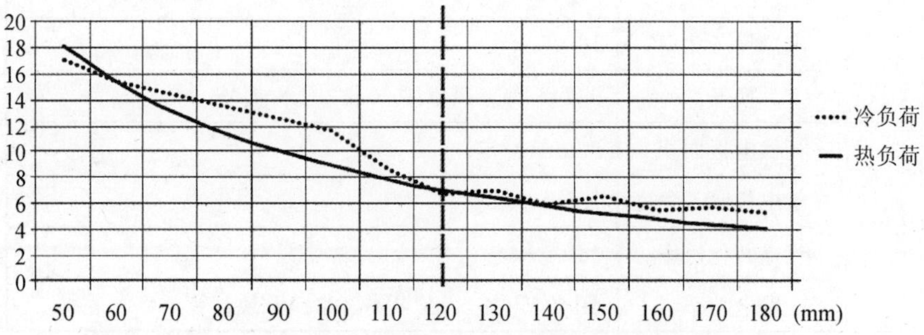

图 4-45　冷、热负荷随厚度变化的情况

资料来源：作者自绘。

“可移动铝合金住宅”中围护体所用建材的相关参数，见表 4-22。

表 4-22　实例住宅中围护体的材料参数

	Obj1	Obj2	Obj3	Obj4	Obj5	Obj6
材料	聚氨酯	铝型材	铝单板	木工板	岩棉	挤塑板
厚度 L/m	0.06	0.08	0.004	0.025	0.07	0.08
导热系数 λ/[W/(m·K)]	0.022	80	121	0.15	0.037	0.028 9
密度/kg/m³	30	2 700	2 700	608	50—200	35
热容/[J/(kg·K)]	2 475	880	880	1 630	919	2 500

注：K 可用℃代替。

资料来源：作者自绘。

最终确定围护体材料，从外到内依次为：

4 mm 铝单板＋60 mm 聚氨酯＋25 mm 木工板＋70 mm 岩棉＋25 mm 木工板

其热阻

$$R=R_1+R_2+R_3+R_4+R_3,$$

$$R=\frac{L_1}{\lambda_1}+\frac{L_2}{\lambda_2}+\frac{L_3}{\lambda_3}+\frac{L_4}{\lambda_4}+\frac{L_3}{\lambda_3},$$

$$\begin{aligned}R&=\frac{0.004}{121}+\frac{0.06}{0.022}+\frac{0.025}{0.15}+\frac{0.07}{0.037}+\frac{0.025}{0.15}\\&=2.73+0.17+1.89+0.17\\&=4.96[(\mathrm{m}^2\cdot\mathrm{K})/\mathrm{W}]\\&\approx 5[(\mathrm{m}^2\cdot\mathrm{K})/\mathrm{W}]\end{aligned}$$

③ 太阳能光电板面积确定

在确定基础参数、室内用电情况和围护结构热工性能参数后，通过 5 种不同的算例判断太阳能光伏电板的尺寸和面积，如表 4-23 所示。通过 Energy Plus 能耗模拟分析，针对 5 个算例，同样的热阻、不同的模型、不同的光电板面积、换气次数和开窗面积，得出相应的耗能、产能结果。

表 4-23　5 种不同的算例

	算例一	算例二	算例三	算例四	算例五
光电板/m^2	10	16.7	16.7	23.4	20
换气/(次/h)	2.5	2.5	6	6	6
热阻/[(m^2·K)/W]	5	5	5	5	5
开窗/m^2	4	4	4	4	12
耗能/GJ	17.87	17.87	20.35	20.35	21.13
产能/GJ	14.58	18.12	18.12	22.86	21.54

资料来源:作者自绘。

结论:

算例一:耗能、产能值相差过大。

算例二:加大光电板面积增加产能,有富余。

算例三:同样的光电板面积,增加换气次数,未能满足耗能需求。

算例四:换气次数不变,增加光电板面积,基本实现耗、产平衡。

算例五:增加南向开窗面积,保持换气次数不变,得出最佳光电板面积:20 m^2,即 12 块光电板。

④ 模拟结果确定,得到 E_{CY}、E_{HY}、E_{IY}、E_{EY} 4 个参数;见表 4-24。

表 4-24　住宅实例模拟结果(全年)

冷负荷 E_{CY}	热负荷 E_{HY}	照明耗电 E_{IY}	设备耗电 E_{EY}	总能耗 $E_{CY}+E_{HY}+E_{IY}+E_{EY}$	实际总能耗 $(E_{CY}+E_{HY})/\eta_C(3.5)+E_{IY}+E_{EY}$
2 569.60 kWh /9.25 GJ	316.76 kWh /1.14 GJ	713.23 kWh /2.57 GJ	1 363.27 kWh /4.90 GJ	4 962.86 kWh /17.87 GJ	2901.17 kWh /10.44 GJ
$P_{CH}=(E_{CY}+E_{HY})/\eta_C(3.5)\times E_e$ $=577.27$ (kg CO_2)		$P_I=(E_{IY}+E_{EY})\times F\times E_e$ $=1\,453.55$ (kg CO_2)		$P_{CH}+P_I=2\,030.82$ (kg CO_2)	
太阳能即时发电 Q_F	蓄电池即时充电 Q_C	经蓄电池、逆变器转化实际即时充电 $Q_C\times0.8\times0.9$	太阳能实际总产能 $Q_F+Q_C\times0.8\times0.9$		
853.83 kWh /3.07 GJ	3 195.18 kWh /11.50 GJ	2 300.53 kWh 8.28 GJ	3 154.37 kWh /11.35 GJ		

注:1 kWh=3 600 kJ　1TJ=10^9 kJ　1GJ=10^9J=10^6 kJ

资料来源:作者自绘。

2. 影响评价(LCIA)

可移动铝合金住宅实例的定位是用于紧急建造,即临时性建筑,因此将其建筑寿命定为 20 年,由冷热负荷、照明、设备能耗所产生的碳排放量,代入公式:

$$P_{use}=(P_{CH}+P_I)\times N\times\theta\times\mu$$
$$=2\,030.82\ \text{kg}\times20=40\,616\ (\text{kg}\ CO_2)$$

而由太阳能系统抵消的碳排放量第一年：

$$P_{D1} = (Q_F + Q_C \times 0.8 \times 0.9) \times E_e$$

$$= 3\,154.37\ \text{kWh} \times 0.7\ \text{kg/kWh} = 2\,208\ (\text{kg } CO_2)$$

太阳能电池板的使用寿命由电池片、钢化玻璃、EVA、TPT等的材质决定，一般用好一点材料的厂家生产的电池板使用寿命可以达到25年，但随着环境的影响，太阳能电池板的材料会随着时间的变化而老化。一般情况下到20年功率会衰减30%，用到25年会衰减70%(钢化玻璃层压封装的太阳能电池板寿命为25年，PET层压封装的太阳能电池板寿命为5—8年，滴胶封装的太阳能电池板寿命为2—3年)[3]。

该住宅实例采用的是太阳能厂家提供的钢化玻璃层封装的太阳能电池板，按照一般情况下20年功率衰减30%，每年匀速衰减1.5%计算，太阳能光电板系统在建筑寿命周期内抵消的碳排放量：

$$P_D = P_{D1} + P_{D2} + P_{D3} + \cdots + P_{D20}$$

$$= 2\,208 \times (1 - 1.5\%) + 2\,208 \times (1 - 3\%) + \cdots + 2\,208 \times (1 - 30\%)$$

$$= 37\,204\ (\text{kg } CO_2)$$

得：

住宅实例使用阶段的碳排放 $= P_u - P_D$

$$= 40\,616 - 37\,204 = 3\,412\ (\text{kg } CO_2)$$

对比在有无使用太阳能系统下，建筑全生命周期的碳排放总量情况，见表4-25，图4-46，表4-26，图4-47。

表4-25　使用太阳能系统下的建筑碳排放分析——现状

生命周期阶段	建材开采和生产阶段	建筑使用阶段(20年)	合计
碳排放量/t	12.10+11.20(太阳能光电生产)=23.30	40.62—37.20(太阳能抵消)=3.42	26.72
比例/%	87	13	100

资料来源：作者自绘。

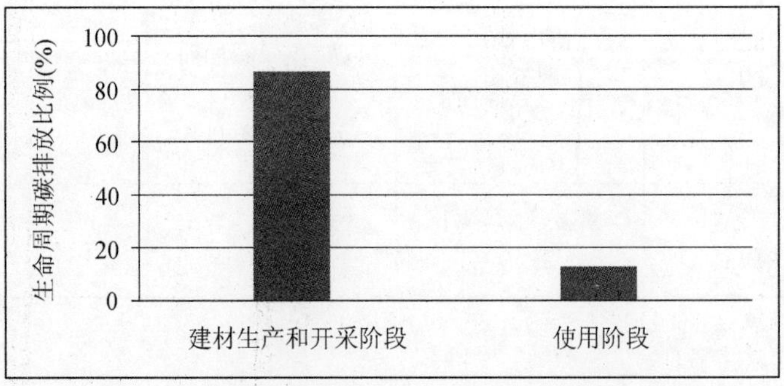

图4-46　使用太阳能系统下的建筑碳排放分析

资料来源：作者自绘。

表4-26　不使用太阳能系统下的建筑碳排放分析——假设

生命周期阶段	建材开采和生产阶段	建筑使用阶段(20年)	合计
碳排放量/t	12.10	40.62	52.72
比例/%	23	77	100

资料来源：作者自绘。

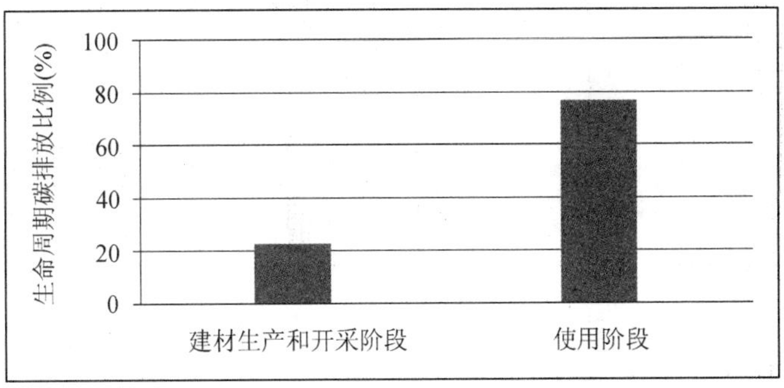

图 4-47 不使用太阳能系统下的建筑碳排放分析

资料来源:作者自绘。

对比结果分析:

① 太阳能光电板在建材开采生产阶段是高碳的,需提高多晶硅的加工工艺,使新能源系统的优势得到进一步提升。

② 由于太阳能系统的使用,建筑使用阶段的碳排放量和全生命周期中的比例都明显下降;从而提升建筑使用阶段的降碳潜力。

③ 由于太阳能系统的使用,建筑全生命周期的总碳排放量明显下降,近 50%。

3. 低碳设计

可移动铝合金住宅减碳措施主要针对维护更新阶段。

途径:灵活性、适应性设计

可移动铝合金住宅产品的可发展功能,即能够满足居住者需求变化的属性,具体内容包括可变化、可扩充两方面功能,可以根据不同个性需求和需求变化进行调整,根据需求的增加进行修改,延长住宅产品的使用寿命。

该案例中的具体策略主要有三点:

① 将必要的使用功能尽可能压缩在一个合理的范围中,使得能够满足正常使用的同时不占用过多的空间。

② 尽可能采用可折叠的家具。

③ 利用轻质高强的非承重隔墙与可移动的家具隔断,可以根据住宅不同时期功能需求来灵活划分室内空间。

首先,设计将 30 m^2 有限的使用空间划分为必要的功能空间与可变的功能空间。

必要的功能空间:厨房、卫生间以及卧室被集中在 6 000 mm×2 100 mm×3 000 mm 的小模块内;厨卫与卧室各占一半,厨卫功能相互独立且完整,方便日后需求转变的更换;卧室所占通过折叠床可以扩展为日常活动空间。

可变的功能空间:集中在 6 000 mm×2 900 mm×3 000 mm 的大模块中,除了靠墙一侧的家具,剩余空间都是自由的,家具划分为 4 组尺寸相同的模块,整个柜体由不同功能的柜体单元拼接而成,同样方便日后功能升级时更换,第 1、2 模块中嵌套铝合金制桌椅,节约空间的同时提高空间使用率,并为空间属性的改变提供可能,当桌椅从家具模块中取出时,通过自由搭配组合可将公共空间转变为餐厅、书房或聚会场所等;第 2、3 模块中分别布置空调和电视等家用电器,同时将电气走线隐藏于家具模块中,方便检修的同时保持空间完整性;第 4 模块为衣柜;"收""缩"的方式直接扩展了空间,实现大空间、整空间;而"变"则通过多样的空间体验间接地"增加"了空间,两片活动隔墙在十字滑轨上自由滑动的过程中实现了公共—私密的转变、空间大小或形式的灵活转变,增加了空间使用的多适性,如图 4-48 所示。

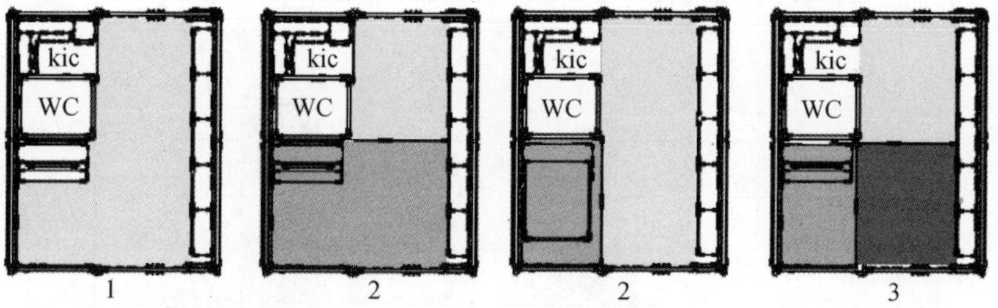

图 4-48　空间使用的多适性
资料来源:作者自绘。

六、拆除回收

1. 碳排放核算

可移动铝合金住宅实例因其展出地点的局限,需在展出后移至别处长久安置,因此经历了建筑全生命周期的全过程,包括拆卸环节,特对其进行数据跟踪调查并汇总。

下面是拆除回收阶段碳排放核算计算步骤。

(1) 建立 BIM 明细表清单 1。以"主体大模块"的拆卸回收阶段为例具体说明,见表 4-27。

表 4-27　拆卸回收阶段——"主体大模块"的 BIM 明细表清单 1、数量清单 2

工业化拆卸阶段

拆卸

构件参数			拆卸参数						
模块部位	模块名称	数量 Y_m	拆卸流程	拆卸机械参数			拆卸单位节点的时间/h	拆卸节点的个数	耗能名称
				名称	型号	额定功率/kW			
结构围护	主体大模块	1	安装辅助工装中侧边的斜撑(螺栓)	电动扳手	P18-FF-12	0.3	2/3 600	10×4	电能

吊装

构件参数					吊装参数							
模块部位	模块名称	模块参数		数量 Y_m	吊装流程	吊装机械参数					吊装时间/h	耗能名称
		重量/t	尺寸/m			名称	型号	额定起重/t	额定功率/kW	比油耗/(g/kWh)		
结构围护	主体大模块	4.15	6×3×3	1	现场—运输车	柳工汽车起重机	QY8A	8.5	105	200	1/2	柴油

拆卸物运输阶段

构件参数					运输参数							
模块部位	模块名称	模块参数		数量 Y_m	运输流程	运输机械参数					运输距离/km	耗能名称
		重量/t	尺寸/m			名称	型号	额定载重/t	货箱尺寸/m	百公里耗油量/[L/(t·100 km)]		
结构围护	主体大模块	4.15	6×3×3	1	现场—回收地	凯马货车	骏驰4800	10	6.2×2.3×0.5	28.6	43*	柴油

注:* 该"可移动住宅产品"实例中的运输距离为东南大学到南京江宁鑫霸铝业有限公司
资料来源:作者自绘。

明细表清单，包括：

① 拆卸阶段：相当于装配阶段的逆过程，也分两阶段：

拆卸：模块部位、模块名称、拆卸流程、拆卸机械参数（名称、型号、额定功率）、拆卸单位节点的时间、拆卸节点的个数、耗能名称。

吊装：模块部位、模块名称、模块参数（重量、尺寸）、吊装流程、吊装机械参数（名称、型号、额定起重、额定功率、比油耗）、吊装时间、耗能名称。

② 拆卸物运输阶段：相当于运输阶段的逆过程，包括：模块部位、模块名称、模块参数（重量、尺寸）、运输流程、运输机械参数（名称、型号、额定载重、货箱尺寸、百公里耗油量）、运输距离、耗能名称。

③ 回收阶段：本案例中未具体涉及该方面内容。

完整的“可移动铝合金住宅产品”的拆卸回收阶段的 BIM 明细表清单参见附录六。

计算拆卸和回收阶段的耗能量：

① 拆卸阶段：“主体大模块”的耗能量＝10 500 g。

② 拆卸物运输阶段：“主体大模块”的耗能量＝51 L。

(2) 将 BIM 明细表清单 1 代入基础数据库，查询得出相关能源的碳排放系数，与上式中工业化拆卸阶段和拆卸物运输阶段的耗能量相乘，得到单个模块的碳排放量。

单个“主体大模块”拆卸和回收阶段的碳排放量

$=0.039+0.16\approx(0.20\ t\ CO_2)$

同时：

$$P_{dis}=P_4\times 90\% \tag{3-20}$$

$$P_{dis-lev}=P_3\times 90\% \tag{3-21}$$

代入公式，得

单个“主体大模块”拆卸和回收阶段的碳排放量

$=0.20\times 90\%=0.18\ (t\ CO_2)$

(3) 通过 Autodesk Revit 软件得到第 m 种模块的数量 Y_m，由此生成 BIM 数量清单 2；见表 4-27。

(4) 计算出 P_6：

1 个“主体大模块”拆卸和回收阶段的碳排放量＝$0.18\ (t\ CO_2)$

2. 影响评价(LCIA)

首先，在对“可移动铝合金住宅产品”的拆卸回收阶段进行碳排放计算的基础上进行数据汇总，见表 4-28。其次，从“分阶段碳排放比例（拆卸—拆卸物运输）”和“组成部分碳排放比例”两个角度，通过数据分析，确定拆卸回收阶段耗碳量较大的阶段和建筑组成部分，对需要减碳的对象进行精准的定位。

对分阶段碳排放比例（拆卸—拆卸物运输）进行数据分析，按拆卸回收阶段的各部分（拆卸和拆卸物回收）分别统计其碳排放量及比例关系，见表 4-29，图 4-49。

表 4-28　拆卸回收阶段碳排放数据汇总

拆卸阶段							
拆卸							
模块部位	模块名称	耗能量/kWh	耗能种类	能耗的碳排放系数/(t/kWh)	单位耗碳量 Z_m/t	数量 Y_m	碳排放量/t
结构围护	基础	0.028	电能	0.7×10^{-3}	0.02×10^{-3}	2	0.036×10^{-3}
	交通体	0.010	电能	0.7×10^{-3}	0.007×10^{-3}	3	0.018×10^{-3}
	主体大模块	0.007	电能	0.7×10^{-3}	0.005×10^{-3}	1	$0.004\,5\times10^{-3}$
	主体小模块	0.007	电能	0.7×10^{-3}	0.005×10^{-3}	1	$0.004\,5\times10^{-3}$
	主体大小模块	0.062	电能	0.7×10^{-3}	0.04×10^{-3}	1	0.036×10^{-3}
设备	框架大小模块	0.016	电能	0.7×10^{-3}	0.01×10^{-3}	1	0.009×10^{-3}
	设备箱	0.001	电能	0.7×10^{-3}	$0.000\,9\times10^{-3}$	1	$0.000\,8\times10^{-3}$
—		能耗合计 0.13 kWh	—				碳量合计：0.11×10^{-3} t

吊装								
结构围护	主体大模块	10 500	柴油	850	3.13×10^{-3}	0.039	1	0.035
	主体小模块	7 000	柴油	850	3.13×10^{-3}	0.026	1	0.023
设备	框架大模块	7 000	柴油	850	3.13×10^{-3}	0.026	1	0.023
	框架小模块	7 000	柴油	850	3.13×10^{-3}	0.026	1	0.023
	设备箱	3 500	柴油	850	3.13×10^{-3}	0.013	1	0.012
—		能耗合计 35 kg (41 L)	—					碳量合计：0.12 t

拆卸物运输阶段							
模块部位	模块名称	耗能量/L	耗能种类	能耗的碳排放系数/(t/L)	单位耗碳量 L_m/t	数量 Y_m	碳排放量/t
结构围护	基础	83	柴油	3.13×10^{-3}	0.26	1	0.23
	主体大模块	51	柴油	3.13×10^{-3}	0.16	1	0.14
	主体小模块	41	柴油	3.13×10^{-3}	0.13	1	0.12
设备	太阳能框架大模块	15	柴油	3.13×10^{-3}	0.05	1	0.045
	太阳能框架小模块	13	柴油	3.13×10^{-3}	0.04	1	0.036
	设备	22	柴油	3.13×10^{-3}	0.07	1	0.063
—		能耗合计 225 L	—				碳量合计：0.64

资料来源：作者自绘。

表 4-29　工业化拆卸、拆卸物运输碳排放量及比例关系

物流阶段	工业化拆卸	拆卸物运输	总量
碳排放量/t	0.12	0.64	0.76
比例/%	15.80	84.20	100

资料来源：作者自绘。

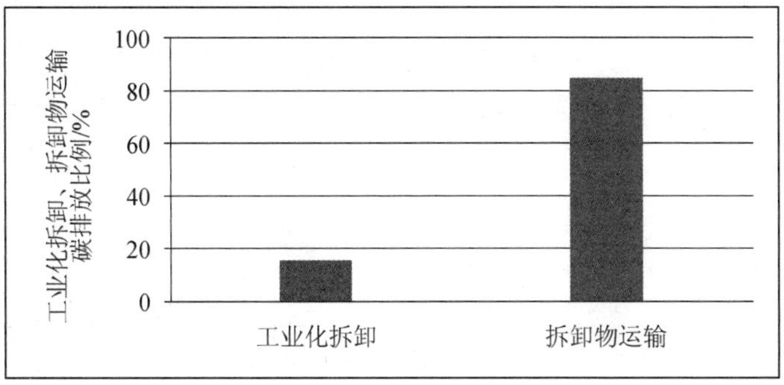

图 4-49　工业化拆卸、拆卸物运输碳排放比例关系

资料来源：作者自绘。

对组成部分碳排放比例（模块）进行数据分析，按住宅各组成部分（包括结构体、外/内围护体、内装体、设备体）分别统计其碳排放量及比例关系，见表 4-30，图 4-50，图 4-51。

表 4-30　模块拆卸回收阶段碳排放量及比例关系统计

模块	结构、围护			设备			总量
	基础	主体大模块	主体小模块	大模块	小模块	其他	
碳排放量/t	0.23	0.175	0.143	0.068	0.059	0.075	0.75
	0.55			0.20			
比例/%	30.67	23.33	19.07	9.06	7.87	10	100
	73.07			26.93			

资料来源：作者自绘。

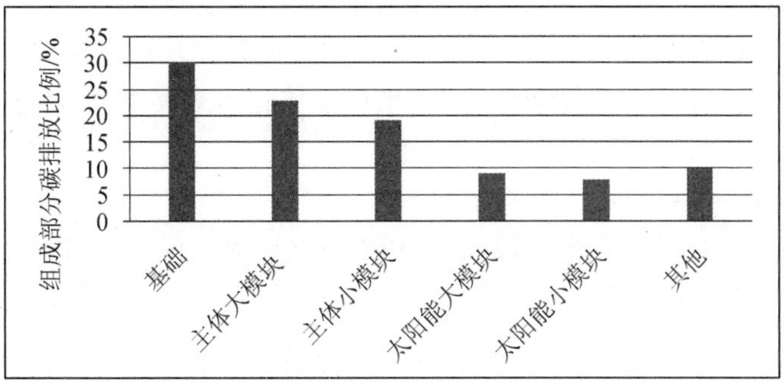

图 4-50　组成部分碳排放比例 1

资料来源：作者自绘。

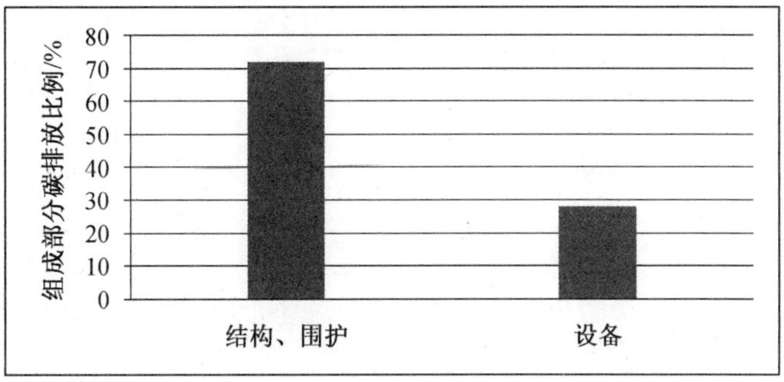

图 4-51　组成部分碳排放比例 2

资料来源：作者自绘。

七、分析评估

1. 全生命周期各阶段碳排放比例关系

整理统计“可移动铝合金住宅产品”全生命周期各阶段的碳排放量及比例关系，见表 4-31，图 4-52。

表 4-31 全生命周期各阶段（20 年）——碳排放比例关系

生命周期	建材开采和生产阶段 P_1	工厂化生产阶段 P_2	物流阶段 P_3	装配阶段 P_4	使用和维护阶段 P_5	拆卸和回收阶段 P_6	总量
碳排放量/t	23.30	0.037	0.79	0.13	3.42	0.76	28.44
比例/%	81.93	0.13	2.78	0.46	12.03	2.67	100

资料来源：作者自绘。

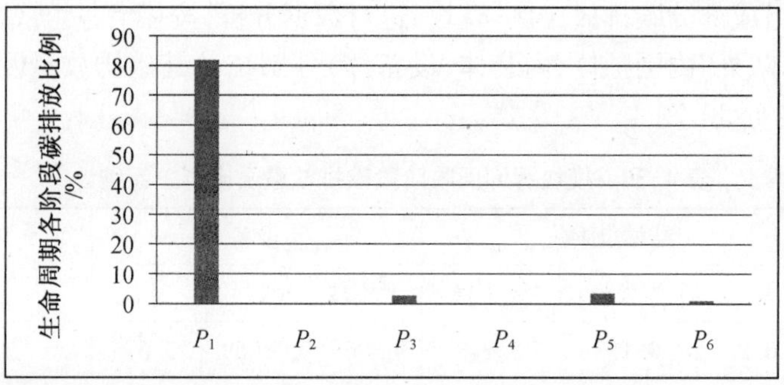

图 4-52 全生命周期（20 年）各阶段碳排放比例关系

资料来源：作者自绘。

由表 4-31，图 4-52 得：

（1）本案例中，建材开采和生产阶段的碳排放占绝对比重，其他阶段的碳排放量合计仅占 18%。

（2）不同于其他建筑中使用维护阶段是建筑全生命周期中碳排放量最大的阶段，原因：该住宅实例的建筑面积较小（约 30 m^2），且运用了太阳能新能源系统，大大节约了能源，从而降低了使用阶段的碳排放量。

（3）由于该住宅实例的工厂化生产加工以及现场装配化施工建造，因此在这两阶段的碳排放量明显下降。

2. 组成部分碳排放量及比例关系

“可移动铝合金住宅产品”各组成部分（结构体、围护体、设备体）在全生命周期各个阶段的碳排放量，见表 4-32，图 4-53。

表 4-32 全生命周期各组成部分碳排放量

	建材开采生产阶段 P_1/t		工厂化生产阶段 P_2/t	物流阶段 P_3/t	装配阶段 P_4/t	拆卸和回收阶段 P_6/t	总量/t
结构体	5.29	22.7%	6.29×10^{-3}	0.41	0.029	0.37	6.10
围护体	3.89	16.7%	27.77×10^{-3}	0.20	0.036	0.41	4.54
设备体	14.12	60.6%	3.06×10^{-3}	0.18	0.065	0.20	14.56
合计	23.30		37.12×10^{-3}	0.79	0.13	0.76	25.20

资料来源：作者自绘。

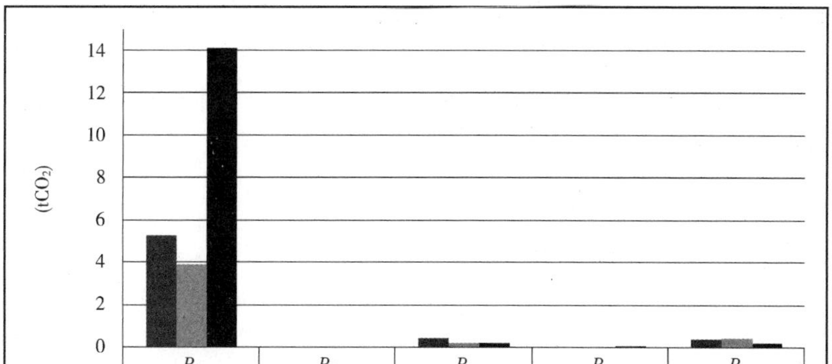

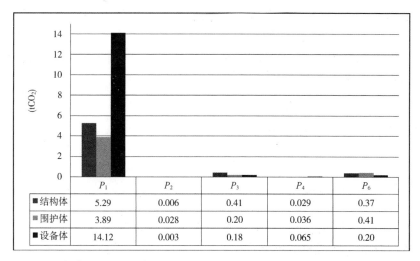

	P_1	P_2	P_3	P_4	P_6
■结构体	5.29	0.006	0.41	0.029	0.37
■围护体	3.89	0.028	0.20	0.036	0.41
■设备体	14.12	0.003	0.18	0.065	0.20

图 4-53 全生命周期各组成部分碳排放量

资料来源：作者自绘。

3. *长寿命碳排放分析*

以“可移动铝合金住宅产品”为例，在 100 年评价期内，分析对比，建筑寿命分别为 20 年、50 年、100 年的全生命周期的碳排放量，见表 4-33，图 4-54。

表 4-33 全生命周期各阶段(20 年、50 年、100 年)——碳排放比例关系

生命周期	建材开采和生产阶段 P_1	工厂化生产阶段 P_2	物流阶段 P_3	装配阶段 P_4	使用和维护阶段 P_5	拆卸和回收阶段 P_6	总量/t
20 年碳排放量/t	23.30	0.037	0.79	0.13	3.42	0.76	28.44
50 年碳排放量/t	23.30 +14.12	0.037 +0.003	0.79 +0.18	0.13 +0.065	3.42×2	0.76	46.25
	50 年期间，设备体更换一次						
100 年碳排放量/t	23.30 +14.12 ×3	0.037 +0.003 ×3	0.79 +0.18×3	0.13 +0.065×3	3.42×4	0.76	81.80
	100 年期间，设备体更换三次；围护体与结构体同寿命						

资料来源：作者自绘。

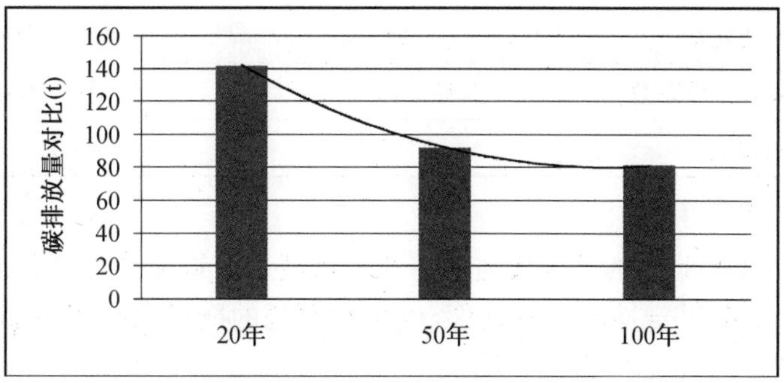

图 4-54 100 年评价周期内(20 年、50 年、100 年住宅寿命)碳排放总量对比

资料来源：作者自绘。

由表 4-33，图 4-54 得：

上述图表是以“可移动铝合金住宅”产品为例，分别统计该住宅寿命为 20 年、50 年、100 年的碳排放量，在 100 年评价期内，其碳排放量呈抛物线下降的趋势。原因分析：100 年内，寿命 20 年的住宅共完成 5 次全生命周期；50 年的住宅完成 2 次全生命周期，其中设备体更换 1 次；100

年的住宅完成1次全生命周期，其中设备体更换3次，而围护体与结构体同寿命。由此证明，长寿命建筑具有低碳性，当然这是建立在工业化建筑装配体系的基础之上，其结构体、围护体、设备体的功能相互独立，为长寿命设计提供了技术支持。

第三节　碳排放模型验证

一、数据来源

为了验证工业化预制装配建筑碳排放模型的正确性，本书采用传统的施工方案和工程量清单统计与之对比。其中物化阶段选取了主要建材和施工机具作为碳排放的核算范围。7种主要建材为钢材、铝材、木材、聚氨酯、玻璃、回收岩棉和多晶硅。7种建材的数量及建材碳排放系数，见表4-34。

表4-34　7种建材的数量及单位碳排放清单统计

建材	钢材	铝材	木材	聚氨酯	玻璃	回收岩棉	多晶硅	总量/t
用量 Q_c/t	0.70	4.22	3.74	0.10	0.41	1.02	0.25 16 560 kWh	10.44
碳排放系数/(t/t)	1.72	2.37	0.20	1.20	1.40	0.35	0.7/(kg/kWh)	—
碳排放量/t	1.20	10.00	0.75	0.12	0.57	0.36	11.20	24.20

资料来源：作者自绘。

建造施工机械能耗数据来源于工程量清单和施工方案，见表4-35。能源消耗排放系数清单采用《2006年IPCC国家温室气体清单指南》[4]《省级温室气体清单编制指南》[5]。

表4-35　施工机械能耗量及单位碳排放清单统计

能耗种类	柴油/L	电/kWh
能耗量	400	12
能耗碳排放系数	3.13×10^{-3} t/L	0.7×10^{-3} t/kWh
碳排放量/t	1.25	8.4×10^{-3} t

资料来源：作者自绘。

运营维护阶段的碳排放通过建筑的供暖和空调能耗核算得到，同样采用Energy Plus性能分析软件，供暖和空调的能耗来自于室温分别保持18℃和24℃的模拟计算结果。

目前，我国建筑拆除废弃物的综合处理处于初步探索阶段，钢材、玻璃、铝材和木材由建筑公司或专业废旧物资贸易部门等在现场回收出售后再使用；部分混凝土碎块等在破碎后作为路基填料和低洼地回填料，剩余大部分则进行填埋处置。这里只考虑废弃物在拆卸和转运过程中需要消耗的能源，见表4-36，运输距离为43 km。

表 4-36　拆除处置阶段能源消耗量

阶段	拆除		运输
能耗种类	柴油/L	电/kWh	柴油/L
能耗量	50	0.5	260
能耗碳排放系数	3.13×10^{-3} t/L	0.7×10^{-3} t/kWh	3.13×10^{-3} t/L
碳排放量/t	0.16	0.35×10^{-3}	0.81

资料来源：作者自绘。

二、碳排放核算分析

根据《京都议定书》中关于温室气体在未来100年全球气候变暖影响潜能特征值计算该建筑生命周期各阶段的碳排放，结果见表4-37。分四大阶段（建材开采和生产阶段、建造阶段、运营维护阶段、拆除处置阶段）统计，通过两种不同的计算方法得出的结果，对比显示两者结果相近，验证了工业化预制建筑碳排放模型的正确性，可以通过此法在方案阶段即得到碳排放值。另一方面，通过工程量清单的统计方法得出的值略高，主要来自两个方面：一是建材量的统计：由BIM统计的构件建材量是通过开采、一次加工、二次加工后的最终量，而工程量清单统计的是建材的实际用量，因此值略高；二是建造阶段的统计：在实际建造过程和统计过程中，工程量清单统计值略高。

表 4-37　建筑生命周期碳排放

（一）工程量清单统计值									
不同阶段碳排放								总碳排放量/t	20年使用期每功能单位建筑碳排放/[kg/(m²·a)]
建材开采和生产		建造阶段（工厂化生产+物流+装配）		运营维护（20年）		拆除处置			
碳排放/t	占总排放比例%	碳排放/t	占总排放比例/%	碳排放/t	占总排放比例/%	碳排放/t	占总排放比例/%		
24.20	81.10	1.25	4.19	3.42	11.46	0.97	3.25	29.84	(29.84/20)/40=37.3

（二）工业化预制装配建筑碳排放模型统计值								
生命周期	建材开采和生产阶段 P_1	工厂化生产阶段 P_2	物流阶段 P_3	装配阶段 P_4	使用和维护阶段 P_5	拆卸和回收阶段 P_6	总量	20年使用期每功能单位建筑碳排放/[kg/(m²·a)]
碳排放量/t	23.30	0.037	0.79	0.13	3.42	0.76	28.44	(28.44/20)/40=35
比例/%	81.93	0.13	2.78	0.46	12.00	2.70	100	

资料来源：作者自绘。

小结

为了验证工业化预制装配建筑碳排放模型的适用性、有效性和准确性，本章选取轻型可移动铝合金住宅进行实证分析，通过重新划分的全生命周期，分阶段进行碳排放核算、影响评价（LCIA）和低碳设计三方面研究，构建轻型建造系统的碳排放评价体系；其中碳排放核算遵循工业化建筑碳排放的计算逻辑，实现了碳排放计算的透明化、定量化；影响评价（LCIA）分别从建造逻辑（构件、组件、模块）和工业化建筑的组成部分（结构体、外/内围护体、设备体）两个角度进行分析评价；而低碳设计即通过影响评价结果识别该案例系统中的关键环节，提出改进意见。

在对生命周期各阶段信息汇总的基础上，进行全生命周期分析评估，包括：① 全生命周期各阶段碳排放比例关系，可以得到：碳排放主要来源自建材开采和生产阶段，约占 82%，依次是使用和维护阶段（12%）、物流阶段（3%）等；② 各组成部分在全生命周期各阶段的碳排放比例关系，可以得到：碳排放来源依次是设备体（61%）、结构体（23%）、围护体（17%）；③ 长寿命碳排放分析，对比分析 20 年、50 年、100 年的全生命周期的碳排放量，在 100 年评价期内，其碳排放量呈抛物线下降的趋势。

最后通过“工程量清单法”统计实例的全生命周期碳排放值，与工业化预制装配建筑碳排放模型的计算值相对比，数值相近略高，以此证明该碳排放模型的准确性。

注释

[1] 1. 钢筋生产阶段 CO_2 排放量原为 2 303.79，但钢筋回收率以 8 成计其 CO_2 排放量为

$$2\,303.79\times1-(2\,118.53-393.10)\times0.8=923.45(kgCO_2)$$

2. 型钢生产阶段 CO_2 排放量原为 2 247.13，但型钢回收率以 8 成计其 CO_2 排放量为

$$2\,321.20\times1-(2\,118.53-393.10)\times0.8=940.86(kgCO_2)$$

3. 不锈钢生产阶段 CO_2 排放量原为 2 654.73，但型钢回收率以 8 成计其 CO_2 排放量为

$$2\,785.43\times1-(2\,118.53-393.10)\times0.8=1\,405.09(kgCO_2)$$

4. 轻型钢生产阶段 CO_2 排放量原为 2 224.56，但型钢回收率以 8 成计其 CO_2 排放量为

$$2\,287.28\times1-(2\,118.53-393.10)\times0.8=906.93(kgCO_2)$$

5. 钢铁类建材回收 CO_2 以高炉炼钢 CO_2 排放量 2 118.53 跟电弧炼钢 CO_2 排放量 393.10 之差值 1 725.43 $kgCO_2/t$ 计算。

6. 参考国外粗铝锭提炼能源值为每吨耗电 12 500 kWh 计算其排放量为 8 225 $kgCO_2/t$

7. 建筑用铝料 CO_2 排放量原为 8.95 $kgCO_2/kg$（粗铝锭＋铝挤型锭炼制＋加工），但铝料回收率以 8 成粗铝锭提炼能源计其 CO_2 排放回收量为 $8.95\times1-8.23\times0.8=2.37(kgCO_2)$

[2] 王玉，董凌. 可移动铝合金住宅工业化装配体系研发[J]. 建筑技术，2015(8).

[3] 郭丹. 太阳能发电现状及环境效应分析[J]. 电子制作，2013(23).

[4] 《2006 年 IPCC 国家温室气体清单指南》政府间气候变化专门委员会（IPCC）发布，日本 Hayama 全球环境战略研究所（IGES）为 IPCC 出版。

[5] 《省级温室气体清单编制指南》2011 年 5 月，由国家发展改革委组织国家发展改革委能源研究所、清华大学、中科院大气所、中国农科院环发所等单位编写。

结束语

结论

本书通过对现阶段国内的传统建造方式下的建筑碳排放体系的分析和归纳，工业化预制装配建筑碳排放评价模型的构建，以及轻型建造系统的实证分析和研究，可以得到如下结论：

1. 整理汇总基于全生命周期评价理论的建筑碳排放基础研究，包括三大部分：

① 全生命周期评价理论，详细介绍了全生命周期评价理论的概念、特点、框架及步骤与方法。

② 建筑全生命周期碳排放评价理论，分析评价的必要性、传统建造方式的建筑生命周期划分、建筑碳排放测算基本方法、建筑全生命周期碳排放评价理论框架（核算系统边界、评价功能单位、清单分析）。

③ 建筑碳排放基础研究，并整理汇总一套符合我国国情的能源碳排放因子及部分主要建材碳排放因子。

2. 对传统建造方式下的建筑全生命周期碳排放进行研究汇总，构建碳排放时空矩阵模型，合理划分生命周期：建材开采和生产阶段、建筑施工阶段、建筑使用和维护阶段、建筑拆除和回收阶段，明确各阶段的计算公式及测算清单，汇总全生命周期各阶段的碳排放数据来源及减碳措施；总结传统建造方式建筑碳排放模型的问题：① 准确性；② 透明性；③ 可操作性。对比分析不同结构类型、结构材料建筑碳排放可得：

每年单位建筑面积碳排放：

重型结构＞轻型结构；

钢筋混凝土结构＞钢结构＞轻钢结构＞木结构

3. 总结工业化预制装配模式的特点：① 集成化（构件—组件—模块）；② 工厂化（“现场—工厂”转移）；③ 循环的全生命周期。由以上特点重新划分工业化预制装配建筑的全生命周期：建材开采和生产阶段、工厂化生产阶段、物流阶段、装配阶段、使用和维护更新阶段、拆卸和回收阶段等六个阶段。建立工业化预制装配建筑全生命周期碳排放评价模型，包括：确定目标和范围、清单分析、影响评价和结果解释四大部分。其中前两部分可归纳为碳排放核算模型研究，包括三部分：① 构建初步的碳排放基础数据库框架，为我国进行建筑碳排放的盘查和评价提供了有力的依据；② 建立基于 BIM 的工业化建筑数据信息库，包括参数库、清单库（明细表清单、数量清单）、运行数据库；③ 具有工业化预制装配模式特色的各阶段碳排放计算公式。后两部分为全生命周期分析评估：以各阶段的碳排放计算公式为依据，针对关键碳排放影响因子提出具体明确的碳减排措施。该工业化建筑全生命周期碳排放评价模型使核算透明化、定量化，从而有效提升低碳减排的潜力和空间。

4. 为了验证工业化预制装配建筑碳排放模型的适用性、有效性和准确性，本书选取轻型可移动铝合金住宅进行实证分析，通过重新划分的全生命周期，分阶段进行碳排放核算、影响评价（LCIA）和低碳设计三方面研究，构建轻型建造系统的碳排放评价体系；其中碳排放核算遵循工业化建筑碳排放的计算逻辑，实现了碳排放计算的透明化、定量化；影响评价（LCIA）分别从建造逻辑（构件、组件、模块）和工业化建筑的组成部分（结构体、外/内围护体、设备体）两个角度进行分析评价；而低碳设计即通过影响评价结果识别该案例系统中的关键环节，提出改进意见。

在对生命周期各阶段信息汇总的基础上，进行全生命周期分析评估，包括：① 全生命周期各阶段碳排放比例关系，可以得到，碳排放主要来源自建材开采和生产阶段，约占 82%，依次是使用和维护阶段（12%）、物流阶段（3%）等；② 各组成部分在全生命周期各阶段的碳排放比例关系，可以得到，碳排放来源依次是设备体（61%）、结构体（23%）、围护体（17%）；③ 长寿命碳排放分析，对比分析 20 年、50 年、100 年的全生命周期的碳排放量，在 100 年评价期内，其碳排放量呈抛物线下降的趋势。

创新点

本书创新之处具体表现在以下四个方面：

1. 构建工业化预制装配建筑的全生命周期碳排放评价模型

（1）基于全生命周期评价理论和传统建造模式下的建筑全生命周期碳排放研究，结合工业化预制装配模式的特点——集成化（构件—组件—模块）、工厂化（“现场—工厂”转移）、循环的全生命周期，重新划分全生命周期：建材开采和生产阶段、工厂化生产阶段、物流阶段、装配阶段、使用和维护更新阶段、拆卸和回收阶段，从确定目标和范围、清单分析、影响评价和结果解释四个方面重新构建工业化预制装配建筑的全生命周期碳排放评价模型。

（2）将工业化预制装配建筑的全生命周期碳排放评价模型分为两大部分，核算模型和分析评估。其中碳排放核算模型，包括三部分：① 构建初步的碳排放基础数据库框架，为我国进行建筑碳排放的盘查和评价提供了有力的依据；② 建立基于 BIM 的工业化建筑数据信息库，包括参数库、清单库（明细表清单、数量清单）、运行数据库；③ 重新定义具有工业化预制装配模式特色的各阶段碳排放计算公式。而分析评估是以各阶段的碳排放计算公式为依据，针对关键碳排放影响因子提出具体明确的碳减排措施。该工业化建筑全生命周期碳排放评价模型使核算透明化、定量化，从而有效提升低碳减排的潜力和空间。

2. 建立一套完整的轻型建造系统的碳排放评价体系及核算表格系统

在遵循工业化预制装配建筑的全生命周期碳排放评价模型的基础

上，通过轻型铝合金住宅的实证研究，形成了系统的一系列清单，详细说明了轻型建造系统下的建筑全生命周期碳排放核算、影响评价（LCIA），及相应的低碳设计，并且提供了全生命周期分析评估，包括生命周期各阶段碳排放比例关系、各组成部分的碳排放比例关系以及长寿命碳排放分析，从而为构建轻型建造系统的碳排放评价体系及核算表格系统提供思路和依据。

3. 基于 BIM 模型的动态碳排放测算

本书提出了基于 BIM 模型的动态碳排放测算，基于 BIM 的工业化建筑数据信息库构架包括三大部分：参数库、清单库、运行数据库，其中清单库又包括明细表清单和数量清单。同时，本书以实际案例为测算对象，详细说明 BIM 模型的构建。基于 BIM 模型的动态碳排放测算不仅仅拘泥于施工阶段，针对建筑物绿色度要求越来越高这一现状，可以充分将其运用于工业化预制装配建筑全生命周期的各个阶段及低碳评估中，具有十分重要的意义。

4. 完善建筑碳排放的全生命周期

目前的建筑全生命周期碳排放研究主要集中在碳排放量较大的建材开采和生产阶段、使用和维护更新两大阶段，对于生命周期中最为复杂的建造环节以及经常被忽略的拆卸和回收环节研究甚少；而工业化预制装配方式下的碳排放计算因其全流程可控的特性，将建造环节进一步划分为物流和装配两部分，并通过图文并行、施工工法等的引入，使建造阶段的流程明细化，为精准化计算提供了前提条件和实践基础。其次，针对拆卸和回收阶段，可有意识地通过前期的方案环节设计出可装配性和可拆卸性强的构件，以有效减少拆卸和回收环节的碳排放量。虽然本书针对该部分的研究还不完善，然而为弥补现阶段建筑碳排放生命周期的缺失环节，迈出了重要且坚实的一步。

附　录

附录一　两种建造方式下建筑全生命周期各阶段碳排放核算公式对比

<table>
<tr><th>阶段</th><th>传统建造方式</th><th>阶段</th><th>工业化预制装配建造方式</th></tr>
<tr><td>1. 建材开采和生产</td><td>$P_1 = P_{j1} = \sum_k (V_k \times Q_k)$</td><td>1. 建材开采和生产</td><td>$P_1 = \sum_c (V_c \times Q_c)$</td></tr>
<tr><td rowspan="3">2. 建筑施工</td><td rowspan="3">$P_2 = P_{i2} + P_{j2}$
$P_{i2} = \sum_k (W_k \times Y_k)$ 或
$P_{i2} = \sum_k (E_k \times N_k)$
$P_{j2} = P_t + P_d$
$P_t = \sum_k \sum_j (Q_k \times \eta_j \times L_{kj})$ 或
$P_d = E \times E_e$</td><td>2. 工厂化生产</td><td>$P_2 = \sum_g (W_g \times Y_g) + \sum_z (W_z \times Y_z) + \sum_m (W_m \times Y_m)$</td></tr>
<tr><td>3. 物流</td><td>$P_3 = P_{ver} + P_{lev} + P_{2ver}$
$P_{ver} = \sum_m (D_m \times Y_m)$
$P_{lev} = \sum_m (L_m \times Y_m)$
$P_{2ver} = P_{ver}$</td></tr>
<tr><td>4. 装配</td><td>$P_4 = \sum_m (A_m \times Y_m)$</td></tr>
<tr><td>3. 建筑使用和维护</td><td>$P_3 = (P_{CH} + P_I) \times N \times \theta$</td><td>5. 建筑使用和维护更新</td><td>$P_5 = P_{use} + P_{upd}$
$P_{use} = (P_{CH} + P_I) \times N \times \theta \times \mu$
P_{upd} 与 P_2、P_3、P_4 合并考虑</td></tr>
<tr><td>4. 建筑拆除和回收</td><td>$P_4 = P_{i4} + P_{j4}$
$P_{i4} = \sum_k (E_k \times Q_k)$
$P_{j4} = P_{j4(1)} + P_{j4(2)} + P_{j4(3)}$
$P_{j4(1)} = \sum_k \sum_j (QR_k \times \eta_j \times Lk_j)$
$P_{j4(2)} = \sum_k (Q_k \times R_k)$
$P_{j4(3)} = E \times E_e$</td><td>6. 拆卸和回收</td><td>$P_6 = P_{dis} + P_{dis-lev} + P_{rer}$
$P_{dis} = P_4 \times 90\%$
$P_{dis-lev} = P_3 \times 90\%$
$P_{rec} = \sum_c (R_{c'} \times Q_{c'}) + \sum_{g,z,m} (R_{g,z,m} \times Y_{g,z,m})$</td></tr>
</table>

续表

阶段	传统建造方式	阶段	工业化预制装配建造方式
符号说明：	P_{j1}：建材开采和生产阶段间接空间碳排放量(t)	符号说明：	V_c：第 c 种建材的碳排放系数(t/单位)
	Q_k：第 k 种建材用量(t 或 m^3)		Q_c：第 c 种建材用量(t 或 m^2、m^3)；
	V_k：第 k 种建材的碳排放系数(t/单位)		W_g：第 g 种构件(材料—构件)施工工艺的碳排放量(t)
	P_{i2}：施工阶段直接空间碳排放量(t)		W_z：第 z 种组件(构件—组件)施工工艺的碳排放量(t)
	P_{j2}：施工阶段间接空间碳排放量(t)		W_m：第 m 种模块(组件—模块)施工工艺的碳排放量(t)
	W_k：以第 k 种施工工艺完成单位工程量的排放量(t/单位)		Y_g：第 g 种构件的数量(个)
	Y_k：第 k 种施工工艺的工程量(t)		Y_z：第 z 种组件的数量(个)
	E_k：第 k 种能源碳排放系数(t/单位)		Y_m：第 m 种模块的数量(个)
	N_k：第 k 种能源用量(t)		P_{ver}：一次垂直运输的碳排放量(t)
	P_t：建材运输碳排放量(t)		P_{lev}：水平运输的碳排放量(t)
	P_d：施工设备耗电碳排放量(t)		P_{2ver}：二次垂直运输的碳排放量(t)
	η_j：第 j 种运输方式，运输单位质量、建材单位距离的碳排放(t/单位)		D_m：第 m 种模块吊装的碳排放量(t)
	L_{kj}：第 k 种建材第 j 种运输方式的运输距离(km)		L_m：第 m 种模块运输的碳排放量(t)
	E：耗电量(kWh)		A_m：第 m 种模块装配的碳排放量(t)
	E_e：电力碳排放系数(t/kWh)		P_{use}：建筑使用阶段的碳排放量(t)
	P_{i4}：建筑拆除和回收阶段直接空间碳排放量(t)		P_{upd}：维护更新阶段的碳排放量(t)
	P_{j4}：建筑拆除和回收阶段间接空间碳排放量(t)		P_{dis}：拆卸阶段的碳排放量(t)
	QR_k：第 k 种建筑垃圾的重量(t)		$P_{dis-lev}$：拆卸物运输阶段的碳排放量(t)
	L_{kj}：第 k 种建筑垃圾第 j 种运输方式的运输距离(km)		P_{rec}：回收阶段的碳排放量(t)
	Q_k：第 k 种可回收建筑垃圾的质量(t)		$R_{c'}$：第 c' 种可回收建材的回收碳排放系数(t/t)
	R_k：第 k 种可回收建材回收过程中的碳排放系数(t/单位)		$Q_{c'}$：第 c' 种可回收建材的质量(t)
			$R_{(g,z,m)}$：第 (g,z,m) 种构件、组件、模块的回收碳排放系数(t/个)
			$Y_{(g,z,m)}$：第 (g,z,m) 种构件、组件、模块的数量(个)

资料来源：作者自绘。

附录二　建材开采生产阶段的 BIM 明细表清单 1、数量清单 2

构件参数						材料参数			
构件部位			构件名称	构件规格、尺寸/mm	构件数量	构件材料名称	材料密度/(t/m^3)	构件重量 Q_c/t	材料厂家信息
结构体	基础	可调基脚	钢底板	φ600,10 厚(0.002 8 m^3)	14	钢材	7.85	0.31	南京浦口钢材市场
			钢肋板	250×150×10 厚,三角形(0.000 2 m^3)	4×14	钢材	7.85	0.08	南京浦口钢材市场
			钢管	外 φ100,内 φ90,高 150(0.000 2 m^3)	14	钢材	7.85	0.02	南京浦口钢材市场
			托板	160×240×10 厚(0.000 4 m^3)	14	钢材	7.85	0.04	南京浦口钢材市场
			螺纹千斤顶	QL3D 起重量:3 t 起重高度:50 mm	14	—	—	—	南京润泰市场
			混凝土底盘	外 φ1 000,内 φ800,高 100(0.028 m^3)	14	混凝土	2.50	0.99(0.39 m^3)	南京宁新新迪混凝土有限公司
			碎石垫层	φ800,高 100(0.05 m^3)	14	碎石	碎石堆积密度 0.001 45	0.001(0.70 m^3)	—
		基础框架	铝型材	8080 W×2 740	9	铝合金	2.70(7.06 kg/m)	0.51	上海比迪 APS 工业铝型材配件有限公司
				8080 W×1 940	6				
				8080 W×2 000	6				
				8080 W×6 000	4				
			角件	8080 角件 78×78×78	52	铝合金	2.70	—	上海比迪 APS 工业铝型材配件有限公司
			螺栓	M8 法兰螺栓	52×4	铝合金	2.70	—	上海比迪 APS 工业铝型材配件有限公司
		基座滑轨	滑轨	长 780	2	钢材	7.85	—	—
				长 400	4				
			限位件	购买成品	—	—	—	—	—
			滑块	购买成品	—	—	—	—	—
			槽钢连接件	160×180×10 厚	8	钢材	7.85	0.02	—
	主体结构		铝型材	8080 W×1 940 8080 W×2 840 8080 W×6 000 8080 W×3 880	10 5 5 4	铝合金	2.70(7.06 kg/m)	1.29	上海比迪 APS 工业铝型材配件有限公司
				8080 W×2 740 8080 W×2 060 8080 W×2 840 8080 W×6 000 8080 W×3 880	10 2 7 6 4				
			角件	8080 角件 78×78×78	100	铝合金	2.70	—	—
			螺栓	M8 法兰螺栓	400	铝合金	2.70	—	—
	交通体		木工板	120×2 100×40	45	木材	0.50	0.36	—
				50×2 100×190	9				
				1 840×50×80	12				

续表

<table>
<tr><th colspan="6">构件参数</th><th colspan="4">材料参数</th></tr>
<tr><th colspan="3">构件部位</th><th>构件名称</th><th>构件规格、尺寸/mm</th><th>构件数量</th><th>构件材料名称</th><th>材料密度/t(m^3)</th><th>构件重量Q_c/t</th><th>材料厂家信息</th></tr>
<tr><td rowspan="19">围护体</td><td rowspan="12">外围护</td><td rowspan="4">外墙</td><td rowspan="2">铝板</td><td>480×2 880×2 厚</td><td>36</td><td rowspan="2">铝</td><td rowspan="2">2.70</td><td rowspan="2">0.29</td><td rowspan="2">—</td></tr>
<tr><td>480×600×2 厚</td><td>18</td></tr>
<tr><td rowspan="2">聚氨酯保温板</td><td>30×300×2 880</td><td>36</td><td rowspan="2">聚氨酯</td><td rowspan="2">0.04</td><td rowspan="2">0.04</td><td rowspan="2">—</td></tr>
<tr><td>30×300×600</td><td>18</td></tr>
<tr><td rowspan="2">地面</td><td>铝板</td><td>268×5 840×2 厚</td><td>32</td><td>铝</td><td>2.70</td><td>0.27</td><td>—</td></tr>
<tr><td>玻化微珠无机保温砂浆</td><td>150×50×5 840</td><td>32</td><td>玻化微珠无机保温砂浆</td><td>0.30</td><td>0.42</td><td>—</td></tr>
<tr><td rowspan="2">屋面</td><td rowspan="2">铝板</td><td>500×2 260×2 厚</td><td>20</td><td rowspan="2">铝</td><td rowspan="2">2.70</td><td rowspan="2">0.28</td><td rowspan="2">—</td></tr>
<tr><td>500×3 060×2 厚</td><td>20</td></tr>
<tr><td rowspan="3">门窗</td><td rowspan="3">铝合金中空玻璃门窗</td><td>5 mm+9 mm+5 mm</td><td></td><td rowspan="3">玻璃</td><td rowspan="3">2.50</td><td rowspan="3">0.31</td><td rowspan="3">—</td></tr>
<tr><td>1 780×2 320</td><td>2</td></tr>
<tr><td>1 730×2 320</td><td>1</td></tr>
<tr><td>外墙装饰</td><td>百叶</td><td>50×1 920×3</td><td>120</td><td>木材</td><td>0.50</td><td>0.02</td><td>—</td></tr>
<tr><td rowspan="7">内装</td><td rowspan="6">内保温板</td><td rowspan="3">木工板</td><td>1 000×1 940×18(2)
1 000×63×18
1 922×63×18(5)</td><td>12</td><td rowspan="3">木材</td><td rowspan="3">0.50</td><td rowspan="3">2.06</td><td rowspan="3">—</td></tr>
<tr><td>1 000×2 740×18(2)
1 000×63×18
2 722×63×18(5)</td><td>12</td></tr>
<tr><td>1 000×2 500×18(2)
63×2 500×18(5)</td><td>17</td></tr>
<tr><td rowspan="3">回收岩棉夹层</td><td>1 940×920×63</td><td>12</td><td rowspan="3">回收岩棉</td><td rowspan="3">0.14</td><td rowspan="3">0.80</td><td rowspan="3">—</td></tr>
<tr><td>2 740×920×63</td><td>12</td></tr>
<tr><td>2 500×920×63</td><td>17</td></tr>
<tr><td>家具</td><td>木工板</td><td>18 厚(共 2.2 m^3)</td><td>—</td><td>木材</td><td>0.50</td><td>1.10</td><td>—</td></tr>
</table>

续表

构件参数						材料参数			
构件部位			构件名称	构件规格、尺寸/mm	构件数量	构件材料名称	材料密度/(t/m³)	构件重量 Q_c/t	材料厂家信息
设备	厨卫	卫生间	整体卫浴		—	—	—	—	—
		厨房	整体橱柜、燃气设备、管道系统		—	—	—	—	—
	设备	结构框架	铝型材	(8080W×3 370 8080 W×6 000 8080 W×1 940 8080 W×9 080 8080 W×960 8080 W×2 900 8080 W×1 900 8080 W×3 560 8080 W×1 940)×1.5	4 4 3 2 6 4 4 4 8	铝合金	2.70 (7.06 kg/m)	1.23	上海比迪 APS 工业铝型材配件有限公司
		新能源系统	太阳能光电板	1 000×1 660/块 230 W/块	12	多晶硅	6 000 kWh/kW	16 560 kWh	皇明太阳能
			光热板、控制器、逆变器、蓄电池、集成水箱等		—	—	—	—	—
			空调系统、给水排水设备系统、电气与照明系统等		—	—	—	—	—

资料来源：作者自绘。

附录三　工厂化生产阶段的 BIM 明细表清单 1、数量清单 2

构件部位			加工工艺流程	加工机械参数 名称	型号	功率 P_d/kW/单位时间耗能 P_y(t/h)	加工时间 T_d/T_y /h	耗能种类	数量 Y_g、Y_2、Y_m
结构体	基础	可调基脚	千斤顶上托盘切割开孔	火焰切割机	G01-30	P_y:0.82×10^{-3}	T_y:1/60	乙炔	14
				开式可倾压力机	J23-40	P_d:3	55 次/min T_d:1/60	电能	
			千斤顶下托盘肋板切割焊接	火焰切割机	G01-30	P_y:0.82×10^{-3}	T_y:5/60	乙炔	
				交直流铝焊机	WSE315P	P_d:0.09	T_d: 5/60	电能	
			基脚拼接焊接	交直流铝焊机	WSE315P	P_d:0.09	T_d: 10/60	电能	
		基座滑轨	槽钢与滑块栓接	电动扳手	P18-FF-12	P_d:0.3	T_d:4×2/3 600	电能	8
	主体结构（大模块）		铝型材框架栓接	电动扳手	P18-FF-12	P_d:0.3	T_d:70×4×2/3600	电能	1
	主体结构（小模块）		铝型材框架栓接	电动扳手	P18-FF-12	P_d:0.3	T_d:60×4×2/3600	电能	1
	交通体	木平台	防腐木自攻螺丝拼接	东强电钻	J1Z-FF05-10A	P_d:0.5	T_d:50×2/3 600	电能	3
		栏杆	铝质栏杆切割折弯	数控液压摆式剪板机	QC12K-4×4 000	P_d:7.5	20 次/min T_d:1/60	电能	5
				数控液压摆式折弯机	WC67K-160T-6 000	P_d:15	7m/min T_d: 1/60	电能	
围护体	外围护	外墙	铝板切割折弯打孔（+龙骨）	数控液压摆式剪板机	QC12K-4×4 000	P_d:7.5	20 次/min T_d: 5/60	电能	5
				数控液压摆式折弯机	WC67K-160T-6 000	P_d:15	7m/min T_d: 5/60	电能	
				开式可倾压力机	J23-40	P_d:3	55 次/min T_d:1/60	电能	
			龙骨、角件与结构体栓接	电动扳手	P18-FF-12	P_d:0.3	T_d:10×4×2/3600	电能	
		地面	铝板切割折弯	数控液压摆式剪板机	QC12K-4×4 000	P_d:7.5	20 次/min T_d: 10/60	电能	2
				数控液压摆式折弯机	WC67K-160T-6 000	P_d:15	7m/min T_d:10/60	电能	
		屋面	铝板切割折弯	数控液压摆式剪板机	QC12K-4×4 000	P_d:7.5	20 次/min Td: 10/60	电能	2
				数控液压摆式折弯机	WC67K-160T-6 000	P_d:15	7m/min T_d: 10/60	电能	
			屋顶板自攻螺丝拼接	东强电钻	J1Z-FF05-10A	P_d:0.5	T_d:10×4×2/3600	电能	
		门窗	门窗框与型材自攻螺丝固定	东强电钻	J1Z-FF05-10A	P_d:0.5	T_d:15×2/3 600	电能	3

续表

构件部位			加工工艺流程	加工机械参数			加工时间 T_d/T_y /h	耗能种类	数量 Y_g、Y_2、Y_m
				名称	型号	功率 P_d/kW/单位时间耗能 P_y(t/h)			
围护体	外围护	门窗	内外侧硅酮胶密封	—	—	—	—	—	3
		外墙装饰	角件与卷帘连接	东强电钻	J1Z-FF05-10A	P_d:0.5	P_d:10×2/3600	电能	2
			角件与型材栓接	电动扳手	P18-FF-12	P_d:0.3	P_d:4×4×2/3600	电能	
	内装	内保温板	连接件加工	数控液压摆式剪板机	QC12K-4×4 000	P_d:7.5	20 次/min P_d:1/60	电能	40
				数控液压摆式折弯机	WC67K-160T-6 000	P_d:15	7m/min P_d: 1/60	电能	
				开式可倾压力机	J23-40	P_d:3	P_d:24×2/3600	电能	
			连接件与结构体栓接	电动扳手	P18-FF-12	P_d:0.3	P_d: 24×2/3600	电能	
			连接件与保温板自攻螺丝固定	东强电钻	J1Z-FF05-10A	P_d:0.5	P_d: 24×2/3600	电能	
		家具	刨花板切割连接	切割机 东强电钻 开孔器 射钉枪	—	—	量小不作统计	电能	
设备	太阳能框架(大、小模块)		异角度铝质角件加工	数控液压摆式剪板机	QC12K-4×4 000	P_d:7.5	20 次/min T_d:5/60	电能	2
				数控液压摆式折弯机	WC67K-160T-6 000	P_d:15	7m/min T_d:5/60	电能	
				开式可倾压力机	J23-40	P_d:3	55 次/min T_d:5/60	电能	
			铝型材框架栓接	电动扳手	P18-FF-12	P_d:0.3	T_d:65×4×2/3600	电能	
			光电光热板安装	东强电钻	J1Z-FF05-10A	P_d:0.5	T_d: 30×2/3 600	电能	
	设备箱框架		铝型材框架栓接	电动扳手	P18-FF-12	P_d:0.3	T_d:20×4×2/3600	电能	1
			围护体与框架固定	东强电钻	J1Z-FF05-10A	P_d:0.5	T_d:240×2/3 600	电能	
	设备		空调、给排水、电气照明等安装	—	—	—	量小不作统计	电能	—
	科逸卫浴		卫浴板材拼接	—	—	—	量小不作统计	电能	—
	厨房		柜体、设备安装	—	—	—	量小不作统计	电能	—

资料来源：作者自绘。

附录四　物流阶段的 BIM 明细表清单 1、数量清单 2

吊装阶段

构件参数					吊装参数							
模块部位	模块名称	模块参数		数量 Y_m	吊装流程	吊装机械参数					吊装时间 T_v/h	耗能名称
		重量/t	尺寸/m			名称	型号	额定起重/t	额定功率 P_v(kW)	比油耗 GE_v/[g/(kWh)]		
结构围护	主体大模块	4.15	6×3×3	1	工厂—运输车	龙工叉车 2	LG70DT	7	81	231	1/4	柴油
	主体小模块	3.35	6×2×3	1	工厂—运输车	龙工叉车 2	LG70DT	7	81	231	1/4	柴油
设备	太阳能框架大模块	1.24	9×3×1.7	1	工厂—运输车	柳工汽车起重机	QY8A	8.5	105	200	1/12	柴油
	太阳能框架小模块	1.06	9×2×1.7	1	工厂—运输车	柳工汽车起重机	QY8A	8.5	105	200	1/12	柴油

运输阶段

构件参数					吊装参数							
模块部位	模块名称	模块参数		数量 Y_m	吊装流程	吊装机械参数					运输距离 L_s/km	名称
		重量/t	尺寸/m			名称	型号	额定载重/t	货箱尺寸/m	百公里耗油量 H_s/[L/(t·100 km)]		
结构围护	基础	0.48×14	0.6×0.6×0.4	1	工厂—现场	凯马货车	骏驰4800	10	6.2×2.3×0.5	28.6	43*	柴油
	主体大模块	4.15	6×3×3	1	工厂—现场	凯马货车	骏驰4800	10	6.2×2.3×0.5	28.6	43*	柴油
	主体小模块	3.35	6×2×3	1	工厂—现场	凯马货车	骏驰4800	10	6.2×2.3×0.5	28.6	43*	柴油
设备	太阳能框架大模块	1.24	9×3×1.7	1	工厂—现场	凯马货车	骏驰4800	10	6.2×2.3×0.5	28.6	43*	柴油
	太阳能框架小模块	1.06	9×2×1.7	1	工厂—现场	凯马货车	骏驰4800	10	6.2×2.3×0.5	28.6	43*	柴油
	设备	水箱 0.3 t 蓄电池 0.6 t 控制器逆变器 0.2 t 交通体 0.7 t		1	工厂—现场	凯马货车	骏驰4800	10	6.2×2.3×0.5	28.6	43*	柴油

注：* 该"可移动住宅产品"实例中的运输距离为东南大学到南京江宁鑫霸铝业有限公司。

资料来源：作者自绘。

附录五　装配阶段的 BIM 明细表清单 1、数量清单 2

吊装阶段

构件参数					吊装参数							
模块部位	模块名称	模块参数		数量 Y_m	吊装流程	吊装机械参数					吊装时间 T_v/h	耗能名称
		重量/t	尺寸/m			名称	型号	额定起重/t	额定功率 P_v/kW	比油耗 GE_v/(g/kWh)		
结构围护	主体大模块	4.15	6×3×3	1	运输车—指定位置	柳工汽车起重机	QY8A	8.5	105	200	1/2	柴油
	主体小模块	3.35	6×2×3	1	运输车—指定位置	柳工汽车起重机	QY8A	8.5	105	200	1/3	柴油
设备	框架大模块	1.24	9×3×1.7	1	运输车—指定位置	柳工汽车起重机	QY8A	8.5	105	200	1/3	柴油
	框架小模块	1.06	9×2×1.7	1	运输车—指定位置	柳工汽车起重机	QY8A	8.5	105	200	1/3	柴油
	设备箱	0.5	1.8×1×3	1	运输车—指定位置	柳工汽车起重机	QY8A	8.5	105	200	1/6	柴油

装配连接阶段

构件参数			装配参数						
模块部位	模块名称	数量 Ym	装配流程	装配机械参数			连接单位节点的时间 T_j(h)	连接节点的个数 Q_j	耗能名称
				名称	型号	额定功率 P_j/kW			
结构围护	基础	2	基础框架连接	电动扳手	P18-FF-12	0.3	2/3600	32×4	电能
			基础框架与基脚连接	电动扳手	P18-FF-12	0.3	2/3600	7×4	电能
			基础框架与滑轨连接	电动扳手	P18-FF-12	0.3	2/3600	3×4	电能
	交通体	3	平台与基础框架栓接	电动扳手	P18-FF-12	0.3	2/3600	8×4	电能
			栏杆与平台自攻螺丝连接	東强电钻	J1Z-FF05-10A	0.5	2/3600	15	电能
	主体大模块	1	拆除辅助工装	电动扳手	P18-FF-12	0.3	2/3600	10×4	电能
	主体小模块	1	拆除辅助工装	电动扳手	P18-FF-12	0.3	2/3600	10×4	电能
	主体大小模块	1	大小模块合并	紧线器	—	—	—	—	—
			大小模块与基础滑轨栓接	电动扳手	P18-FF-12	0.3	2/3600	4×4	电能
			大小模块之间栓接合并	电动扳手	P18-FF-12	0.3	2/3600	14×4	电能
			内保温板自攻螺丝盖缝	东强电钻	J1Z-FF05-10A	0.5	2/3600	160	电能
			屋面板自攻螺丝盖缝	东强电钻	J1Z-FF05-10A	0.5	2/3600	20	电能
设备	框架大小模块	1	安装太阳能竖向支撑架	电动扳手	P18-FF-12	0.3	2/3600	12×4	电能
			框架模块与支撑架连接	电动扳手	P18-FF-12	0.3	2/3600	12×4	电能
	设备箱	1	设备箱与基础模块连接	电动扳手	P18-FF-12	0.3	2/3600	2×4	电能

资料来源：作者自绘。

附录六　拆卸回收阶段的 BIM 明细表清单 1、数量清单 2

工业化拆卸阶段

拆卸									
构件参数			装配参数						
模块部位	模块名称	数量 Y_m	拆卸流程	拆卸机械参数			拆卸单位节点的时间/h	拆卸节点的个数	耗能名称
				名称	型号	额定功率/kW			
结构围护	交通体	3	栏杆、木平台分离	东强电钻	J1Z-FF05-10A	0.5	2/3600	15	电能
			木平台与基础框架分离	电动扳手	P18-FF-12	0.3	2/3600	8×4	电能
	主体大小模块	1	拆除屋面盖缝板(自攻螺丝)	东强电钻	J1Z-FF05-10A	0.5	2/3600	20	电能
			拆除内保温盖缝板(自攻螺丝)	东强电钻	J1Z-FF05-10A	0.5	2/3600	160	电能
			大、小模块分离(螺栓)	电动扳手	P18-FF-12	0.3	2/3600	14×4	电能
			大、小模块与基础模块滑轨分离(螺栓)	电动扳手	P18-FF-12	0.3	2/3600	4×4	电能
	主体大模块	1	安装辅助工装中侧边的斜撑(螺栓)	电动扳手	P18-FF-12	0.3	2/3600	10×4	电能
	主体小模块	1	安装辅助工装中侧边的斜撑(螺栓)	电动扳手	P18-FF-12	0.3	2/3600	10×4	电能
	基础	2	基础框架与滑轨分离	电动扳手	P18-FF-12	0.3	2/3600	3×4	电能
			基础框架与基脚分离	电动扳手	P18-FF-12	0.3	2/3600	7×4	电能
			基础框架分解	电动扳手	P18-FF-12	0.3	2/3600	32×4	电能
设备	设备箱	1	设备箱与基础模块分离	电动扳手	P18-FF-12	0.3	2/3600	2×4	电能
	框架大小模块	1	拆卸框架模块与支撑架	电动扳手	P18-FF-12	0.3	2/3600	12×4	电能
			太阳能竖向支撑架	电动扳手	P18-FF-12	0.3	2/3600	12×4	电能

吊装												
构件参数					吊装参数							
模块部位	模块名称	模块参数		数量 Y_m	吊装流程	吊装机械参数					吊装时间/h	耗能名称
		重量/t	尺寸/m			名称	型号	额定起重/t	额定功率/kW	比油耗/(g/kWh)		
结构围护	主体大模块	4.15	6×3×3	1	现场—运输车	柳工汽车起重机	QY8A	8.5	105	200	1/2	柴油
	主体小模块	3.35	6×2×3	1	现场—运输车	柳工汽车起重机	QY8A	8.5	105	200	1/3	柴油
设备	框架大模块	1.24	9×3×1.7	1	现场—运输车	柳工汽车起重机	QY8A	8.5	105	200	1/3	柴油
	框架小模块	1.06	9×2×1.7	1	现场—运输车	柳工汽车起重机	QY8A	8.5	105	200	1/3	柴油
	设备箱	0.5	1.8×1×3	1	现场—运输车	柳工汽车起重机	QY8A	8.5	105	200	1/6	柴油

续表

拆卸物运输阶段

构件参数					运输参数							
模块部位	模块名称	模块参数		数量 Y_m	运输流程	运输机械参数					运输距离/km	耗能名称
		重量/t	尺寸/m			名称	型号	额定载重/t	货箱尺寸/m	百公里耗油量/[L/(t·100 km)]		
结构围护	基础	0.48×14	0.6×0.6×0.4	1	现场—回收地	凯马货车	骏驰4800	10	6.2×2.3×0.5	28.6	43*	柴油
	主体大模块	4.15	6×3×3	1	现场—回收地	凯马货车	骏驰4800	10	6.2×2.3×0.5	28.6	43*	柴油
	主体小模块	3.35	6×2×3	1	现场—回收地	凯马货车	骏驰4800	10	6.2×2.3×0.5	28.6	43*	柴油
设备	太阳能框架大模块	1.24	9×3×1.7	1	现场—回收地	凯马货车	骏驰4800	10	6.2×2.3×0.5	28.6	43*	柴油
	太阳能框架小模块	1.06	9×2×1.7	1	现场—回收地	凯马货车	骏驰4800	10	6.2×2.3×0.5	28.6	43*	柴油
	设备	水箱 0.3 t 蓄电池 0.6 t 控制器逆变器 0.2 t 交通体 0.7 t		1	现场—回收地	凯马货车	骏驰4800	10	6.2×2.3×0.5	28.6	43*	柴油

注：* 该“可移动住宅产品”实例中的运输距离为东南大学到江宁鑫霸铝业有限公司。

资料来源：作者自绘。

参考文献

一、中文著作

1 《气候变化国家评估报告》编写委员会. 气候变化国家评估报告[M]. 北京:科学出版社,2007.

2 陈国谦,等. 建筑碳排放系统计量方法[M]. 北京:新华出版社,2010.

3 林宪德. 绿色建筑[M]. 北京:中国建筑工业出版社,2007.

4 林宪德. 绿建筑解说与评估手册[M]. 台北:(台湾)"内政部"建筑研究所,1999.

5 林宪德. 绿建筑解说与评估手册(2007 年更新版)[M]. 台北:(台湾)"内政部"建筑研究所,2007.

6 林宪德. 建筑碳足迹上:评估理论篇[M]. 台北: 詹氏书局,2014.

7 林宪德. 建筑碳足迹下:诊断实务篇[M]. 台北: 詹氏书局,2014.

8 王石. 徘徊的灵魂[M]. 北京:中信出版社,2009.

9 国家发展和改革委员会能源研究所课题组. 中国 2050 年低碳发展之路:能源需求暨碳排放情景分析[M]. 北京:科学出版社,2009.

10 中国建筑材料科学研究院. 绿色建材与建材绿色化[M]. 北京:化学工业出版社,2003.

11 钟元. 面向制造和装配的产品设计指南[M]. 北京:机械工业出版社,2011.

12 柴邦衡,黄费智. 现代产品设计指南[M]. 北京:机械工业出版社,2012.

13 [美]保罗 · R. 博登伯杰. 塑料卡扣连接技术[M]. 冯连勋,译. 北京:化学工业出版社,2004.

14 蔡博峰,刘春兰,等. 城市温室气体清单研究[M]. 北京:化学工业出版社,2009.

15 中华人民共和国国家统计局. 中华人民共和国 2009 年国民经济和社会发展统计公报[M]. 北京:中国统计出版社,2010.

二、外文

1 日本建築学会. 建物のLCA 指針[M]. 3 版. 東京:日本建築学会,2006.

2 UNEP SBCI. Buildings and Climate Change: a Summary for Decision-Makers. [EB/OL]. [2013-01-09]. http: //www. unep. org/SBCI/pdfs/SBCI-BCC Summary. Pdf.

3 ISO technical committee ISO/TC 207. ISO 14064-1 Greenhouse gases—Part 1: Specification with guidance at the organization level for quantification and reporting of greenhouse gas emissions and removals[S]. Switzerland, 2006.

4 ISO technical committee ISO/TC 207. ISO 14064-2 Greenhouse gases—Part 2: Specification with guidance at the project level for quantification, monitoring and reporting of greenhouse gas emission reductions or removal enhancements [S]. Switzerland, 2006.

5 ISO technical committee ISO/TC 207. ISO 14064-3 Greenhouse gases—Part 3: Specification with guidance for the validation and verification of greenhouse gas assertions[S]. Switzerland, 2006.

6 Gustavsson L, Joelsson A, Sathre R. Life cycle primary energy use and carbon emission of an eight-storey wood-framed apartment building[J]. Energy and Buildings,2010,42(2).

7 Cole R J. Energy and greenhouse gas emissions associated with the construction of alternative structural systems[J]. Building and Environment,1999,34(3).

8 Gerilla G P,Teknomo K,Hokao K. An environmental assessment of wood and steel reinforced concrete housing construction [J]. Building and Environment,2007,42(7).

9 BrIbián I Z, Usón A A, Scarpellini S. Life cycle assessment in buildings:State-of-the-art and simplified LCA methodology as a complement for building certification[J]. Building and Environment,2009,44(12).

10 May N. Low carbon buildings and the problem of human behavior[J]. Natural Building Technologies, 2004 (6).
11 Paumgartten P V. The business case for high performance green buildings: Sustainability and its financial impacts. Journal of Facilities Management,2003,2(1)26-34.
12 Sivaraman D. An integrated life cycle assessment model: Energy and greenhouse gas performance of residential heritage buildings, and the influence of retrofit strategies in the state of Victoria in Australia[J]. Energy and Buildings, 2011 (5).
13 Randolph B, Holloway D, Pullen S, et al. The Environmental Impacts of Residential Development: Case Studies of 12 Estates in Sydney. Australian Research Council (ARC) Linkage Project: LP 0348770, 2007.
14 Blengini G A, Carlo T D. The changing role of life cycle phases, subsystems and materials in the LCA of low energy buildings [J]. Energy and Buildings, 2010, 42(6):869-880.
15 Huberman N, Pearlmutter D. A life-cycle energy analysis of building materials in the Negev Desert[J]. Energy and Buildings, 2008, 40(5).
16 IPCC. Climate Change 2001:Mitigation:Contribution of Working Group Ⅲ to the Third Assessment Report of the Intergovernmental Panel on Climate Change[M]. New York:Cambridge University Press,2001.
17 Seo S, Hwang Y. Estimation of CO_2 emissions in life cycle of residential buildings[J]. Journal of Construction Engineering and Management,2001,127(5).
18 Blengini G. Life cycle of buildings,demolition and recycling potential:A case study in Turin,Italy[J]. Building and Environment,2009,44(2).
19 Office of Integrated Analysis and Forecasting. The American Clean Energy and Security Act of 2009. Washington, DC: Energy Information Administration, 2009.
20 European Commission. Communication from the Commission-Europe 2020. Brussels: European Commission, 2010.
21 Dinan T. Policy Options for Reducing CO_2 Emissions[J]. The Congress of the United States,Washington DC:Congressional Budget Office,2008(1).
22 Tuohy P. Regulations and robust low-carbon buildings[J]. Building Research and Information,2009,37(4):433-445.
23 Treloar G J. A hybrid life cycle assessment method for construction[J]. Construction Management and Econom,2000,18(1).
24 Bengtsson M. Weighting in practice:Implications for the use of life-cycle assessment in decision making[J]. Journal of Industrial Ecology,2008,4(4).
25 Lin S L. LCA—based energy evaluating with application to school buildings in Taiwan[C]//Proceedings of Eco-design 2003: Third International Symposium on Environmentally Conscious Design and Inverse Manufacturing,Taiwan:[s. n.],2003.

三、期刊

1 于萍,陈效逑,马禄义. 住宅建筑生命周期碳排放研究综述[J]. 建筑科学,2011,27(4):9-12.
2 罗智星,杨柳,刘加平,等. 建筑材料 CO_2 排放计算方法及其减排策略研究[J]. 建筑科学,2011,27(4):2-3.
3 尚春静,储成龙,张智慧. 不同结构建筑生命周期的碳排放比较[J]. 建筑科学,2011,27(12):66-70.
4 林波荣,刘念雄,彭渤,等. 国际建筑生命周期能耗和 CO_2 排放比较研究[J]. 建筑科学, 2013,29(8):22-27.
5 任志涛,孙白爽,张睿. 基于产品寿命周期的建筑节能评价体系研究[J]. 建筑,2008(23):63-66.
6 曹淑艳,谢高地. 中国产业部门碳足迹流追踪分析[J]. 资源科学, 2010,32(11):4-10.
7 曹淑艳,谢高地. 基于投入产出分析的中国生态足迹模型[J]. 生态学报,2007,27(4):245-253.
8 刘小兵,武涌,陈小龙. 我国建筑碳排放权交易体系发展现状研究[J]. 城市发展研究,2013,20(8):69-74.
9 张德英,张丽霞. 碳源排碳量估算办法研究进展[J]. 内蒙古林业科技,2005(1):22-25.
10 庄智. 国外碳排放核算标准现状与分析[J]. 粉煤灰,2011(4):46-49.
11 张磊,黄一如,黄欣. 基于标准计算平台的建筑生命周期碳评价[J]. 华中建筑, 2012,30(6):38-40.
12 张春霞,章蓓蓓,黄有亮,等. 建筑物能源碳排放因子选择方法研究[J]. 建筑经济,2010(10):108-111.
13 林宪德,张又升. 台湾建材生产耗能与二氧化碳排放之解析[J]. 建筑学报(台湾),2002(6).
14 和田纯夫,王琋慧. 日本"零排放住宅"[J]. 建筑学报,2010(1):58-61.
15 黄一如,张磊. 产业化住宅物化阶段碳排放研究[J]. 建筑学报,2012(8):106-109.
16 赵平,同继锋,马眷荣. 建筑材料环境负荷指标及评价体系的研究[J]. 中国建材科技,2004,13(6):4-10.
17 龚志起,张智慧. 建筑材料物化环境状况的定量评价[J]. 清华大学学报(自然科学版), 2004(9):57-61.
18 沈卫国,刘志民,胡金强,等. 浅谈水泥混凝土工业低二氧化碳排放技术[J]. 新世纪水泥导报, 2008,14(4):25,29-34.
19 陈庆文,马晓茜. 建筑陶瓷的生命周期评价[J]. 中国陶瓷,2008,44(7):36-40.

20 郭鹿. 铜塑铝板和纯铜板的生命周期评价[J]. 中国建材科技，2007，16(6)：11-15.
21 邵玲，郭珊，韩梦瑶. 建筑能耗与碳排放的系统计量[J]. 世界环境，2011(5)：32-33.
22 尚春静，张智慧. 建筑生命周期碳排放核算[J]. 工程管理学报，2010，24(1)：11-16.
23 张陶新，周跃云，芦鹏. 中国城市低碳建筑的内涵与碳排放量的估算模型[J]. 湖南工业大学学报，2011，25 (1)：81-84.
24 邵高峰，赵霄龙，高延继，等. 建筑物中建材碳排放计算方法的研究[J]. 新型建筑材料，2012(2)：80-82.
25 张文超，肖益民，韩青苗. 基于施工图的建筑建造阶段碳计算方法初探[J]. 建筑热能通风空调，2012，31(1)：32-35.
26 李兵，李云霞，吴斌，等. 建筑施工碳排放测算模型研究[J]. 土木建筑工程信息技术，2011，3(2)：9-14.
27 胡文发，郭淑婷. 中国住宅建筑使用阶段碳排放的因素分解实证[J]. 同济大学学报(自然科学版)，2012，40(6)：158-162.
28 陈滨，孟世荣，陈星，等. 中国住宅中能源消耗的 CO_2 排放量及减排对策[J]. 可再生能源，2005(5)：78-82.
29 蔡向荣，王敏权，傅柏权. 住宅建筑的碳排放量分析与节能减排措施[J]. 防灾减灾工程学报，2010，30(S1)：438-441.
30 朱嬿，陈莹. 住宅建筑生命周期能耗及环境排放案例[J]. 清华大学学报(自然科学版)，2010，50 (3)：3-7.
31 刘念雄，汪静，刘嵘. 中国城市住区 CO_2 排放量计算方法[J]. 清华大学学报(自然科学版)，2009，49(9)：11-14.
32 沈孝庭，朱家平. 产业化住宅绿色施工节能降耗减排分析与测算[J]. 建筑施工，2007，29(12)：83-85.
33 魏小清，李念平，张絮涵. 大型公共建筑碳足迹框架体系研究[J]. 建筑节能，2011(3)：33-35.
34 李鹏，黄继华，莫延芬，等. 昆明市四星级酒店住宿产品碳足迹计算与分析[J]. 旅游学刊，2010(3)：28-35.
35 龚先政，张群，刘宇，等. 建材类生命周期清单网络数据库的研究与开发[J]. 北京工业大学学报，2009(7)：139-143.
36 鞠颖，陈易. 全生命周期理论下的建筑碳排放计算方法研究——基于 1997—2013 年间 CNKI 的国内文献统计分析[J]. 住宅科技，2014(5)：36-41.
37 黄志甲，赵玲玲，张婷，等. 住宅建筑生命周期 CO_2 排放的核算方法[J]. 土木建筑与环境工程，2011(S2)：106-108.
38 仇保兴. 我国建筑节能潜力最大的六大领域及其展望[J]. 建筑技术，2011，42(1)：5-8.
39 楚先锋. 国内外工业化住宅的发展历程[J]. 住区，2008，33(5).
40 李思堂，李惠强. 住宅建筑施工初始能耗定量计算[J]. 华中科技大学学报(城市科学版)，2005，22(4)：58-61.
41 甄兰平，李成. 建筑耗能、环境与寿命周期节能设计[J]. 工业建筑，2003，33(2)：19-21，31.

四、论文

1 王鹏. 低碳发展下的建筑节能技术与评估策略研究[D]. 广州：华南理工大学，2008
2 李云霞. 基于 BIM 的建筑材料碳足迹的计算模型[D]. 武汉：华中科技大学，2012.
3 陈冲. 基于 LCA 的建筑碳排放控制与预测研究[D]. 武汉：华中科技大学，2013.
4 刘君怡. 夏热冬冷地区低碳住宅技术策略的 CO_2 减排效用研究[D]. 武汉：华中科技大学，2010.
5 李兵. 低碳建筑技术体系与碳排放测算方法研究[D]. 武汉：华中科技大学，2012.
6 蔡筱霜. 基于 LCA 的低碳建筑评价研究[D]. 无锡：江南大学，2011.
7 孙雪. 低碳建筑评价及对策研究[D]. 天津：天津财经大学，2011.
8 阴世超. 建筑全生命周期碳排放核算分析[D]. 哈尔滨：哈尔滨工业大学，2012.
9 燕艳. 浙江省建筑全生命周期能耗和 CO_2 排放评价研究[D]. 杭州：浙江大学，2011.
10 刘晓明. 基于生命周期评价的建筑碳减排对策研究[D]. 邯郸：河北工程大学，2012.
11 张又升. 建筑物生命周期二氧化碳减量评估[D]. 台南：成功大学，2002.
12 林建隆. 住宅设备生命周期二氧化碳排放量解析[D]. 台南：成功大学，2003.
13 曾正雄. 公寓住宅设备管线二氧化碳排放量评估[D]. 台南：成功大学，2006.
14 王育忠. 建筑空调设备生命周期二氧化碳排放量评估[D]. 台南：成功大学，2007.
15 黄国仓. 办公建筑生命周期节能与二氧化碳减量评估之研究[D]. 台南：成功大学，2006.
16 刘博宇. 住宅节约化设计与碳减排研究——以上海地区典型住宅平面中的 5 个问题为例[D]. 上海：同济大学，2008.
17 孙耀龙. 基于生命周期的低碳建筑初探[D]. 上海：同济大学，2009.
18 姜兴坤. 我国大型公共建筑碳排放预测及因素分解研究[D]. 青岛：中国海洋大学，2012.
19 李学东. 铁路与公路货物运输能耗的影响因素分析[D]. 北京：北京交通大学，2009.
20 彭渤. 绿色建筑全生命周期能耗及二氧化碳排放案例研究[D]. 北京：清华大学，2012.
21 姜蕾. 卡扣连接构造应用初探——应急建造及其连接构造问题研究[D]. 南京：东南大学，2012.
22 谢雨蓁. 集合住宅公共空间室内装修生命周期二氧化碳排放量评估——以台中市豪宅为例[D]. 台中：朝阳科技大学，2008.

五、会议论文

1 张群，龚先政，王志宏，等. 典型玻璃生产线的生命周期评价研究[C]. 全国玻璃窑炉技术研讨交流会论文汇编，2008.

2 汪洪,林晗.中国低碳建筑的初期探索与实践[C].第六届国际绿色建筑与建筑节能大会,2010.

3 范宏武.上海市民用建筑二氧化碳排放量计算方法研究[C].第八届国际绿色建筑与建筑节能大会,2012.

4 酒井寛二,漆崎升.建設資材製造時の炭素排出原單位調査[C].日本建築學會大會學術講演梗概集,1993.

六、标准

(一) 国际标准

1 环境管理—生命周期评价—原则与框架(ISO 14040:2006)

2 温室气体—第一部分:在组织层面温室气体排放和移除的量化和报告指南性规范(ISO 14064—1:2006)

3 温室气体—第二部分:项目的温室气体排放和削减的量化、监测和报告规范(ISO 14064—2:2006)

4 温室气体—第三部分:有关温室气体声明确认和验证的指南性规范(ISO 14064—3:2006)

5 产品碳足迹—量化与计算(ISO/DIS 14067:2012)

(二) 国外标准

1 The Government's Standard Assessment Procedure for Energy Rating of Dwelling(英国 SAP:2009)

2 商品和服务在生命周期内的温室气体排放评价规范(英国 PAS2050:2011)

(三) 国内标准

1 中华人民共和国质量监督检验检疫总局,中国国家标准化管理委员会.环境管理—生命周期评价—原则与框架(GB/T 24040—2008)[S].北京:中国标准出版社,2008.

2 中华人民共和国质量监督检验检疫总局,中国国家标准化管理委员会.环境管理—生命周期评价—要求与指南(GB/T 24044—2008)[S].北京:中国标准出版社,2008.

3 中华人民共和国质量监督检验检疫总局,中国国家标准化管理委员会.综合能耗计算通则(GB/T 2589—2008)[S].北京:中国标准出版社,2008.

4 中华人民共和国质量监督检验检疫总局,中国国家标准化管理委员会.产品生态设计通则(GB/T 24256—2009)[S].北京:高等教育出版社,2009.

5 中华人民共和国建设部.民用建筑能耗数据采集标准(JGJ/T 154—2007)[S].北京:中国建筑工业出版社,2007.

6 中华人民共和国住房和城乡建设部.建筑工程可持续性评价标准(JGJ/T 222—2011)[S].北京:中国建筑工业出版社,2011.

7 中国建筑设计研究院.建筑碳排放计量标准(CECS 374:2014)[S].北京:中国计划出版社,2014.